SCIENCE 101

ECOLOGY 생태학

Jennifer Freeman 지음

강호감 옮김

BooksHill
이치사이언스

옮긴이 머리말

인간은 살아가면서 주위의 생물과 환경에 영향을 받는다. 지금까지 우리나라를 비롯한 많은 나라들이 경제 성장을 위해 도로와 공장을 건설하고, 농경지 확보를 위해 벌목하는 등, 그 역작용에 대해서는 전혀 생각하지 않고 앞만 보고 달려왔다. 이제 생물적 환경이나 무생물적 환경은 도시나 국가 차원을 벗어나 전 지구적인 문제가 되었다.

최근 들어 지진, 홍수, 폭우와 같은 기상 이변이 많아지고 있다. 또한 세계적으로 신종 플루와 조류 독감 같은 새로운 바이러스가 나오고, 아직 발견되지 않은 환경 공해로 인해 환경은 엄청난 변화를 겪고 있다. 이러한 환경 문제에 대처하기 위해서는 환경 훼손을 최소화하면서 경제 성장을 이끌어 내는 '지속 가능한 성장' 을 이해하는 것이 필요하다. 우리가 사는 지구는 우리가 잠깐 빌려서 살고 있는 곳이다. 우리는 자연을 잘 가꿔 후대에게 물려줘야 하고, 자연이 우리에게 주는 무한한 혜택에 감사하며 살아가야 한다. 이를 깨닫기 위해 이 책은 꼭 읽어 보아야 할 책이라고 생각한다.

사이언스 101 : 생태학은 생태학과 환경과학에 대한 입문서로서, 여러 예시와 전 세계의 다양한 현상들을 통해 생태학의 기본 개념 및 난이도 있는 주제들을 보다 쉽게 설명하고 있다. 지구에 사는 생물들, 특히 멸종 위기에 있는 생물들에 대한 소개로 1장의 문을 열어, 2장에서는 개체군의 변동을, 3장에서는 생물들이 어떻게 진화하여 현재에 이르렀는지를 설명하고, 4장에서는 우리가 사는 공간과 그 속에서 일

어나는 물질의 순환과 에너지의 흐름을 소개한다. 5장에서는 생물이 사는 서식지와 경관을, 6장에서는 생물의 생존 전략에 대한 흥미로운 내용을 다루고, 7장에 가서는 지질학 시대에서의 생태학, 즉 고생태학을 소개한다. 8장과 9장에서는 생태학자들이 하는 일과, 최근에 밝혀진 극한의 환경에서 살아가는 생물들에 대한 이야기를 최신의 자료로 보여 준다. 10장에서는 생물의 다양성과 그들의 중요성을, 11장에서는 인간이 환경에 끼치는 영향과 자연을 보존하기 위해 우리가 실천해야 할 노력들을 자세하게 소개한다. 마지막 12장에서는 생태학적 관점에서 인간이 앞으로 지속 가능한 환경 사용을 위해 어떻게 노력해야 하는지를 이야기하며 글을 마무리 짓는다.

지금까지 생물학을 공부하면서 너무나 인간 중심적으로 사고하였다는 것을, 이 책을 옮기면서 많이 느꼈다. 그리고 왜 우리가 자연 중심적으로 생각해야 하는지를 다시금 깨달았다.

이 책은 생태학을 공부하거나 준비하는 학생뿐만 아니라 일반인들도 이해할 수 있도록 전문적인 용어를 쉽게 풀어 쓴 책이다. 저자가 가지고 있는 풍부한 식견을 제대로 옮기지 못한 부분이 있다면, 옮긴이의 부족함이라 생각하고 너그럽게 봐주기를 바란다. 아무쪼록 많은 독자들이 이 책을 읽어, 새로운 시각으로 우리가 살고 있는 지구를 바라볼 수 있기를 바래본다.

옮긴이 **강 호 감**

차 례

옮긴이 머리말 ⋯⋯⋯⋯⋯⋯⋯⋯⋯⋯⋯⋯⋯⋯⋯ iv

INTRODUCTION
생태학의 세계에 오신 것을 환영합니다! ⋯⋯⋯ 1

CHAPTER 1
작은 행성 위의 생명 ⋯⋯⋯⋯⋯⋯⋯⋯⋯⋯ 5
  6 기회의 땅
  8 진기한 포유류
  10 식물계
  12 에너지와 위계
  14 멸종 위기

CHAPTER 2
개체군의 변동 ⋯⋯⋯⋯⋯⋯⋯⋯⋯⋯⋯⋯ 17
  18 조절 활동
  20 다수가 주는 안전성
  22 영역에 대한 압박
  24 환경 수용력
  26 생활에서의 제한

CHAPTER 3
진화의 동반자 ⋯⋯⋯⋯⋯⋯⋯⋯⋯⋯⋯ 29
  30 핵심종들과 생태계 기능공
  32 밀접한 관계
  34 생태적 지위
  36 토착종
  38 영양 단계의 연쇄 효과

CHAPTER 4
공간의 의미 ⋯⋯⋯⋯⋯⋯⋯⋯⋯⋯⋯⋯ 41
  42 생물 군계
  44 미기후
  46 영양분의 순환
  48 세계의 물
  50 탄소 원소
  52 생태계 관리

CHAPTER 5
서식지와 경관 ⋯⋯⋯⋯⋯⋯⋯⋯⋯⋯⋯ 55
  56 날씨와 기후
  58 토양의 아래
  60 지리적 장벽
  62 경관생태학
  64 바다와 산호
  66 서식지의 변화

CHAPTER 6
생존 전략과 자기희생 ⋯⋯⋯⋯⋯⋯⋯⋯ 69
  70 먹이 사냥의 전략
  72 유전자 물려주기
  74 무리 짓기
  76 동물들은 생각할 수 있을까?
  78 자기희생
  80 생식 전략
  82 유전과 행동

읽을거리

84 생태학의 선구자들

86 생물 다양성이 높은 지역

88 기후와 지구의 생태학

92 먹이 그물

94 영양분의 순환

96 생태학 연구 기술

98 활동 중인 생태학자

100 가치와 평가

CHAPTER 7

지질 시대의 생태학 103

104 공룡이 사라진 이유

106 초기 지구 생태학

108 대규모 멸종

110 빙하기의 생태학

112 바다가 산으로

114 천이: 오랜 이야기

116 인류의 등장과 영향

CHAPTER 8

생태학자들은 무슨 일을 하는가? 119

120 산성비에 대한 이해

122 멸종 위기의 생물 구하기

124 규칙과 이행

126 질병생태학

128 야외생태학

130 모델링 작업과 분자

132 국제 협약

CHAPTER 9

극한 상황에서의 생존 135

136 아타카마 사막과 고산 기후

138 남극: 얼어 있는 사막

140 얼음 위의 생활

142 열수 분출공

144 생물 부양

146 극단의 다양성

CHAPTER 10

생물의 변종 149

150 생물 다양성 보존

152 안정성과 회복

154 단일 경작 및 사육

156 생물 다양성과 약제

158 생태계의 기능

160 가치 이상의 가치

162 계통과 계통수

164 알려지지 않은 바다

CHAPTER 11

인간의 유산 167

168 초기 영향

170 산업 혁명

172 도시의 성장

174 인간의 발자국

176 그린 빌딩

178 토지 이용

180 자연과 도시

182 탄소 연소

184 휴대폰의 가격

CHAPTER 12

생태학과 미래 187

188 과잉 인구

190 인구 밀도의 한계

192 가난과 자연환경

194 환경친화적 개발

196 생태학적 윤리

198 해저드와 리스크

200 교환과 시간의 한계

용어 풀이 202

더 읽을거리 206

스미스소니언에서 208

찾아보기 212

감사의 글 및 사진 출처 219

생태학의 세계에 오신 것을 환영합니다!

왼쪽 나무와 식물은 건조한 사막 지역에서도 잘 자란다. 혹독한 조건 속에서도 야생 생물들은 생존에 필요한 에너지를 얻는 방법을 찾아낸다.
위 숲이 무성한 하와이의 산악 지대. 풍부한 햇빛과 물이 이루어 낸 광합성의 산물이다. 이와 같이 전 세계의 생태계는 끊임없이 변화하고 진화한다.
아래 새 한 마리가 몹시 추운 북극의 한 지역을 날고 있다. 과학자들은 지구 온난화가 기후에 미치는 영향을 연구하기 위해 북극을 주의 깊게 관찰하고 있다.

지구의 생태계는 보면 볼수록 신기하다. 잠자리, 영양 그리고 떡갈나무는 모두 세포라는 기본 구조를 갖고 있다. 이들은 놀랍게도 세포라는 동일한 구조로 형성되지만, 다양한 형태로 진화하여 여러 형태의 삶을 산다.

지표면상에 있는 연안, 삼림 그리고 사막의 군집에서는 태양 에너지가 에너지원으로 공급된다. 반면, 심해의 해구에 사는 군집 생물들은 여러 가지 화학 물질로부터 에너지를 얻는다. 그리고 더 깊은 심해 속에 살고 있는 세균은 지구에서 나오는 방사능을 이용해 살아간다. 세균은 그 종류가 매우 다양하다. 어떤 세균은 산성의 환경에서 살기도 하고, 어떤 세균은 산소 없이도 살아갈 수 있다.

생물과 그들이 살아가는 생활 환경은 매우 다양하지만, 그들은 각자 생존에 필요한 에너지를 찾고 유전자를 다음 세대에 물려주기 위해 온 힘을 다한다. 이런 과정이 모두 다 성공적이지는 않았다. 만약 모두 완벽했다면, 지구는 수많은 종류의 생물들로 포화 상태에 이르렀을 것이다. 생물은 아주 간단한 것에서 시작하여 매우 다양한 형태로 진화해 왔다. 나비 하나만 보더라도 17,000종이 넘는다. 생태학을 공부하는 사람이라면, 단순한 분자들이 이와 같은 다양한 생물들을 만들어 낸 지구라는 행성에 경외감을 가지지 않을 수 없다.

생태학 생태학자 제임스 러브록James Lovelock은 연구를 통해, 이산화탄소가 대부분인 화성과 금성의 대기는 아무런 반응성이 없어 화학적 평형 상태에 가깝다는 것을 발견했다. 반면, 지구의 대기는 다른 물질과 반응할 수 있는 기체로 가득 차 있고, 화학적으로 불균형 또는 비평형 상태다.

지구의 시스템은 물리적, 화학적, 지질학적, 생물학적인 과정들을 통해 조절되고 있다. 신비롭고 복잡한 지구의 변화 과정이 무엇이고 어떻게 형성되는지를 이해하는 것이 바로 생태학의 기본이다.

이 책은 생태학의 기본적인 개념을 소개한다. 우리는 지구상에서 왜 코요테의 수가 개미 수보다 더 적은지를 알아볼 것이다. 또 어떻게 도마뱀이 일광욕과 사냥할 때 소모되는 에너지의 균형을 맞추도록 진화했는지 생각해 볼 것이다. 그리고 비옥한 토지에 존재하는 미생물의 군집을 알아보고, 조류algae가 어떻게 농장과 관련이 있는지, 무엇이 공작새의 짝 선택에 영향을 주는지, 지구 생물종들 중 딱정벌레의 비율이 어떻게 되는지 알아보고, 이런 현상을 설명하기 위해 생태학의 이론이 어떻게 사용되는지에 대해 알아볼 것이다.

또한 늑대들이 새끼를 키우고 새들이 둥지를 트는 것과 같은 동물들의 습성이 어떻게 환경과 상호 작용하며 진화했는지를 탐구하고, 지각의 가열된 암석 내에 있는 생물에 대해서도 배울 것이다.

시간의 변화 수십억 년 동안 생물들이 환경과 영향을 주고받으며, 생존하고 진화해 온 세계에서 우리는 살고 있다. 생물들은 경쟁이 적고 먹이가 풍부한 시기에는 번성했으나, 환경 수용력carry capacity이 그들 모두를

왼쪽 우유와 고기를 제공하는 소가 영국의 한 발전소 근처에서 사육되고 있다. 산업화는 종종 지구 생태계에 악영향을 미친다.
오른쪽 열대우림의 한 지역. 열대우림 지역은 대기에서 이산화탄소를 흡수하고 균형적인 기후를 유지하는 데 도움을 준다.

한 목장전문가가 미국의 유타 지역에서 참제비고깔(larkspur)의 표본을 수집하고 있다. 농업연구자들은 식물 표본을 통해 토지 성분이나 습도 등을 이해하기도 한다.

수용하기 힘든 때는 소멸하기도 했으며, 어려운 시기는 유전적 다양성으로 극복해 왔다.

우리는 인간이 지구 대부분의 서식지를 지배하고 생태계 기능의 기본적인 요소에 영향을 미치는 시대에 살고 있다. 폭발적인 인구 증가와 그에 따른 자원 고갈 때문에, 현재 지구상에 존재하는 생물의 4분의 1 정도가 멸종의 위기에 놓여 있다.

> **"지구에서 일어나는**
> **복잡 다양한 과정들의 신비를 밝히는 것,**
> **즉 그것들이 무엇이고 어떻게 작동하는지를**
> **이해하는 것이 생태학의 모든 것이다."**

수면을 통과한 빛이 비치는 아래로, 나비고기(butterfly fish)가 암초 사이를 지나간다. 해양 환경에서는 햇빛보다 화학 작용이 생활에 필요한 에너지를 제공한다.

인간의 활동은 세계 구석구석에 미치고 있으며, 그 활동들이 대기권에까지 영향을 주고 있다. 그런데도 아직까지 남아 있는 지구상의 미개척지들은 여전히 감동과 의미, 희망과 가능성을 전해 준다. 생태계에 미치는 인간의 과도한 영향력에 대한 우려와 생태학이 결합하여 환경 연구 분야가 새롭게 생기게 되었다.

생태학이 개체와 개체군, 군집, 생태계의 상호 작용에 대한 기본적인 이해에 초점을 맞추는 반면, 환경학자들은 인류가 만든 문제를 해결하는 데 이러한 지식을 활용하기 위해 노력한다.

만일 이 책이 독자들에게 우리가 살고 있는 행성에 대한 이해를 돕고, 조화로운 지구를 만들기 위해 어떻게 해야 하는지를 제시할 수 있다면, 지구 생태계에서 지배적인 생물인 우리 인간이 앞으로 무엇을 해야 할 것인지를 선택하는 데 도움을 줄 것이다.

작은 행성 위의 생명

왼쪽 우주에서 바라본 지구는 우주비행사 로렌 액턴(Loren Acton)에게 영감을 주었다. 그는 "그 얇고, 끊임없이 움직이며 너무나 쉽게 깨질 수 있는, 생물권의 껍데기 안에 있는 모든 것들이 당신에게 소중하다."라는 글을 썼다.
위 브라질의 한 열대우림
아래 이집트 시나이(Sinai) 사막의 협곡
건조한 사막의 생태계보다 무성한 우림 지역의 환경에, 더 많은 종류의 동식물이 서식한다.

생태학자 에드워드 윌슨Edward O. Wilson은 지금 인류가 중요한 도전의 시기라고 할 수 있는 '병목 현상bottleneck'을 겪고 있다고 말했다. 인구 과잉은 지구의 생존 체계를 바꾸고, 지구의 자원을 고갈시키고 있다. 90억에 육박하는 인구가 어떻게 지구를 파괴하지 않으면서 살아갈 수 있을까?

생태학은 궁극적으로 자연 세계가 어떻게 움직이고 있는지를 연구하는 학문으로, 다소 새로운 과학이다. 이것은 포식자와 기생생물, 식물과 토양, 지리학과 유전학, 곤충과 세균 등이 서로 어떻게 조화롭게 살아가는지를 이해하는 것이다.

생태학은 다음과 같은, 기본적이고도 핵심적인 문제들을 다룬다. '열대 지방에는 왜 많은 종의 생물들이 있을까?' '사막의 동물들은 물 문제를 어떻게 해결하며 살아갈까?' 생태학은 또 다음과 같은 확장된 문제들도 다룬다. '지구 대기에 기후 온난화 기체가 점점 더 많아지면 지구에 사는 생물과 그 생물을 유지시키는 순환에는 어떤 일이 일어날까?' '오존층이 손상되고 서식지가 감소하면 지구에 사는 생물은 어떻게 될까?' 이러한 것들은 그저 생태학자들이 연구하는 일부 주제에 불과하다. 이러한 도전의 시기를 극복하기 위해서는 맨 먼저, 무엇이 이 행성을 살아있게 하는지를 깊이 이해할 필요가 있다.

기회의 땅

19세기에 미국에 도착한 유럽인들의 눈에는 신대륙의 미개척지와 야생 동물이 무한해 보였다. 그들은 나라의 중심부를 가로질러 철도를 건설하고, 대초원에 옥수수를 경작했으며, 농장과 목장을 짓기 위해 미개척지에 울타리를 세웠다. 그리고 새로운 땅에 있는 모피와 소고기, 금, 목재 등의 자원을 이용하여 부를 얻기 위해 치열한 경쟁을 벌였다. 이로 인해 버펄로들은 순식간에 몰살되어, 대초원에 있던 버펄로들이 1850년에는 수천만 마리였던 것이 1884년에는 천 마리도 남지 않았다. 해오라기 또한 그 우아한 깃털이 숙녀들의 모자를 장식하는 데 쓰이는 바람에 멸종에 이르렀고, 최고급 모자를 만드는 데 사용된 비버 역시 사냥으로 원래보다 훨씬 적은 수만 남게 되었다. 미국의 삼나무 원시림은 새 금광지에 신흥 도시를 건설하기 위해 벌채되었다.

산림은 없어지고 마을과 도시가 건설되었다. 수천 년 동안 그 땅에서 살아온 원주민과 동식물들은 새로 이주한 사람들에게 삶의 터전을 내주어야 했다.

자연에 대한 올바른 인식 부를 좇기

위한 경쟁이 치열한 가운데, 다른 목소리들이 나왔다. 버펄로와 해오라기가 멸종 위기에 몰린 시기에 몇몇 미국인들이 자연의 위엄성에 대한 주장을 말과 글로 표현하기 시작한 것이다. 그들은 토지와 그곳에 사는 야생 생물들이, 사람들이 집을 짓고 부를 얻기 위한 원자재로 쓰이는 것보다 더 큰 가치를 지닌다고 주장했다.

스코틀랜드 출신의 자연주의자 존 무어John Muir는 "우리 모두에게는 빵뿐만 아니라 쉬고 기도할 수 있는 아름다운 곳이 필요하다. 그곳은 자연이 우리 몸과 영혼을 치유하고 힘을 주는 곳이다."라고 말했다. 어떤 이는 미국이 성장하고 서쪽으로 확장해 감에 따라 자연이 큰 변화의 위험에 직면했다고 보았다. 자연을 보존하고 보호하는 것이 필요하다는 새로운 주장이 제기되었는데, 이는 자원의 보존뿐만 아니라 인류의 정신 건강을 위해서도 필요하다고 했다.

물론, 미국 원주민들은 지구가 보호되고 존중되어야 하는 생명의 땅이라는 관점을 가지고 있었다. 예를 들어, 19세기 미국 원주민인 이로쿼이 족Iroquois의 법 중에는, "심사숙고하여, 우리의 결정들이 다음 일곱 세대의 후손들에게까지도 미칠 영향을 고려해야 한다."라는 부분이 있다. 그러나 유럽계 미국인들에게 이런 생각은 새로운 것이었다.

위 캔자스퍼시픽 철도(Kansas-Pacific Railroad)에서의 버펄로 사냥
아래 북미의 로키 산맥에 사는 엘크. 19세기의 미국인들에게, 미개척지와 야생을 개발보다 보존해야 한다는 생각은 혁명적인 것이었다.

새로운 과학 자연주의 작가들이 자연에 대한 아름다움과 경이로움에 대해 글을 쓰는 동안에, 다른 이들은 자연 경관에 대해 과학적으

위 자연주의 작가이자 친구 사이였던 존 무어와 존 버로스 (John Burroughs)는 미국인들이 야생 생태계를 보전하도록 독려했다.
아래 캘리포니아 요세미티 계곡의 글레이셔 포인트(Glacier Point)에서 찍은 입체경 사진. 오른쪽에 서 있는 존 무어는 시어도어 루즈벨트(왼쪽)가 미국 최초의 국립공원을 설립하도록 영감을 주었다.

와이오밍 주 옐로스톤 국립공원(Yellowstone National Park)에 있는 폭포. 일찍이 미국이 야생 생태계를 보존하기 위해 1872년에 국립공원으로 지정한 곳이다.

로 새롭게 접근했다. 일찍이 지구와 지구의 생명을 공부하던 학생들은 자신들이 본 것들을, 꽃, 미생물, 들쥐, 기후 등과 같이 따로 구분하여 연구했었다. 그러나 19세기 후반의 과학자들은 자연계가 어떻게 시간과 공간을 넘어 기능을 하고, 무엇이 종들을 성쇠시키며, 생물계와 무생물계가 어떻게 연관되는지 이해하고자 했다.

과학자들은 자연을 크고 작은 단위들이 모여 큰 그림을 형성하는 일련의 상호 연결된 시스템으로 보기 시작했다. 그들은 자연 속에서 일어나는 화학적, 물리적, 생물학적 순환의 역동성을 연구하고, 모든 생물체의 번성은 개체 간, 종 간 그리고 그들을 둘러싸고 있는 환경의 무생물적 구성요소와의 상호 작용에 의해 좌우된다는 것을 알게 되었다.

이러한 새로운 과학을 "생태학ecology"이라고 명명했는데, 이는 '학문'을 뜻하는 ology와 '우리가 사는 곳, 우리의 집'을 뜻하는 그리스 어 oikos에서 파생된 eco가 합성된 것이다.

자연주의자들이 자연보호구역 공원을 활성화시키다

북미의 초월주의 작가 헨리 데이비드 소로(Henry David Thoreau)는 자연 보호를 주장한 초기 인물 중 한 명으로, 1854년 자신의 책 《월든(Walden)》에서 자연의 위대한 정신적 가치를 시적으로 표현했다. 소로는 모든 미국인들이 자신의 열정을 나눠 갖기를 바랐다. 그는 "각 마을에는 공원, 더 정확히 말하면 원시림이 있어야 하며 …… 이것은 교육과 휴식을 위한, 영원한 공동의 소유물이어야 한다."라고 적었다.

스코틀랜드 출신의 자연주의자 존 무어는 소로보다 더 야심 찬 인물이었다. 무어는 자연 보호를 위해 광범위한 구역을 따로 정해 국립공원으로 보존해야 한다고 생각했다. 그는 특히 캘리포니아의 시에라네바다(Sierra Nevada)를 사랑했는데, 그곳에서는 수천 년 된 거대한 삼나무 숲이 벌채되고 있었다. 무어는 시어도어 루즈벨트(Theodore Roosevelt) 대통령을 설득하여 미국의 자연 유산이 첫 번째 국립공원으로 보존될 수 있도록 했다.

진기한 포유류

우리는 인간이 지구의 중심이고 가장 중요한 생물이라고 착각하기 쉽다. 우리가 매일 거울에서 보는 것이 인간의 얼굴이고, 우리가 사랑하는 대상도 인간이며, 우리가 살고 있는 곳도 인간 사회이기 때문이다.

그러나 수적인 면에서 지구상의 생물종들을 보면, 전혀 다른 그림이 떠오른다. 지구상의 생물을 종 수로 따지면, 인간은 다른 포유동물과 더불어 그 수가 극히 적다.

과학자들은 대략 140만 종의 생물이 있다고 말한다. 이는 세균에서부터 떡갈나무, 사자에 이르기까지 모든 종류의 생물을 포함한 수다. 이 중 거의 3분의 2는 곤충이고, 다른 25만여 종은 식물이며, 포유류는 대략 4,000여 종에 불과하다.

많은 곤충류 지구상에 알려진 140만여 종 중 75만 종 이상이 바로 곤충류다. 나비, 딱정벌레, 개미, 흰개미 등을 포함하는 곤충류는 사촌격인 척추동물의 수보다 훨씬 많다.

곤충류의 가장 일반적인 종류는 '딱지날개 sheathed wing' 곤충이라고 불리는 딱정벌레과다. 30만여 종으로 알려진 딱정벌레 종류는 비곤충류의 동물을 모두 합한 것보다 많다.

이와 관련하여, 영국의 진화론적인 사상가이

위 암사자 한 마리가 아프리카 대초원에서 분주히 먹잇감을 찾고 있다.
아래 무당벌레 한 마리가 열심히 보릿대를 살피고 있다.
사자와 같은 포유류는 무당벌레와 같은 곤충류에 비해 그 수가 상대적으로 적다. 지구상의 곤충류는 전체 동식물 종의 절반이 넘는 수를 차지한다.

자 생물학자인 J.B.S. 홀데인J.B.S. Haldane의 일화가 있다. 한번은 홀데인에게, 자연의 창조물에 대한 연구를 통해 우리가 창조주에 대해 어떤 결론을 내릴 수 있느냐고 물었다. 그러자 그는 "딱정벌레에 지나친 애정을 갖고 계신 것 같다."라고 대답했다.

곤충류는 많은 중요한 역할을 한다. 벌과 나비는 꽃을 수분시켜 식물의 번식을 돕는다. 파리와 그 유충은 동식물의 사체를 분해하여 물질이

분해자는 생물의 사체를 분해하고 그 영양을 섭취하는 생물이다. 곰팡이(mold)와 같은 분해자들은 생태학적으로 중요한 역할을 한다. 그들은 죽은 생물의 유기 물질을 양분으로 분해하여 순환시켜서, 새로운 생물이 이용하게 한다.

다시 순환되도록 한다. 땅속의 애벌레는 공기를 땅속으로 들어오게 하여 토양의 상태를 향상시킨다. 무당벌레는 식물을 빨아먹는 진딧물의 수를 조절하여 식물의 삶을 지속시킨다. 만약 지구상에서 곤충들이 갑자기 사라진다면 대부분의 식물들과 동물들은 1년 이내에 멸종할 것이다.

미생물들의 번영 지구의 생명체 중 가장 중요한 생물종의 목록을 뽑는다면, 그 윗부분에는 지구상 거의 모든 환경과 물질에 항상 존재해 왔던 미생물들, 즉 곰팡이fungi와 세균bacteria이 있을 것이다.

동물과 식물은 곰팡이와 세균이 없었다면 오랫동안 생존할 수 없었을 것이다. 이들은 영양분을 섭취하는 과정에서 사체들을 기본적인 분자와 화합물로 분해하여 새로운 생물이 이용할 수 있도록 돕는다. 이러한 분해자들은 딱정벌레나 개미, 흰개미 같은 생물들의 도움을 받는다. 이들 중 어떤 것은 죽은 나무에서 살기도 하고, 어떤 것은 동물의 시체나 떨어진 과일 또는 배설물에서 사는 것도 있다. 이들이 주로 섭취하는 양분은 다른 생물들에게는 더 이상 필요 없는 찌꺼기detritus다. 이런 이유로 분해자들을 '찌꺼기 섭식자detritivore' 라고 부른다. 부패한 동물들의 사체는 빠르게 땅속으로 흡수된다. 떨어진 사과는 썩어 과수원의 흙으로 사라지고, 죽은 나무들은 숲 속에서 분해된다. 이 모든 것이 지구상의 분해자 및 찌꺼기 섭식자들이 그들을 필요로 하는 일을 하고 있다는 증거다.

세균, 곰팡이 그리고 사진의 쇠똥구리와 같은 딱정벌레류는 분해자다. 이들은 죽은 동식물들을 화학적 성분으로 전환시키는 작용을 한다.

식물계

식물은 재능이 많은 생물이다. 그들은 동물의 생존에 필요한 산소를 제공하고, 탄소와 물을 저장하여 지구의 기후 조절을 돕는다. 그러나 식물의 가장 위대한 능력은 태양 에너지를 흡수하여 영양분을 생산해 내는 것이다. 바다에서는 식물성 플랑크톤phytoplankton과 대형 조류macroalgae가 이와 같은 역할을 한다.

지구의 생물들이 쓰는 에너지는 거의 태양으로부터 온 것이다. 식물은 광합성photosynthesis. photo는 '빛', synthesis는 '합성'을 뜻함을 하여 햇빛으로부터 영양분을 합성한다.

식물은 잎, 줄기, 뿌리 그리고 씨앗에 에너지를 저장한다. 이들은 햇빛으로부터 에너지를 생산하기 때문에 1차 생산자primary producer라고 한다. 또한 물, 햇빛, 양분과 같은 무생물적abiotic 요인들을 이용하여 독립적으로 영양을 공급하기 때문에 독립 영양 생물autotroph이라고도 한다.

다우림에서는 많은 생물들이 지상부로 내려오지 않는다. 난초와 같은 착생 식물着生植物은 큰 나무의 가지에 붙어살면서 빗물, 공기, 햇빛으로부터 필요한 모든 것들을 공급받는다. 심지어 뿌리는 땅에 닿지도 않는다. 바다에서는 바다 식물 몇 종과 함께 대형 조류와 식물성 플랑크톤이 광합성을 한다.

태양으로부터의 에너지 에너지를 생산하는 식물들은 직간접적으로 다른 모든 생물들에게 영양을 공급한다. 식물을 먹고 사는 초식 동물은 1차 소비자primary consumer라고 한다. 그리고 초식 동물을 잡아먹는 육식 동물은 2차 소비자secondary consumer다. 인간이나 너구리처럼 식물과 고기 모두를 먹는 포유동물은 잡식 동물이라고 한다. 풀, 견과류, 과일 같은 식물을 먹는 생물이든, 다른 초식 동물을 잡아먹는 생물이

위 북미의 온대림
아래 왼쪽 콜롬비아 다우림의 나무. 착생 식물이 나무의 몸통을 뒤덮고 있다.
아래 오른쪽 난초와 같은 착생 식물은 다우림의 높은 곳에 위치하면서, 빗물, 공기, 태양으로부터 양분을 섭취한다.

초식 동물은 식물 섭취만으로 에너지를 얻는 동물이다. 풀을 뜯어 먹고 있는 오랑우탄과 같은 초식 동물은 1차 소비자다. 이끼에서부터 육식 동물에 이르기까지 모든 생물은 궁극적으로 태양으로부터 에너지를 얻는다.

든, 궁극적으로는 햇빛으로부터 에너지를 섭취한다고 할 수 있다. 무화과와 그 잎사귀를 먹는 오랑우탄은 무화과나무에 저장된 에너지를 섭취하는 것이다. 그런 오랑우탄은 1차 소비자다.

애벌레와 곤충을 먹는 새와 거미줄에 걸린 파리를 잡아먹는 거미 등은 2차 소비자다.

고양잇과의 오실롯은 산딸기류를 먹는 딱정벌레를 잡아먹는 긴코너구리를 잡아먹기 때문에, 3차 소비자tertiary consumer라고 한다. 그러나 오실롯도 궁극적으로는 햇빛으로부터 에너지를 얻는 것이다.

최고의 생산성 한 지역에서 생활하는 동식물의 건조 중량을 생물량biomass이라고 한다. 빛과 수분과 한 지역의 영양분으로부터 생산되는 생물량의 비율을 그 지역의 생산성productivity이라고 한다.

열대우림 지역은 최고의 생산성을 나타낸다. 나무와 새, 동물, 곰팡이, 세균, 곤충류 등 다양한 생물종들이 이곳 생태계에 있는 대부분의 영양분과 수분을 이용하여 토양 속에는 거의 남겨 두지 않는다. 따라서 다우림 지역의 토양은 매우 척박하다. 생물이 필요로 하는 거의 모든 영양분은 식물들과 다른 살아 있는 생물들에 의해 끊임없이 순환된다. 심지어 물도 순환된다. 연구에 따르면, 적도 부근의 다우림은 이 지역에 내리는

비의 4분의 3을 증산시킴으로써 잎사귀를 통해 증발 수증기를 만들고, 그 수증기가 하늘로 올라갔다가 다시 비로 내리기를 반복한다.

생물량은 다양한 방법으로 측정할 수 있다. 예를 들면, 한 생태학자는 주어진 지역에서 모든 생물의 무게를 재거나, 각 생물의 수와 크기를 측정할 수도 있다. 생태학자들은 또한 생물량을 추정할 수 있는 컴퓨터 모델을 개발해 왔다. 모델의 정확도를 알아보기 위해 과학자들은 직접 채집한 표본의 결과와 컴퓨터가 도출한 추정치를 비교한다.

아마 세균의 생물량은 다른 모든 생물들을 합한 양보다 더 많을 것이다. 1차 생산자인 식물과 조류algae가 두 번째로 높으며, 곤충류와 곰팡이가 그 다음이다. 생물량 피라미드의 꼭대기에는 히아신스마코 앵무새부터 사자원숭이를 포함한, 모든 새와 포유류가 자리를 차지한다.

에너지와 위계

식물, 조류algae 및 광합성 세균의 대부분을 차지하는 남세균cyanobacteria을 포함한 1차 생산자는 태양에서 지구로 방출되는 에너지의 10 %만을 획득한다. 태양 에너지의 대부분은 대기나 해양으로 흡수되거나 다시 우주로 방출된다. 식물들은 광합성을 통해 획득한 이 에너지를 포도당 분자나 당분의 형태로 저장해 두었다가 연소시켜 에너지로 전환한다.

나비의 애벌레가 잎을 먹는 것은 식물이 가지고 있는 태양 에너지의 일부분을 먹는 것이다. 다음으로 딱새류가 이 애벌레를 먹을 때는 애벌레가 가지고 있는 에너지의 적은 양만을 섭취하

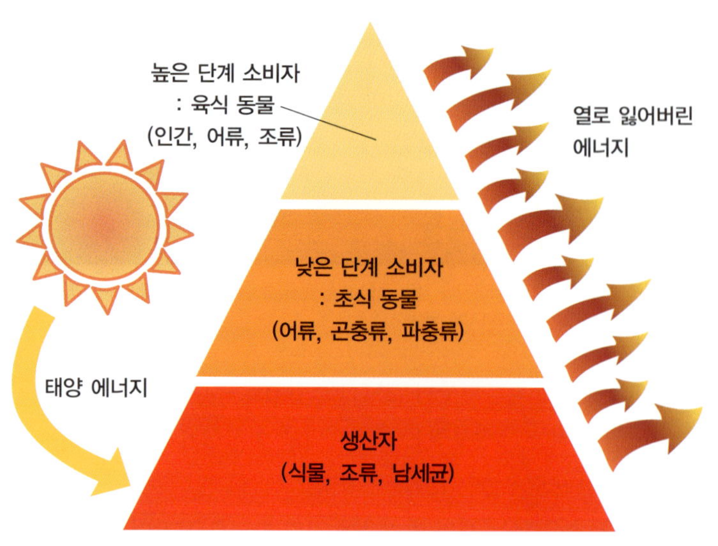

이 에너지 피라미드는 생산자로부터 흡수된 태양 에너지가 어떻게 상위 단계의 생물로 전이되는지를 보여 주고 있다.

게 된다. 나머지 에너지는 애벌레가 만드는 열, 생식 과정 그리고 배설물의 형태로 없어진다.

이것은 상위의 생물들이 하위의 생물들을 잡아먹으면서 어떻게 에너지가 한 단계에서 다른 단계로 이동되는지를 보여 주는 에너지 피라미드다. 각 단계에서 생물들은 상당량의 에너지를 열로서 잃고, 적은 양의 태양 에너지가 다음 단계로 보내진다. 동물들은 햇빛으로부터 영양분을 생산할 수 없기 때문에, 다른 식물이나 동물을 통해서 에너지를 얻는다.

위계의 단계 생태학에서는 자연계를 5단계로 구분한다. 첫 번째 단계는 개체individual organism로, 개체의 생리적인 면과 행동 양식, 그들이 무엇을 먹고 어디에 사는지에 대한 것이다. 예를 들어, 해안가의 습지대에서 자라는 맹그로브나무의 경우, 주변 환경의 염분 농도를 포함하여 많은 요

위 플로리다 에버글레이즈(Everglades)의 맹그로브나무
아래 제왕나비의 애벌레는 아스클레피아스 잎을 먹는다. 아스클레피아스는 태양과 토양으로부터 직접 에너지를 얻고, 애벌레 같은 초식 곤충은 나비가 되기 위해서 충분한 에너지가 필요하므로 많은 양의 잎을 먹어야 한다. 1차 소비자인 초식 곤충은 살아남기 위해 많은 양의 에너지를 필요로 한다.

강의 생태계는 물 안팎에서 다양한 생물들에게 도움을 주고 있다. 강은 육지를 지나며 물과 영양분을 순환시킨다. 자연의 강둑은 철새들에게 물가에서 살 수 있는 서식지를 제공할 뿐만 아니라, 강의 침식과 범람을 조절하기도 한다.

인에 영향을 받는다. 두 번째 단계는 함께 살며 상호 작용하는, 하나의 종으로 이루어진 개체군population of organisms이다. 예를 들어, 맹그로브나무들이 함께 퇴적물을 붙잡아 안정적인 환경을 만드는 것이나 각각이 공간 및 빛을 확보하기 위해서 서로 경쟁하는 것을 들 수 있다.

세 번째 단계는 군집community인데, 맹그로브나무에서부터 새우, 배스, 악어, 해우, 해오라기와 같이, 한 지역에 같이 살면서 상호 작용하는 다양한 종들의 개체군의 모임이다.

네 번째 단계는 한 환경 속에 무생물적인 것들무생물과 살아 있는 것들생물을 모두 포함하는 생태계ecosystem다. 맹그로브나무 습지 생태계는 앞서 말한 새우와 악어를 포함하여 민물과 바닷물, 기후, 침전물, 농경지에서 나오는 오염 물질 등의 많은 상호 의존적인 요소들로 구성되어 있다.

다섯 번째 단계는 생태 지역ecoregion인데, 열대우림 지역과 같이 큰 규모의 자연 경관에 관한 것이다.

습지 생태계

습지대의 생산성은 다우림 지역만큼이나 높고, 농경지보다 훨씬 크다. 습지대는 게나 달팽이, 지렁이, 어류, 조류, 개구리 그리고 다른 양서류를 포함하여 해양이나 육지, 민물에 사는 동물들에게 생태학적으로 매우 중요한 기능을 한다. 세계 철새의 절반 정도가 먹잇감이 풍부한 습지대나 그 근처에 둥지를 튼다.

또한 습지대는 폭풍이나 홍수로 인한 피해로부터 해안가를 보호하며, 많은 양의 물을 여과함으로써 수질 오염을 막아 준다.

많은 습지대가 간척되어 농경지가 되거나 주택 또는 건물을 짓기 위해 매립되었다. 습지대는 물이 많아 사람이 다니거나 활동하기에 불편하기 때문에 보통 불모지로 간주된다. 습지대에서 물을 빼내어 육지화하는 것을 '간척'이라고 한다. 북미에서는 습지대의 절반이 이미 사라졌다. 그리고 북미에서 멸종 위기에 처한 동식물종의 절반 정도가 습지대에 의존해 살아가는 생물들이다. 이러한 사실은 단지 우연의 일치만은 아닐 것이다.

멸종 위기

오늘날 지구상의 동식물들은 그 멸종 속도가 화석 기록을 통해 알 수 있는 과거의 일반적인 속도보다 천 배 정도 빠르다. 실제로 이 속도는 마지막 공룡 멸종 이후, 가장 빠른 것이다.

멸종이 이렇게 빠르게 진행되는 이유는 서식지의 감소 때문이다. 대부분의 동물들은 생활하기에 가장 적합한 열대기후 지역이나 그 근처에서 서식한다.

1900년대 중반 이후 인구는 급속하게 증가했고, 인간이 농장과 목장, 주택을 짓기 위해 지구 생물종의 절반이 살고 있는 열대우림의 70 % 이상을 파괴했다. 이로 인한 기후 변화로, 점점 그

수가 감소하고 있는 생물종들이 특히 더 큰 어려움을 겪고 있다.

생태학자 알도 레오폴드Aldo Leopold는 "우리는 땅을 우리에게 속한 물건으로 여겨 남용하고 있다. 땅을 우리에게 속한 공동체의 하나로 본다면, 사랑과 존경심을 가지고 사용할 수 있을 것이다."라고 썼다.

대멸종이 있은 후, 지구상에 다시 이전 수준의 생물 다양성이 회복되는 데 1,000만 년이 걸렸다. 오늘날 환경학자들은 인간이 어떻게 오래도록 지구의 환경을 파괴하지 않고 다른 생물종들과 이를 공유하며 살 수 있을지에 대해 고심하고 있다.

지구상에서 사라지고 있는 봄의 연못

빠른 속도로 사라지고 있는 서식지 중 한 곳이 바로 봄의 연못vernal pool이다. 이곳은 특히 지중해 연안과 기후가 비슷한 곳에 서식하는 야생 생물들에게 매우 중요한 계절적 습지다. 봄이면 종종 꽃에 둘러싸여 장관을 이루는 이 웅덩이들은 몇몇 지역 고유종의 서식지가 되는데, 이는 곧 해당 종들이 이곳 외에는 달리 서식할 곳이 없음을 뜻한다.

예를 들어, 작은 새우 몇 종과 60여 종 이상의 식물들은 캘리포니아 봄의 연못 생태계에서만 서식한다. 겨울철에는 연못이 마르지만 어떤 새우 알들은 이듬해 웅덩이가 다시 생기면 부화한다.

봄의 연못 생태계에 적응해 온 또 다른 동식물들은 매년 봄마다 수분이 많은 이곳의 이점을 이용하기 위해 이곳으로 다시 돌아오거나 이곳에서 성장하도록 적응했다. 개구리들은 웅덩이에 알을 낳고, 올챙이들은 자라서 매년 여름마다 봄의 연못이 마르면

위 인간의 벌목으로 동식물의 서식지가 파괴되고 있다.
아래 철새들의 주된 먹이 중 하나인 캘리포니아 풍년새우(fairy shrimp)는 서식지의 파괴로 멸종 위기에 처해 있다.

바위의 파인 공간에 만들어진 봄의 연못. 이 계절적인 웅덩이는 빗물이나 눈이 녹아 형성되는데, 매년 봄이면 새 생물들의 생활공간이 된다. 늦여름이 되면 마르지만 이듬해에 또다시 형성된다.

마지막 야생 주머니늑대

묘비

주머니늑대(Tasmanian wolf)는 한때 가장 많았던 육식성 유대류였다. 그러나 20세기에 가축에 위협이 되는 존재라고 여겨져, 호주 태즈메이니아(Tasmania) 지역에서 마리당 25센트씩 현상금을 내걸어 사냥꾼들을 모았다. UN 환경계획(United Nations Environmental Program)의 세계 생물 다양성 지표(World Atlas of Biodiversity)에 따르면, 20세기 후반에만 20여 종의 조류와 포유류, 어류들이 멸종되었다. 많은 종들이 인구 증가로 인해 멸종의 위협을 받고 있는데, 특히 지구에서 생물 다양성이 가장 높은 좁은 지역에서 더 심각하다(86쪽 참조).

물을 떠나 땅으로 간다. 물고기들은 항상 물이 차 있는 것이 아니므로 이 연못에서 번식할 수 없다. 그러나 새우나 식물들을 먹고 사는 철새나 호랑이도롱뇽 및 다른 동물들은 이곳에서 서식한다. 그러나 최근까지 남아 있는 캘리포니아의 봄의 연못 생태계는 30 %도 되지 않는다.

많은 사람들이 봄의 연못을 다른 목적으로 사용하려 한다. 환경 보존 단체와 캘리포니아 주정부는 남은 야생 지역을 유지하고 봄의 연못과 다른 쉽게 망가질 수 있는 생태계를 보호하기 위해 노력하고 있다.

브라질의 사자원숭이(golden lion tamarin)는 가장 심각한 멸종 위기에 처한 포유류에 속한다.

생명을 위한 관리 오늘날 생태계 관리자들은 자연 환경을 파괴하지 않고 생태계를 오랫동안 유지하기 위해서는 생태적 관리 체계가 인간은 물론 마호가니나무에서부터 카멜레온 및 땅속의 생물에 이르기까지, 그 지역에 서식하는 모든 동식물들을 배려해야 한다는 것을 깨달았다.

대부분에 있어 가장 중요한 목표는 숲을 사람들이 살지 않는 '자연 그대로의 모습으로' 보존하기보다는, 인간이 자연을 파괴하지 않고 자연과 공존하면서 상호 이익적인 균형을 이루도록 만드는 것이다. 예를 들어 현재는 모기와 말라리아에 대한 연구가, 생태계의 균형을 파괴할 수 있는 모기를 박멸하는 쪽보다는 말라리아가 인간에게 전염되는 것을 막는 쪽으로 바뀌고 있다.

지구의 생태계를 관리한다는 것은 앞으로도 계속, 대단히 도전적인 일이 될 것이다. 하지만 생태학을 이해하면, 인류가 지구의 생태계를 온전히 보전하면서도 엄청난 인구 과잉이라는 힘든 '병목'을 통과하는 데에 많은 도움을 얻을 수 있을 것이다.

CHAPTER 2

개체군의 변동

왼쪽 벌집 속의 꿀벌. 하나의 벌집에서는 수백 마리에서 많게는 수천 마리에 이르는 벌들이 함께 생활한다.
위 아프리카 마사이마라(Masai Mara)에 있는 누(wildbeest) 떼. 누의 개체군은 강수량과 질병, 포식자뿐 아니라, 농사나 목축과 같은 인간의 토지 이용에도 영향을 받는다.
아래 수마트라 호랑이. 약 100 km²당 다섯 마리밖에 없는 가장 드문 개체군이다.

일반적으로 같은 지역에서 서식하는 같은 종의 개체들의 집단인 개체군은 벌집 안의 꿀벌들처럼 매우 빽빽이 모여 있거나 정글 속의 호랑이들처럼 드문드문 흩어져 있다.

개체군을 공부하는 것은 각각의 개체나 특정 지역을 연구하는 것보다 자연이 어떻게 기능을 하는지를 이해하는 데 훨씬 좋은 방법이 된다. 만일 한 개체군이 (예를 들어, 메뚜기가) 급증한다면, 이는 이들의 먹이가 되는 개체군(들풀과 농작물)에 큰 위협이 될 수 있고, 또 그 양분이 필요한 다른 개체군에게도 나쁜 영향을 줄 수 있다. 반면, 메뚜기의 포식자들에게는 많은 먹이가 제공되어, 포식자의 수는 (예를 들면, 조류들은) 증가할 것이다.

또한 개체군은 지리적 장벽이나 가뭄 그리고 다른 종들의 침입과 같은 환경적 압박을 받으면서 적응에 대한 능력을 시험받을 것이다. 지구 온난화와 같은 장기간의 압박에서는, 한정되고 특수한 환경에만 적응하는 개체군보다는 다양한 먹이를 섭취하고 내성의 폭이 넓은 개체군들이 일반적으로 영향을 덜 받는다.

조절 활동

들쥐의 개체군은 독수리, 여우, 올빼미 그리고 뱀에 의해 조절된다. 들쥐 개체군의 성공은 들쥐와 포식자 양쪽 모두가 얼마나 스스로의 보금자리를 잘 마련하고 새끼들을 잘 키우느냐에 달려 있다. 둥지에 새끼가 두 마리 있는 독수리 한 쌍에게는 먹이로 쥐가 더 필요할 것이다. 만일 들쥐의 포식자들이 갑자기 사라진다면, 들쥐의 개체군은 급증할 것이다. 우리는 이를 '개체군의 급증outbreak population'이라고 한다. 하지만 이런 개체군의 급증도 곡식과 같은 먹이의 양에 여전히 제한을 받을 것이다. 그리고 먹이의 공급은 날씨의 영향을 받는다. '많은 양의 농작물을 생산할 만큼 비가 충분히 내렸는가, 아니면 가뭄으로 인해 흉작이 되었는가?' 또는 '동일한 식량을 두고 경쟁하는 다른 생물들이 (예를 들어, 새가) 많았는가?'가 영향을 준다.

들쥐 개체군의 또 다른 제한요인은 서식지다. 건설 계획이나 산불로 인해 들쥐가 서식하기 어려운 환경이 된다면, 개체군은 줄어들 것이다. 어떤 종에게 서식지의 파괴는 개체군을 멸종에 이르게 할 만큼 매우 큰 문제다.

개체군의 순환

많은 야생종들의 개체군은 제한요인과 성공요인에 따라 증감을 반복한다. 그 순환의 잘 알려진 예로는 북미의 눈신토끼와 그의

위 매 한 마리가 들판 위를 선회하고 있다. 매는 뛰어난 시력으로 먹잇감인 쥐를 찾는다.
아래 왼쪽 캐나다스라소니 새끼
아래 오른쪽 눈신토끼
스라소니 개체군은 눈신토끼 개체군의 증감 형태와 비슷하게 10년 주기로 증감을 반복한다.

주 포식자인 캐나다스라소니의 10년 주기 개체군 순환이 있다. 눈신토끼의 수가 늘어나면, 스라소니의 수도 증가하고, 눈신토끼의 수가 줄어들면, 스라소니의 수도 줄어든다. 스라소니 수의 변화는 눈신토끼 수의 변화로부터 약 1년 뒤에 나타난다.

그러나 몇몇 연구에 따르면, 스라소니가 없는 지역에서도 눈신토끼의 개체군은 여전히 10년 주기로 증감한다고 한다. 왜 그런 것일까? 포식자들이 없을 경우에는 먹이 공급량이 눈신토끼에게 보다 강한 제한요인이 된다. 눈신토끼의 개체군은 충분히 먹을 풀이 있을 때까지 계속 증가하다가, 이후에는 급감한다.

개체군의 급감

야생의 한 지역이 부양할 수 있는 동물의 수를 '환경 수용력carrying capacity'이라고 한다. 자연적인 통제가 없어질 경우, 그 결과는 참담해질 수 있다.

1944년에 처음으로 1년생 순록 29마리가 알래스카 베링 해 세인트매

튜 섬St. Matthew Island의 작은 해안경비소에 식량 지원용으로 들어갔다. 그 수는 급증하여 1957년에는 1,300마리 이상 늘어났으며, 몸집도 미국 본토의 평균적인 순록들보다 컸다. 그 원인은 그 지역의 순록들이 툰드라 지역의 풀들과 이끼, 버드나무를 풍부하게 섭취했기 때문으로 나타났다. 1963년 여름에 한 생물학자가 그 섬을 방문하여 순록의 수를 세었는데, 그 수는 6,000마리였다. 그러나 순록의 평균 체격은 작아졌다. 이는 순록의 개체군이 섬에 있는 자원의 한계에 다다랐음을 의미했다. 그해 겨울은 유난히 혹독했기 때문에, 모든 순록을 먹일 식물이 온전히 살아남을 수 없었다.

수천 마리의 순록은 42마리만 남고 모두 죽었다. 수놈은 단지 한 마리만 살아남았는데 번식이 불가능했다. 다음해에 그 섬의 순록 개체군은 0으로 줄었다. 그 섬에서의 순록 개체군을 나타내는 그래프를 보면, 낮게 서서히 시작하다가 급격히 증가하는데, 이것은 마치 알파벳 J와 모양이 비슷하다고 하여 'J 곡선J-curve' 이라고 부른다.

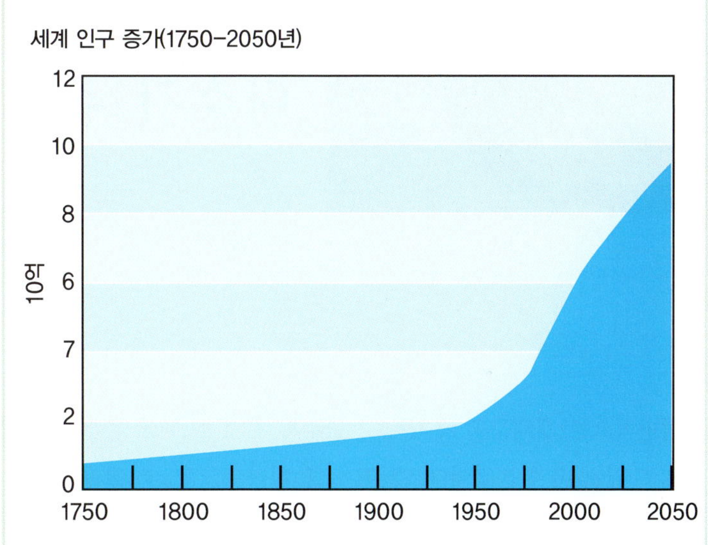

지구의 인구는 1800년도에 10억이었던 것이 21세기에 90억으로 증가할 것으로 예상된다. 이러한 증가는 계속될 수 있을까?

세계 인구의 급증

세계의 인구는 다른 종들의 역사보다 상대적으로 안정적이었다. 18세기가 되면서 세계 인구는 산업 혁명과 위생의 개선으로 기하급수적으로 급증하기 시작했다. 인류의 수는 1750년도에 7억 5,000만에서 1800년도에는 10억으로, 1950년에는 20억 이상으로 증가했다. 2000년에는 지구에 약 60억의 인구가 있었으며, 2050년에는 90억으로 증가할 것으로 예측하고 있다. 식품 생산량의 증가와 식품 가공학의 발전으로, 인류는 이렇게 급증한 인구를 유지할 수 있게 되었다.

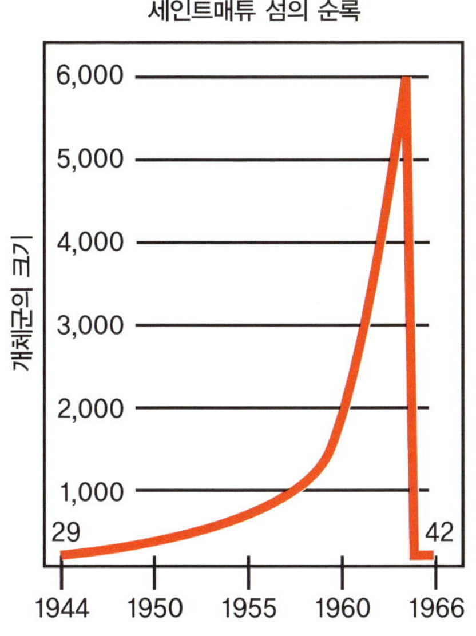

1963년에 무자비한 혹한이 알래스카에 닥쳐 세인트매튜 섬에 있던 많은 식물들이 동사했고, 이로 인해 순록들이 굶어 죽었다(오른쪽). 그래프(위)에서 J 곡선은 순록 수의 급증을 나타낸다.

다수가 주는 안전성

일반적으로 개체군은 그 숫자가 클수록 장기적으로 훨씬 더 안정적이다. 그 이유 중 하나는 개체군이 클수록 유전적 다양성이 커서 잠재적인 악재 속에서도 개체군이 버틸 수 있는 능력이 커지기 때문이다. 질병이나 가뭄 또는 홍수가 발생하면 많은 개체군이 죽는다. 그러나 개체 수가 많다면, 그중 가장 가뭄을 잘 견뎌내고, 가장 건강하고, 가장 똑똑한 몇몇은 살아남을 것이다.

그리고 큰 개체군은 단지 유전학적인 측면에서만 중요한 것은 아니다. 만약 많은 수의 개체가 대대적으로 죽는 재앙이 닥칠 경우, 큰 개체군은 충분한 개체가 생존하여 성공적으로 번식할 가능성이 크다.

다수가 주는 안전성이 없는 경우

1800년대에는 수십억 마리의 나그네비둘기passenger pigeon들이 북미의 하늘을 뒤덮었다. 1813년에 존 제임스 오듀본John James Audubon은 수많은 비둘기들이 구름을 이룬 아래로 89 km를 비행했던 경험을 기록으로 남겼다. 그리고 1900년에 야생에서의 마지막 나그네비둘기가 사냥되었다. 수십억 마리가 멸종하기까지 30년 정도가 걸렸는데, 나그네비둘기의 멸종은 이들의 취약성을 증가시키는 요인들이 복합적으로 작용해서 일어났다.

몇몇의 큰 무리를 지어 살던 나그네비둘기들은 손쉬운 사냥감이었고, 번식도 느려서 일 년에 한 마리씩만 부화시켰다. 또한 나그네비둘기 떼는 자주 이동하며 넓고 신선한 산림 지대를 찾았는데, 사실상 그 산림 지대는 나그네비둘기 떼가 돌아오기 전에 파괴되었다.

대농장의 건설로 풍부한 삼림들이 사라지고 욕심 많은 사냥꾼들이 하루에 수백 마리의 비둘기를 사냥하는 현실에서, 비둘기들은 생존을 위한 마땅한 방법을 찾지 못했다. 인간과의 서식지 경쟁과 대대적인 사냥으로 인해 나그네비둘기는 빠르게 멸종했다. 그러나 궁극적으로 나그네비둘기들이 멸종한 것은 그들이 환경의 변화에 빠르게 적응하지 못했기 때문이라 할 수 있다.

위 박제된 나그네비둘기
아래 농경지 개간으로 인한 산림의 감소 역시 나그네비둘기를 멸종에 이르게 한 원인이었다.

여우의 성공

한때는 붉은여우red fox도 멸종위기종 리스트에 올랐던 적이 있었다. 나그네비둘기와 마찬가지로, 많은 수가 포획되고 서식지는 위협을 받았다. 북미 지역에서 주택과 농경지가 확장되면서 숲이 줄어들었고, 여우들은 굴을 파고 살았던 숲에서 쫓겨날 위기에 있었다.

그러나 붉은여우는 놀라운 적응력을 보였다. 여우는 교외 변두리 지역에서 서식하기 시작했다. 여우들은, 숲이 없을 경우에는 낡은 하수관이나 버려진 건물에다 보금자리를 마련했다. 사냥할 들쥐나 토끼가 없을 때에는 집쥐나 쓰레기통에 버려진 샌드위치 같은 것을 먹었다. 이러한

코스타리카의 몬테베르데 운무림. 초목이 무성하고 습도가 높은 열대 운무림 지역에는 다양한 종들이 서식하는데, 이들은 작고 연약한 생태계이며, 기후 변화의 위협으로 멸종 위기에 처해 있다.

성공적인 적응 덕분에, 붉은여우의 개체군은 전에 살던 숲 속 서식지가 파괴되었어도 건강하게 살아남을 수 있었다.

취약성 불행하게도, 대부분 종이 붉은여우처럼 적응력이 뛰어난 것은 아니다. 종의 기존 서식지가 변하거나 줄어들거나, 아니면 인간의 개발로 훼손될 경우, 멸종의 가능성은 높아진다. 생물들은 짝짓기를 하거나 씨앗을 퍼뜨리는 일이 더욱 어려워진다. 결과적으로 유전자 풀genetic pool이 줄어든다.

작고 특정한 환경에 사는 생물들은 적응에 가장 큰 어려움을 겪는다. 예를 들어, 다우림 지역에 사는 딱정벌레나 거미 또는 개미들은 단일 나무 종에 적응해 왔다. 때문에 다우림 지역이 파괴되면, 이 개체군들은 새로운 서식지를 찾는 데 그만큼 어려움을 겪게 된다.

이와 비슷하게, 황금두꺼비golden toad는 코스타리카의 몬테베르데 운무림Monteverde Cloud Forest의 작은 산꼭대기에서만 살았다. 이 운무림은 차고 습기 찬 기후의 영향을 받았는데, 지구 온난화로 인해 일대의 기온이 올라갔고, 이후 1986-1987년에는 심각한 가뭄이 발생했다. 운무림이 따뜻해지면서 평원 지역의 생물종들이 산꼭대기 쪽으로 서식지를 옮겼다. 이로 인해 황금두꺼비는 영역을 위협받았고, 1989년에 마지막으로 발견된 이후 지금은 멸종된 것으로 알려져 있다.

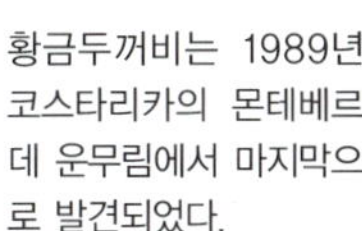

유럽 붉은여우가 쓰러져 있는 쓰레기통을 뒤적이고 있다. 여우들은 사람들 주변에서 생활하는 것에 성공적으로 적응했다.

황금두꺼비는 1989년 코스타리카의 몬테베르데 운무림에서 마지막으로 발견되었다.

영역에 대한 압박

모든 개체군에게는 자신들에게 가장 적합한 환경이 있다. 개체군은 풍부한 먹이와, 포식자와 질병으로부터의 안전 그리고 자손의 번식과 새끼를 기르는 데 적합한 환경 속에서 번창할 수 있다.

그러나 이런 적합한 환경이 아닌 곳에서는 생존 조건이 완전하지 못하다. 몇몇 종들은 물이 너무 산성이거나, 토지가 너무 메마르거나, 공기가 건조하면 생존할 수 없다. 이러한 상태에서는 개체군이 살아남기 어렵다. 개체군의 생존 능력에 불리한 조건인 제한요인limiting factor은 개체군의 영역을 서서히 감소시킬 수 있다. 결과적으로 개체군의 밀도는 낮아진다. 아마 기후가 먹이 공급에 최적이 아니라면, 먹이 찾기가 어려워질 것이다. 예를 들어, 사탕단풍나무는 미국 동부에서부터 캐나다 남부까지 쉽게 찾아볼 수 있다. 그러나 분포 지역 중 남동부에서는 수령이 20년은 지나야만 꽃을 피울 수 있으므로 잘 번식하지 못한다. 또한 이 나무는 오직 온대 기후 조건의 토지에서만 번성한다. 그러나 기후에 관한 연구들이 향후 10년간 미국의 날씨가 더 따뜻해질 것으로 예측하고 있기 때문에, 사탕단풍나무의 영역은 캐나다 북부 쪽으로 더 확대될 것으로 보인다.

자기 조절 유럽에서 노루 개체군은 일정한 밀도에 도달할 때까지만 개체 수가 증가한다. 노루의 개체군 중 일부는 먹이가 희소해지면 자손을 적게 낳는다. 반면에 북미의 뮬사슴은 이러한 자기 조절self-regulation 기제

위 기후가 온난해짐에 따라 사탕단풍나무의 분포 지역이 북쪽으로 이동하고 있다.
아래 사냥으로 뮬사슴(왼쪽)의 천적인 늑대(우측)의 수가 많이 줄어들었다. 그런 생태 환경의 변화로, 결과적으로 북미에서 뮬사슴의 개체군은 급증했다.

캐나다 브리티시컬럼비아 주에 있는 퍼시픽림 국립공원(Pacific Rim National Park). 오래된 삼림 생태계는 상대적으로 균형적이고 안정적인 '극상 상태'를 유지하지만, 시간의 흐름에 따라 여전히 끊임없이 변화한다. 자연은 생물계와 무생물계가 상호 작용하면서 끊임없이 변화한다.

mechanism를 발달시키지 못했다. 뮬사슴의 경우, 그 수를 조정하는 포식자들이 없으면, 개체 수가 너무 많아져 먹이가 고갈되어 굶어 죽을 때까지 계속 번식을 한다. 또한 뮬사슴의 개체군이 증폭하면 배고픈 사슴이 나무껍질을 벗겨 먹어 나무를 죽이거나, 사람들에게 라임병을 옮기는 등, 생태계를 이전과 다른 예상치 못한 상태로 바꿔 놓기도 한다. 자기 조절이 안 되는 개체군은 포식자나 다른 제한요인에 의해 그 수가 조정된다. 이것은 "늑대들이 사슴 한 마리 한 마리에게는 적이지만 사슴 개체군 전체에는 친구이기도 하다."라는 말이 생긴 이유다.

변화는 계속된다 1930년대에 생태학자 유진 오덤 Eugene Odum이 처음으로 생태계에 관한 책을 썼을 때, 그는 생태계의 야생 동물들과 식물의 개체군은 조화와 균형을 이루는 단계로 자연스럽고 점진적으로 발전하여 진화한다고 생각했다. 그리고 성숙한 숲과 같은 마지막 단계를 '극상 상태 climax state' 라고 했다.

몇 년 후 오덤은 자연을 생물과 무생물 그리고 그들의 영향력이 끊임없이 움직이고 바뀌고 상호 작용하는 집합체로 봄으로써 개체군에 대한 새로운 개념을 제시했다. 이 새로운 관점에서 보면 개체군은 물론 모든 생물계는 정적이지 않다. 균형을 맞추는 기제는 조화로워 보이나, 현재 생태계의 평형 상태는 결코 지속되지 못할 것이다. 시간의 흐름 속에서, 특히 지질학적 시간 속에서 변화가 계속 일어난다.

공간과 시간 개체군 영역에서 변화가 일어날 때, 새로운 개체군이 들어오는 생태계나 기존 개체군이 나가는 생태계 모두 생태적 균형을 유지하기 위해 조정에 들어갈 것이다. 예를 들어, 한 개체군의 생태적 지위를 다른 종이 넘겨받아 번성하게 되면, 원래의 개체군은 그 수가 줄어들다가 멸종의 수준에까지 이르게 될지도 모른다. 어느 한 종의 번성과 분포는 먹이 사슬의 위와 아래에 있는 종들에게 연쇄적인 영향을 줄 수 있다.

환경 수용력

제한요인이 없는 개체군은 기하급수적으로 수가 증가할 것이다. 즉, 자손 둘이 자손 넷을 두고, 자손 넷이 자손 여덟을 두는 것과 같이, 개체군은 다음 세대로 내려가면서 수가 배가되기 때문에 더욱 빠르게 증가할 것이다. 예컨대 제한요인이 없을 때 한 쌍의 쥐는 3년 내에 2,000만 마리까지 번식할 수 있다.

다행히도 실제 세상에는 항상 제한요인들이 있다. 지구에는 언제나 개체군의 기본적인 요구를 제한하는 요인들이 있기 때문에, 결코 쥐나 담쟁이덩굴, 거미, 버섯 등이 들끓는 일은 없을 것이다. 서식지가 최대한 수용할 수 있을 만큼 개체군이 성장을 했을 때 서식지는 수용 능력의 한계에 도달했다고 한다. 환경 수용력이란 일정 지역에서 유지할 수 있는 동일 종의 개체 수를 말한다.

민물송어 개체군은 영양분이 고갈되고 좁은 지역에 그 수가 너무 많아지면, 성장이 느린 새끼들을 적은 수로 낳아서 그 수를 자기 조절한다.

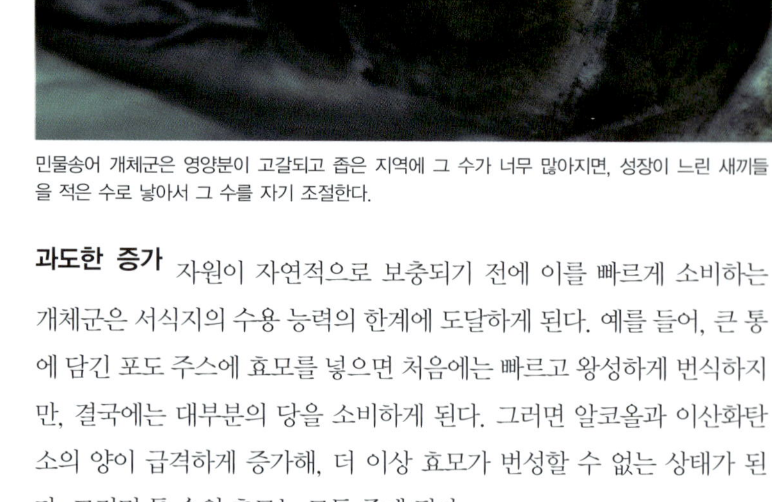

위 어미 쥐가 새끼들에게 젖을 먹이고 있다.

아래 효모는 번식 능력이 뛰어나다. 하지만 자연적 제한요인이 있어 지구가 쥐나 효모로 들끓는 일은 없을 것이다.

과도한 증가 자원이 자연적으로 보충되기 전에 이를 빠르게 소비하는 개체군은 서식지의 수용 능력의 한계에 도달하게 된다. 예를 들어, 큰 통에 담긴 포도 주스에 효모를 넣으면 처음에는 빠르고 왕성하게 번식하지만, 결국에는 대부분의 당을 소비하게 된다. 그러면 알코올과 이산화탄소의 양이 급격하게 증가해, 더 이상 효모가 번성할 수 없는 상태가 된다. 그러면 통 속의 효모는 모두 죽게 된다.

서식지의 환경 수용력이 초과되면 개체군의 각 개체는 제한된 생활 환경으로 인해 건강이 악화되거나 영양실조에 시달리게 된다. 이러한 상황이 발생하면 가장 약한 개체들이 죽거나, 그 개체군 전체가 환경적 압박

뉴질랜드의 푸어나이츠 군도(Poor Knights Islands)의 해양 보호 구역. 산란하기에 적합한 환경을 조성하여 급감한 어류 개체군을 되살릴 수 있다.

이나 질병에 더 취약해진다. 가끔 개체군에서 많은 수의 개체들이 서식지의 환경 수용력을 초과overshooting해 죽게 되는데, 이런 현상을 종의 급격한 자연 소멸die-off이라고 한다.

내재된 감각 몇몇의 특정 동식물들은 환경 수용력을 감지하는 내재된 감각을 가지고 있다. 때문에 지나치게 증가하여 결국 급작스런 종의 자연 소멸을 겪기보다는 서식지 내의 수용 제한 범위 안에서 살아간다. 예를 들어 민물송어는 개체군의 밀도가 너무 높아지면 번식을 멈춘다. 물론 이런 결과는 송어의 사고에 의한 것이라기보다는 다른 송어의 화학 신호에 반응한 것이지만, 그로 인해 송어 개체군은 상당 기간 안정적으로 수가 유지된다. 대대적인 고기잡이와 같이 위협적인 상황에서 송어는 더욱 활발히 번식하며 빠르게 성장할 것이다. 너무 많은 송어가 좁은 곳에서 서식하여 공간과 먹이가 부족해지면, 송어는 천천히 성장하며 적게 번식한다.

여러 연구들은, 처음에 몇 마리의 송어가 존재하든 상관없이 개체군은 특정 밀도에 도달할 때까지 계속 증가할 것이며, 한계에 도달했을 때는 그 숫자를 계속 유지한다는 것을 보여 준다.

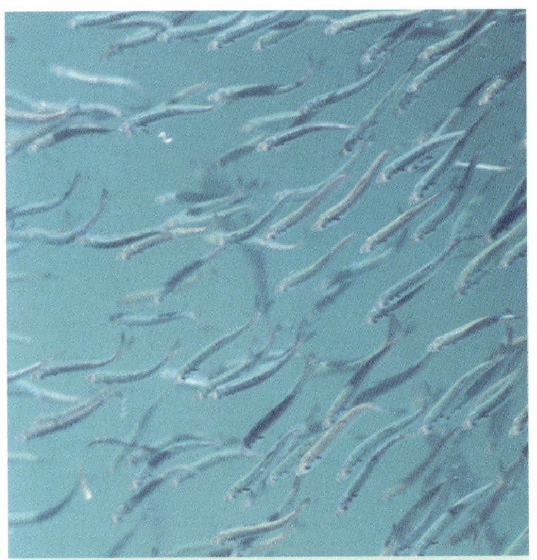

해양의 많은 어류 개체군이 줄어들고 있다. 어류의 개체 수는 해양 보호 구역으로 다시 회복시킬 수 있다.

두 번째 기회

기하급수적인 개체군의 증가가 항상 해로운 것만은 아니다. 세계의 어류 개체군 중 상당수가 최근 몇 년 사이에 남획으로 많이 줄어들었다. 참치나 황새치 같은 대형 어류들이 특히 큰 타격을 입었고, 더 작고, 더 특정한 조건에서 살 수 있는 어류들 또한 급격히 줄어들었다. 해양생태학자들은 몇몇 종들의 놀라운 회복 능력이, 줄어든 개체군 수를 다시 증가시킬 수 있었다고 지적한다. 예를 들면, 어떤 종들에서는 많은 수의 암컷이 매년 수백만 개의 알을 산란한다. 보통 이 중에서 0.1 % 미만만이 살아남는다. 만약에 해양 보호 구역이 설정되어 많은 수의 암컷들이 보호되고, 산란 환경이 개선되고, 고기잡이가 금지되면, 세계의 많은 멸종 위기에 처한 어류들의 수가 회복될 가능성이 높아질 것이다.

녹색 혁명 녹색 혁명green revolution이라고 불리는 농업 과학 기술의 발전으로 인류에 대한 지구의 환경 수용력이 확장되었다. 아시아에서 새로운 쌀 품종이 개발되어, 같은 영양분으로도 단위 면적당 더 많은 곡물을 생산할 수 있게 되었으며, 이에 따라 단위 면적당 먹일 수 있는 사람의 수도 전보다 늘어났다.

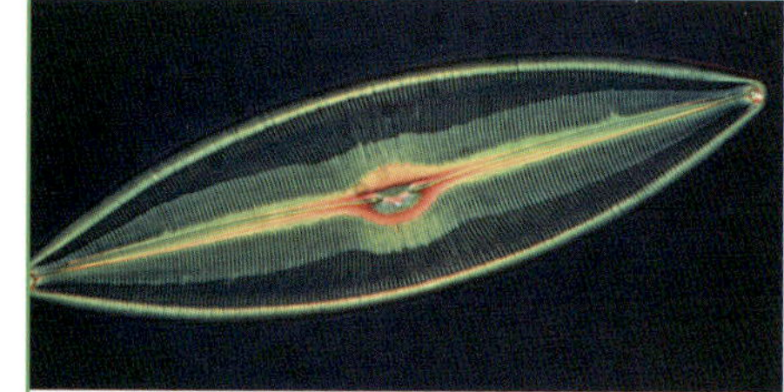

생활에서의 제한

한 지역에서 한 개체군의 환경 수용력은 생물적 요인과 무생물적 요인에 의해 제한된다. 생물적 제한요인에는 먹잇감들이 동면에 들어감에 따라 영양분 섭취가 어려워지는 것과 같은 계절적 변동이 있으며, 같은 종 내의 개체들 사이에서 나타나는 경쟁도 여기에 포함된다. 어치blue jay 두 마리가 한 지역을 확보하기 위해 겨루는 것이 그와 같은 경우다.

경쟁은 같은 자원을 이용하는 몇몇 종들 사이에서도 발생할 수 있다. 예를 들어, 멕시코 만의 넓은 '죽음의 바다dead zone'는 세균이 어류나 게 또는 다른 동물들에게 필요한 산소를 모두 다 써 버린 결과 만들어진 곳이다. 세균 개체군의 폭증은 부영양화로 인해 나타나는데, 부영양화가 동물성 플랑크톤 개체군을 폭증시키는 미세 조류algae를 과도하게 만들어 내고, 세균의 서식지가 되는 바닥 부분에 더 많은 사체가 만들어짐으로써 세균 개체군이 급증하게 되는 것이다.

경쟁은 야생 동물들 사이에서만 일어나는 것은 아니다. 흰머리딱따구리와 폰데로사소나무 벌목꾼들이 같은 숲에서 생존을 위해 경쟁하는 것처럼, 야생 동물과 인간 사이에서도 일어난다.

몬태나 주립공원에 사는 회색곰의 개체군을 생각해 보자. 회색곰의 먹

위 한 개의 규조류는 미세하지만, 조류의 큰 무리는 많은 해양 개체군에게 연쇄적인 제한요인이 되기도 한다.
아래 왼쪽 배회하는 회색늑대
아래 오른쪽 냇가에서 물고기를 잡고 있는 회색곰
회색늑대나 회색곰과 같은 포식자들은 자신들의 먹잇감에게 생물적 제한요인이 된다.

이는 대부분 알을 낳기 위해 얕은 시내로 거슬러 올라오는 컷스로트송어와 물가나 들판에서 자라는 열매다. 곰이 사냥할 수 있는, 얕은 물가에 있는 컷스로트송어 수와 계절별 월귤나무 열매 및 야생 열매의 산출량은 모두 회색곰 개체군의 크기와 건강에 영향을 미치는 생물적 요인이다.

성장을 방해하는 장벽 무생물적 또는 비생물적 제한요인에는 토양의 질과 물 공급이 포함된다. 실내용 화초나 채소는 풍부한 양의 비료와 적당한 수분을 공급해 주면 왕

장기적인 가뭄과 같은 환경요인은 성장을 방해하는 장벽이 될 수 있다. 물이 부족할 때 채소와 기타 식물들은 생존할 수 없다. 가뭄으로 말라가는 사진 속의 옥수수는 생물적 제한요인의 영향을 잘 보여 준다.

성하게 자라기 마련이다. 야생 식물도 마찬가지다. 야생 식물들 역시 풍부한 영양분을 공급받으면 잘 자라고, 수분이나 햇빛 또는 영양분이 부족하면 죽는다.

또 다른 종류의 무생물적 제한요인은 생물들의 이주를 어렵게 하는 산이나 강과 같은 지리적 장벽이다. 일반적으로 많은 생물들에게는 인류의 주거지가 지리적 장벽이 된다.

장기간의 가뭄에서는 많은 식물의 개체군이 물 부족으로 제한을 받을 것이다. 동물 개체군 또한 가뭄에 큰 영향을 받는다. 식량이 줄어드는 것은 물론, 물이 필요한 목마른 동물들은 포식자들의 위험에 더 노출된다. 그리고 개구리와 풍년새우와 같은 많은 생물들은 번식을 하기 위해 연못을 필요로 한다.

앞서 언급했던, 월귤나무 개체군이나 곰 개체군은 모두, 가뭄이 와서 먹이가 줄어들었을 때 곰이 서식지를 옮길 수 있다면 생존이나 확산의 가능성이 더 커질 것이다. 하지만 공원을 경계로 서식지가 작은 범위로 한정된다면, 이들 개체군에게 가장 큰 제한요인은 인간이 될 것이다.

개체군 관리하기 겨울 동안 농부들은 좋은 작물을 키워 내는 비옥한 토양을 만들기 위해 종종 질소 고정을 잘하는 클로버와 같은 피복 작물을 심는다. 목초 사육을 하는 목장 주인들은 소떼들을 정기적으로 여러 목초지로 옮겨, 소가 뜯어먹는 풀과 클로버가 어느 한 곳에서 고갈되지 않도록 한다. 국립공원이나 주립공원처럼 인위적으로 제한된 야생의 환경에서 야생 생태계 관리자들은 체계적으로 동식물의 개체군을 조절한다. 새나 나비, 설치류들을 끌어들이기 위해 특정 나무나 관목을 심기도 한다.

자연 포식자가 존재하지 않아 개체군이 급증하는 사슴과 같은 동물들은, 이들로 인한 초목의 고갈을 막기 위해 '도태culled' 시키거나 대대적으로 죽이기도 한다. 옐로스톤 국립공원의 늑대들처럼, 포식자들을 해당 지역에 다시 들여오기도 한다. 올바른 관리 계획을 세우기 위해서는 자연적 환경 수용력과 지역의 제한요인을 이해하는 것이 중요하다.

진화의 동반자

왼쪽 남부노랑부리코뿔새(southern yellow-billed hornbill)는 아프리카 지역에서 흔히 볼 수 있는 새다. 이들은 주로 씨앗류와 작은 곤충을 먹지만, 건기에는 흰개미나 개미를 먹기도 한다. 코뿔새는 보통 바오밥나무에 둥지를 틀어 알을 낳는다.
위 코끼리는 아프리카의 대형 포유류 개체군 중 하나다.
아래 바오밥나무는 아프리카의 저지대 지역에서 자란다. 이 나무는 한 그루 자체로 생태계를 이룰 수 있는데, 가지에 둥지를 트는 새에서부터 나무를 쓰러트려 영양분을 섭취하는 코끼리까지 주위 생물들의 삶을 지속시켜 준다.

생물의 군집들은 주어진 생활 공간을 공유하는 많은 방법들을 발전시켜 왔다. 각 개체들이 먹이나 서식지에 대해 심하게 경쟁하지 않는 한, 수십여 종의 생물들은 한 나무나 길게 뻗은 한 해안에서 모두 조화를 이루며 살아갈 수 있다.

포식자와 피식자들, 한 개체와 그것을 먹으려는 모든 것들, 다시 말해서 다수의 생물 사이에서 일어나는 먹이 관계의 상호 연관성을 일컬어 먹이 그물food web이라고 한다. 상호 작용이 복잡하다는 것은, 한 종에게 일어난 변화가 다른 곳에서는 예상치 못한 결과를 불러온다는 것을 의미한다. 예를 들어, 한 종만을 먹이로 하는 포식자는 간접적으로 다른 종들에게 이익을 줄 수 있다. 또 때로는 상호 작용이 너무나 친밀해서 두 생물이 사실상 하나가 되는 경우도 있다. 동물의 소화 기관에 사는 세균이 그러한 예다. 세균과 그 숙주는 모두 상대방이 없으면 살아가기 힘들다.

생태계에 중대한 영향을 미치는 동물을 '생태계 기능공'이라고 한다. '침입종' 또한 생태계에 큰 영향을 줄 수 있다. 침입종은 그 지역에서 진화한 먹이 사슬의 일부가 아니며, 따라서 새로운 지역에서 자연적 포식자들이 없기 때문에, 결과적으로 그 생태계를 지배할 수 있다.

핵심종들과 생태계 기능공

일부 종들은 다른 종들보다 자신이 속한 생태계에 큰 영향력을 미치는 듯하다. 예를 들어, 미국의 북서 해안에서 오커불가사리ocher sea star가 사라지면, 생태계는 급격하게 변화하게 된다. 이 불가사리가 없다면 그들의 주요 먹잇감이던 홍합이 급속도로 번식하여, 그곳에 사는 다른 생물들에게 피해를 준다. 오커불가사리는 지역 생태계에서 최고 포식자로서, 그 식습관이 생태계의 구조를 결정해 왔으며, 이 때문에 핵심종keystone species으로 알려져 있다.

만약 비버들이 사는 연못 근처에서 미루나무 한 그루를 베어 낸다고 하자. 큰 영향은 없을 것이다. 그러나 만약 비버가 없어진다면, 습지는 마를 것이고 그곳에 사는 식물과 그에 의지해 사는 동물의 종류는 변화할 것이다. 비버들은 주변 환경을 변화시키면서 영향력을 끼치기 때문에 생태계 기능공ecosystem engineer이라고 할 수 있다.

위 비버가 만든 댐
가운데 켈프 숲은 해달을 포함해 많은 종류의 동물들을 보호하고 이들에게 영양분을 공급한다.
아래 해달은 북태평양 해안에서 볼 수 있다.

아주 작은 생물도 생태계 기능공이 될 수 있다. 작은 산호들이 만든 거대한 탄산칼슘 구조물도 주변 생태계를 급격히 변화시킨다. 그들은 해안을 보호하고, 수많은 물고기와 무척추동물종들이 살아갈 수 있는 복잡한 서식지를 마련해 준다.

해 달 캘리포니아 근해에 위치한 켈프 숲은 다양한 생물들이 생활하고 있어 바다의 다우림으로 불려 왔다. 자이언트켈프는 세계에서 가장 큰 조류algae로 약 60 m까지 자라는데, 가다랑어부터 해파리, 논병아리에 이르기까지 수백여 종이 빠르게 자라는 이 조류에서 먹이나 보금자리, 혹은 둘 다를 얻으며 살아가고 있다.

그중 한 종이 바로 해달sea otter이다. 콧수염이 있는 해달은 마치 해변에서 일광욕을 즐기는 사람처럼 엎드려서 햇볕을 쬐며, 바다에서 성게나 전복 같은 것들을 부셔먹을 때는 떠내려가지 않도록 켈프를 붙잡는다. 해달은 태평양 해안의 핵심종이다. 이들은 매일 큰 성게를 50개 정도 먹는데, 이로써 자이언트켈프를 먹는 성게의 개체군이 제한된다. 해달이 성게 개체군을 제한하지 않으면 켈프 숲은 사라질 것이고, 그와 함께 물고기나 벌레, 전복 및 다른 수십 종의 바다 생물들이 서식하는 공간도 사라질 것이다.

19세기에 해달이 거의 멸종에 이를 정도로 사냥된 이후에, 캐나다와 미 태평양 해안의 켈프 숲은 심각하게 줄어들었다. 캘리포니아 근해에 있는 켈프 숲은 80 %가 넘게 줄어들었다. 보존하려는 노력 덕분에 해달 개체군은 수천여 마리까지 회복되었으나, 야생 생태계 관리자들은 켈프 숲을 복구하는 데 여전히 큰 어려움을 겪고 있다.

비버 기능공 영향력이 강한 또 다른 종으로 비버가 있다. 비버는 생태계를 가꾸고 물 공급을 주관하여 다른 생물들이 번성할 수 있도록 돕는다. 비버가 만든 댐은 시냇가를 습지대, 웅덩이 그리고 호수로 바꿔 놓는다. 비버가 사는 환경은 습도가 증가하여 생물 다양성과 생산성이 높아진다.

비버가 만든 댐에 의해 생성된 습지의 가장자리는 보통 주변의 다른 지역들보다 식생이 더 풍부하다. 건조한 지역에서는 이러한 강가나 하천 지대가 철새들과 토착 동물들의 보금자리인 나무들과 관목들을 유지시켜 준다. 물가에 있는 식물들의 뿌리는 땅속에 더욱 깊이 촘촘하게 퍼져 있어, 토양의 침식을 막고 수분을 유지시켜 준다.

한때 비버들도 해달처럼 부드러운 모피 때문에 집중적으로 사냥되었었다. 비버 모피를 사용한 모자를 수출하기 위해 16세기 후반에 캐나다를 시작으로 북미의 서쪽 국경 지대를 개척하게 되었다.

비버의 개체군 수가 점차 줄어듦과 동시에 북미 대륙 내부에 농장들이 생기고 인공 관개 수로가 만들어지면서 인간들이 생태계 기능공의 역할을 하게 되었다.

핵심종의 보존 생태계를 변화시키는 대단히 핵심적인 역할 때문에, 핵심종과 생태계 기능공은 보존 계획에서 주된 요인이 되었다. 예를 들어, 공간이 제한적인 아프리카의 보호 구역에서는 코끼리가 보호 구역 안의 제한된 생태계에 너무 큰 영향을 끼치지 않도록 코끼리 떼를 도태시킨다. 미국 내륙에서 검은꼬리프레리도그black-tailed prairie dog는 농부들에게는 골칫덩이지만, 초원 복원 운동가들에게는 사랑받는 존재다. 그들 없이는 많은 동식물들이 살 수 없기 때문이다. 검은발족제비black-footed ferret와 가시올빼미burrpwing owl를 포함한 9종의 생물들이 먹이와 보금자리에 있어서 프레리도그에 의존한다. 다른 수십여 종의 동식물들과 새들은 프

불가사리는 조간대에서 발견된다. 이들은 수천 개의 작은 관족을 이용해 바위에 달라붙어 있다.

다양성을 유지하는 불가사리

전형적인 생태계 실험에서 생태학자 로버트 페인(Robert Paine)은 오커 불가사리(*Pisaster ochraceus*)가 워싱턴 주의 조간대에서 중추적인 역할을 하고 있음을 발견했다. 태평양 해안의 바위에서는 15종의 조개류와 따개비가 함께 살고 있었고, 이들은 불가사리의 먹잇감이었다. 그러나 페인이 불가사리를 없애자, 원래 있던 15종이 8종으로 줄어들었다.

페인은 불가사리가 없어지자 홍합이 가득 차, 같이 서식하던 삿갓조개, 딱지조개, 총알고둥 및 다른 연체동물들을 몰아낸다는 사실을 발견했다. 상위 포식자인 불가사리는 보다 약한 피식자인 연체동물들을 먹지 않고 오히려 그들을 보호했다. 불가사리가 조간대의 다양성을 유지했던 것이었다. 페인은 연구를 통해 "한 종의 개체가 생태계에 영향을 미친다는 것을 관리자나 환경운동가들이 아는 것이 중요하다."라고 말했다.

레리도그를 잡아먹거나 프레리도그의 굴에서 살며, 또 토양의 통풍이나 풀의 성장을 돕는 프레리도그의 활동으로 많은 혜택을 얻는다. 반면, 북미 서부 해안의 코드풀cordgrass과 같은 비토착 생태계 기능공은 큰 위협이 될 수 있다.

프레리도그의 침입으로 피해를 입은 미국 농부들은 프레리도그의 장기 박멸 프로그램을 실시했다. 하지만 환경보호전문가들은 프레리도그가 사실 토양을 더욱 비옥하게 만든다고 주장한다.

밀접한 관계

동일한 지역에서 진화하는 생물들은 때때로 밀접한 관계를 맺는다. 어떤 종은 다른 생물인 것처럼 위장을 하기도 하고, 또 어떤 것은 남에게 먹이가 될 것을 제공하기도 한다. 다른 물고기의 기생충을 먹고 사는, 산호초 속의 청소놀래기는 후자에 해당한다.

황로cattle egret들은 소 떼에 붙어 있는 벌레들을 잡아먹어 영양분을 보충한다. 이들은 인도의 브라만황소나 중국 쓰촨 성의 물소, 케냐의 누는 물론, 심지어 호주의 캥거루에 붙어 있는 벌레들을 먹기도 한다. 아카시아나무는 아카시아개미와 밀접한 관계를 맺고 있는데, 아카시아개미들은 공격적이어서 초식 동물이 이 나무를 먹으려고 접근하면 달려든다.

두 생물 사이의 관계는 둘 모두에게 이득이 될 수도 있고, 또는 한쪽에만 유익하고 다른 쪽에는 해롭거나 상관없을 수도 있다. 포도 덩굴은 나무를 휘감는 능력을 이용해 에너지원인 태양에 가까워진다. 그러나 포도 덩굴이 휘감은 나무는 보통 시들고 만다. 보다 작은 예를 든다면, 콜레라 바이러스는 복제하여 번식하기 위해 숙주가 필요하지만, 숙주는 이런 과정에서 질병만 얻을 뿐 아무런 이득이 없다.

위 두바이에 있는 아카시아나무. 개미들은 아카시아나무를 다른 곤충들로부터 보호해 주며, 아카시아나무는 개미들에게 보금자리를 제공한다.
아래 물소의 등 위에 앉아 있는 황로. 황로는 뾰족한 발톱으로 균형을 잡고 서서 물소 피부에 있는 진드기 같은 기생충을 잡아먹고 산다.

걸어 다니는 잎으로 알려진 가랑잎벌레(leaf insect)는 마치 시들어가는 푸른 잎을 닮은 큰 앞날개로 자신을 위장한다.

곤충의 위장 꽃등에drone fly는 마치 벌처럼 생겼고, 호닛 플라이hornet fly는 말벌을 닮았다. 이들은 모두 침이 없지만 벌과 같은 색을 통해, 포식자들이 자신들을 벌로 착각하여 건드리지 않게 속인다.

그 외 동물들은 살아 있거나 죽은 잎, 가시, 지의류, 나무껍질 혹은 독이 있는 곤충처럼 자신을 보이게 하여, 포식자들을 피하거나 혹은 매복했다가 먹잇감을 사냥하곤 한다. 총독나비viceroy butterfly는 제왕나비monarch butterfly 처럼 생겼는데, 제왕나비에게는 독이 있어서 새들은 총독나비를 제왕나비로 착각하고 먹지 않는다.

대벌레stick insect는 나뭇가지 위에 있으면 거의 알아볼 수가 없다. 이 외 생물들의 위장은 세밀함이 덜하지만 그래도 효과적이다. 예를 들어, 카멜레온과 가지나방pepper moth은 주변 환경에 따라 몸 색깔을 바꾼다. 메뚜기 같은 몇몇 곤충들은 행동으로 위장하는데, 바람에 흔들리는 잎사귀처럼 몸을 흔들어 상대방을 속인다.

기생충 기생충은 숙주를 완전히 죽이지 않으면서 숙주로부터 영양분을 얻는 생물이다. 사슴의 혈액을 먹고 사는 진드기는 기생충이라 할 수 있다. 이들은 일반적으로 사슴에게는 해롭지 않지만, 일부는 인간에게 질병을 옮길 수 있다. 인간에게 라임병을 일으키는, 사슴 진드기 내의 세균들 또한 기생 생물이다. 진드기는 질병의 감염 매개체다. 감염 매개체는 세균이 다른 숙주로 옮겨가기 위해 택하는 이동 수단이다. 이 경우, 다음 숙주는 인간이 될 것이다.

소화를 돕는 것들 인간의 장에 사는 세균은 음식물이 영양분으로 분해되는 것을 도와, 인간이 이를 통해 에너지를 얻을 수 있도록 한다. 이러한 과정은 우리가 음식물을 보다 효율적으로 사용할 수 있게 하여 메탄가스와 배설물로 낭비되는 것을 막아 준

사슴 진드기는 자신들이 붙어사는 사슴에게는 해를 끼치지 않지만, 인간에게는 라임병을 옮길 수 있다.

다. 세균이 도와주는 소화는 두 개체가 어떻게 서로의 이득을 위해 평화롭게 공생할 수 있는가를 보여 주는 예가 된다.

이와 비슷하게, 아프리카 흰개미와 같이 사는 균류는 흰개미와 공동의 이익을 추구하며 공존한다. 흰개미들은 흙무더기 속에 습한 공간을 만들어 한 종류의 균류만을 기른다. 그리고 풀이나 나무를 씹어 균류에게 공급하는데, 그러면 균류는 그것들을 개미들이 섭취하여 소화할 수 있는 영양분 조각으로 변형시킨다.

또 다른 흰개미종은 사람과 같이 소화 기관에 세균이 있어서, 바로 날것을 씹어 먹더라도 영양분을 얻을 수 있다. 많은 식물들의 뿌리에 공생하는 세균은 토양에 있는 인이나 질소와 같은 영양분을 흡수할 수 있도록 돕는다.

흰개미는 주로 섬유소가 많은 나무를 먹고 살지만, 스스로 섬유소를 소화시킬 수 없으며, 소화 기관 속에 있는 미생물이 소화 기능을 도와준다.

생태적 지위

대부분의 생물들은 그 생태계 내에서 다른 누구도 점유하지 못한, 자신들만의 물리적인 영역과 먹이로 정의되는 생태적 지위niche에서 살고 있다. 때문에 음식, 물, 햇빛, 서식지 등 그 밖의 필요한 것들을 위해 다른 생물들과 경쟁하는 것이 최소화되어 생존이 보장된다.

떡갈나무 껍질 밑 벌레를 먹고 사는 딱따구리는, 같은 나무의 빈 공간에서 살면서 도토리를 먹는 다람쥐와 경쟁하지 않는다. 정원에 사는 감자딱정벌레potato bug는 옆 나무에 사는 토마토 박각시과나방tomato hornworm의 애벌레나 맞은편에 사는 양배추나방cabbage moth과 조화롭게 살 수 있다. 많은 수를 자랑하는 딱정벌레가 어느 정도 성공할 수 있었던 것은 이들이 두 단계를 거쳐 성장하기 때문이다. 딱정벌레의 유충은 어떤 때는 물속이나 토양에 있으면서 성체와는 다른 자신들만의 생태적 지위와 먹이를 가지고 있다. 유생기와 성체기, 이렇게 둘로 나뉜 생태적 지위를 가졌기 때문에, 딱정벌레는 부모와 새끼 사이의 경쟁을 피할 수 있다.

신체 언어 세월이 흐르면서 일부 생물들은 자신들이 누리는 특정한 생태적 지위에 더욱 잘 적응할 수 있도록 특별한 기능이나 신체 부위를 발달시켰다. 예를 들어, 개미핥기는 단단한 흙무더기 속에 있는 개미들을 먹기 위해 더 강한 앞발톱과 길고 얇은 혀를 발달시켰다. 찰스 다윈Charles Darwin은 마다가스카르에서, 수술 뒤쪽으로 매우 긴 꿀주머니가 있고 밤에만 향기를 내는 난초를 발견했다. 다윈은 이러한 난초에 적응하여 주둥이가 엄청나게 긴 나방이 발견되리라고 예상했다. 50년 후에 과학자들은 다윈이 예상했던 주둥이가 30–35 cm 정도로 믿을 수 없을 만큼 긴 박각시나방을 발견했다.

서로 다른 두 생물은 서로 밀접하게 연결된 삶으로 발전될 수 있고, 이

위 떡갈나무 위에 있는 다람쥐
아래 왼쪽 딱따구리는 나무에 주먹만 한 크기의 구멍을 낼 수 있다. 그리고 길고 끈적한 혀를 이용해 구멍 안에 있는 왕개미와 다른 벌레들을 잡아먹는다.
아래 오른쪽 진딧물을 잡아먹고 있는 무당벌레 애벌레

때 어느 한 생물의 변화는 다른 쪽 생물의 변화로 이어지게 된다. 공진화coevolution는 이러한 상호 의존하는 진화를 나타내는 말이다. 연결 상태는 부정적포식자와 피식자일 수도, 긍정적꽃과 수분 매개자일 수도 있다. 잘 알려진 공진화로서 꿀벌과 꽃의 관계가 있다. 꽃식물들은 번식을 위해서 이 꽃에서 저 꽃으로 꽃가루를 옮겨야 한다. 벌들은 꿀을 얻기 위해 이 꽃에서 저 꽃으로 다니지만, 그로 인해 마치 꽃의 시중을 드는 것처럼 꽃가루를 옮기게 된다. 꽃을 위한 수분 활동으로 벌 역시도 아주 많은 꿀을 얻을 수 있다.

벌들의 노동은 벌과 꽃 모두에게 혜택을 준다. 벌은 꽃가루를 벌집으로 옮겨서 그곳에서 꿀을 만들고, 이 꽃에서 저 꽃으로 옮겨 다니며 꽃의 번식을 돕는다.

바오밥나무 위의 세계

단단한 아프리카 바오밥나무baobab tree는 수십여 종 동물들의 보금자리다. 이 거대한 나무 위에 사는 각각의 동물들은 서로 다른 생태적 지위를 가지고 있다. 갈라고원숭이, 청개구리, 뱀, 도마뱀, 황조롱이, 앵무새, 전갈, 거미, 벌레, 원숭이 그리고 다람쥐가 모두 한 나무에서 살고 있다.

코뿔새hornbill와 올빼미는 이 거대한 나무의 기둥 중 어딘가 서로 다른 움푹 파인 곳에 알을 낳으며, 황새stork는 바깥쪽 가지에 둥지를 튼다. 바오밥나무의 꽃은 큰박쥐fruit bat와 갈라고원숭이bush baby에 의해 수분된다. 코끼리와 개코원숭이baboon는 그 과일을 먹고, 기린들은 잎을 뜯어먹는다. 도마뱀붙이gecko는 나무의 틈이나 접혀 들어간 부분 중 폭신한 곳에 숨어 산다. 거대한 나뭇가지들이 갈라져 나가는, 움푹 파인 부분에는 물이 고여 동물들에게 물을 제공하는 작은 웅덩이가 생긴다. 아주 오래된 바오밥나무는 많은 생물들에게 생태적 지위를 제공하기 때문에, '생명의 나무' 라는 명성을 얻게 되었다.

수명이 약 3,000년인 바오밥나무는 설치류와 도마뱀, 거미를 포함한 많은 동물들의 보금자리다.

토착종

앞서 살펴본 바와 같이, 생태계에서 생물의 수는 포식자, 먹이 공급, 서식지뿐만 아니라 경쟁과 번식 능력에 의해 제한된다. 곤충과 동식물이 긴 시간에 걸쳐 함께 진화해 온 생태계에서 이러한 영향력들이 개체군의 균형을 통해 생태계의 전반적인 다양성을 유지시킨다. 그러나 때때로 생물은 자연적인 통제나 균형이 없는 새로운 환경으로 이동하기도 한다. 농작물이나 여행객이 전 세계를 하루 단위로 이동하는 요즘 세상에서는 이러한 일이 더 자주 일어난다. 새로 이주해 온 생물들 중에는 빨리 죽는 것도 있지만, 어떤 것들은 성공적으로 침투하여 토착 생물들과 경쟁한다. 토착 생물이 아닌, 어딘가에서 이동해 온 이런 생물을 침입종invasive species이라고 한다.

침입자들은 동물이거나 식물일 수 있고, 심지어는 바이러스나 세균 혹은 다른 단세포 생물일 수도 있다. 갈색나무뱀brown tree snake은 지금까지 괌에 있는 13종의 새들을 잡아먹어 왔으며, 이 중 몇몇 종은 거의 멸종되었다. 아시아 긴가시벌레Asian longhorn beetle는 미국 뉴잉글랜드 지역의 단풍나무를 위협하고 있다. 유럽에서 온 찌르레기들 때문에 미국 동부 지역에서는 파랑새를 찾아보기가 힘들어졌다. 국제 자연보호 협회The Nature Conservancy에 따르면, 서식지 파괴 다음으로 침입종이 지구의 생물 다양성에 가장 위협적인 존재라고 한다.

밀어내기 부레옥잠은 호주에서부터 짐바브웨까지 세계 많은 곳의 수로에서 자라고 있다. 보랏빛이 도는 푸른색 꽃을 피우는 이 식물은 빽빽하게 수면 위를 채우고 있으며, 배나 동물들이 통과하기 어려울 정도로 두껍게 서로 엉겨 붙어 있다. 이들은 또한 다른 식물들의 영양분을 다 빼앗고 햇빛을 차단한다.

부레옥잠으로 뒤덮인 강이나 호수는 다른 식물이나 조류algae, 어류 및 동물들이 살 수 없는 곳이 된다. 일부 어류는 서식지가 부레옥잠에 점령되면서 완전히 자취를 감출 것이고, 이로 인해 어류를 먹고 살던 동물들 또

위 위협받는 토착 갈대
아래 부레옥잠이 물길을 막으면 다른 식물들이나 야생 동물들은 물길을 사용할 수 없게 된다.

몇몇 홍합은 침입종이다. 이들은 지역의 토착 생물들과 경쟁하여 그들을 지역에서 밀어낸다.

한 생존에 어려움을 겪을 것이다. 미국 플로리다에서 달팽이솔개snail kite는 주된 먹이인 달팽이를 찾기 힘들어지면서 멸종 위기에 놓였다. 이는 달팽이들이 좋아하는 식물들이 부레옥잠 때문에 사라진 결과다.

얼룩홍합zebra mussel도 마찬가지로 토착 조개류를 모두 밀어냈다. 오대호에서는 배의 밸러스트ballast • 와 함께 방치된 외래종 홍합들이 번성하면서, 토착 조개류의 생활을 위협할 뿐만 아니라 수질 개선과 강 주변 시설에 수십억 달러의 손해를 입히고 있다.

침입자들에 대항하여 뒤뜰이나 정원에 침입종이 아닌 토착 식물들만 심는다면 침입종의 번식을 막을 수 있다. 관상어류들은 호수나 물가 혹은 화장실 변기에 절대로 버려서는 안 된다.

부레옥잠의 경우, 과학자들은 부레옥잠의 해충을 새로운 환경에 도입하는 방안을 연구하고 있다. 아마존 강 유역의 매미충이나 파리 혹은 다른 곤충류들은 부레옥잠에 해를 주거나 죽일 수 있다. 현재로서는 생태계 보존을 위해서 이러한 해충을 이용해 부레옥잠에 대항하는 것이 가장 희망적인 방법이다. 그러나 원래의 환경을 떠나 새로운 환경으로 옮겨온 해충들이 부레옥잠보다도 생태계에 더 많은 문제를 일으킬 수 있다는 위험 또한 있다.

숲을 바꾸는 벌레들 처음에는 별로 위험해 보이지 않는 침입종이라도 생태계에 부정적인 영향을 미칠 수 있다. 미국 미네소타 삼림에 들여온 지렁이 15종은 그 지역 활엽수의 생태계를 위협하고 있다. 지렁이들은 수입 식물의 흙을 통해 들어와서 낚시 미끼용으로 다른 지역에 보내졌다.

만약 미네소타에 토착 지렁이들이 있었다 해도 그들은 마지막 빙하 시대에 살아남지 못했을 것이다. 빙하 시대가 끝난 후 나무들은 지렁이 없이 천천히 분해되는 데 적응했고, 동식물들은 더프duff라고 하는 두꺼운 낙엽층에 익숙해졌다. 들어온 지렁이들은 이러한 환경에서 잎을 먹으며

연못을 둘러싼 토착 식물들은 침입종인 털부처손에 의해 곧 밀려나게 될 것이다.

토착 식물 지키기

여러 지역의 토착 식물 협회는 화원에서 많이 파는 이국의 식물들보다 지역의 식물종을 키우도록 장려한다. 예를 들어 토착 식물을 보호한다는 것은, 아직 희귀종이 많이 살고 있는 산골짜기와 같은 전체 환경을 지키는 것과 같다. 토착 식물들은 야생 동물들뿐만 아니라 지역의 독특한 자연 경관을 유지시키는 역할을 한다. 미국 플로리다에서는 토착 식물 협회가 묘목장에서 수십 종의 외래 식물을 판매하는 것을 중단하도록 권장했다. 이들 중 몇몇 종은 환경부에서 지역 생태계에 대한 잠재적 위험을 우려하여 유통을 금지시켰다.

빠른 속도로 더프를 분해시켜서, 더프에 적응해왔던 다른 생물들로부터 서식지를 빼앗았다. 또한 비가 내린 후 물이 흐르는 길도 바꾸었다.

한번 정착한 지렁이들을 완전히 몰아내는 실질적인 방법이 없기 때문에 생태학자들은 아직까지 지렁이가 없는 지역이 있다면 그곳을 보존하기 위해 노력하고 있다.

• 밸러스트 : 배의 균형을 잡기 위해 배 밑바닥에 싣는 물(옮긴이)

영양 단계의 연쇄 효과

먹이 사슬에서 생물들은 보통 한 줄로 연결하여 그릴 수 있다. 한 생물로부터 다른 생물로 이어지는 관계는 그리기가 쉽다. 범고래는 바다사자를 먹고, 바다사자는 연어를 먹고, 연어는 날벌레를 먹고, 날벌레는 조류algae를 먹는다. 그리고 조류는 태양 에너지를 이용하여 먹이를 만드는 1차 생산자다.

그러나 먹이 그물에서의 관계는 좀더 복잡하다. 대부분의 포식자들은 한 종류 이상의 먹이를 먹기도 하지만, 다양한 포식자들이 한 종류의 먹이를 공유하기도 한다. 때로는 육식 동물이, 영양 단계의 연쇄 효과trophic cascade라는 것을 통해 생태계에 있는 식물들에게 영향을 줄 수 있다. 예를 들면 늑대들은 엘크를 먹이로 하고, 엘크는 버드나무를 먹는다. 미국 옐로스톤 국립공원에서 늑대들이 소탕되었을 때, 엘크 개체군이 증가하기 시작했고, 엘크 수가 늘었기 때문에 강가의 식물 개체군은 줄어들었다.

늑대들이 다시 옐로스톤 공원에 등장하자, 식물 개체군의 적이었던 엘크의 수가 늑대들로 인해 다시 제한되어서, 버드나무를 포함한 강가의 경관이 회복되었다.

상향식 조절과 하향식 조절

만약 먹이 그물에서 생물들의 개체군이 포식자들에 의해 대부분 조절되었다면, 이는 개체군이 하향식top down으로 조절된다고 말할 수 있다. 만일 개체군이 먹이나 물, 영양분, 짝짓기 상대 등과 같은, 생존에 필요한 자원 통제로 조절된다면, 개체군은 상향식bottom up으로 조정되는 것이다. 생태학자들은 개체군이 하향식 또는 상향식으로 조절되는지를 이해하면 생태계를 더 현명하게 관리할 수 있다.

또한 생태학자들은 먹이 그물 안의 크고 작은 생물들의 상호 작용을

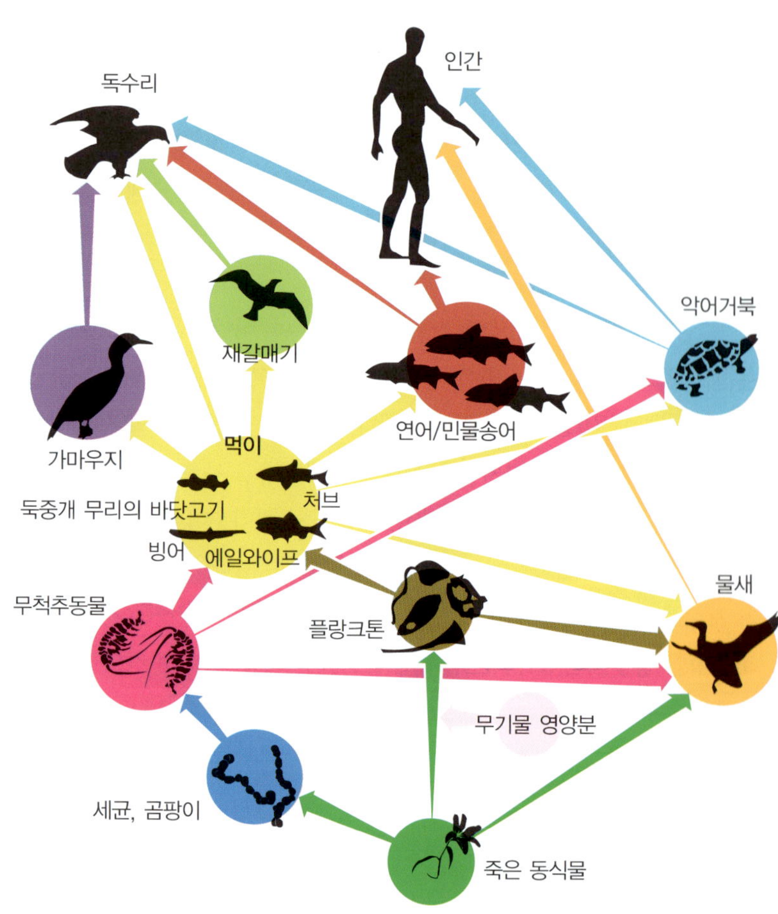

위 범고래는 해양 먹이 사슬에서 제일 꼭대기에 있다.
가운데 복잡한 먹이 그물

옐로스톤 국립공원의 한 시내에 서 있는 엘크. 옐로스톤 국립공원의 늑대 수가 줄자, 엘크의 수는 급격히 증가했다. 엘크 개체군의 증가는 물가 식물들의 감소를 의미했고, 이로 인해 자연의 균형이 틀어졌다.

살펴봄으로써 먹이 그물을 연구할 수 있다. 먹이 그물을 연구하는 또 다른 방법은 생태계에서 에너지와 물, 생물량 그리고 영양분의 흐름을 좇는 것이다.

농축되는 유해 물질 각각의 포식자들이 먹이 사슬의 낮은 곳에 위치한 생물을 잡아먹으면서, 낮은 단계의 생물들에게 있던 유해 물질들이 보다 높은 단계에 있는 포식자들의 몸에 농축될 수 있다. 어떤 유해 물질의 농도는 생활 환경에서보다 최상위 포식자들에게서 수천 배 더 높게 나타난다. 이러한 생물 농축biomagnification은 흰머리독수리bald eagle를 거의 멸종시켰으며, 먹이가 되는 다른 새들의 개체군들에게도 큰 영향을 미쳤다. 이 경우 유해 물질은 한때 살충제로 널리 쓰였던 DDT였다. 새들이 물고기를 먹으면 물고기들이 조류algae와 물에서 섭취한 DDT도 같이 먹게 되었다. 농축된 DDT의 영향으로 새들은 껍데기가 얇은 알을 낳게 되었고 새끼들은 정상적인 부화가 어려워졌다.

1962년에 생태학자 레이첼 카슨Rachel Carson, 1907-1964은 《침묵의 봄 *Silent Spring*》이라는 책을 써서, DDT와 같은 살충제가 최상위 포식자에 미칠 수 있는 주요 영향에 대해 설명했다. 《침묵의 봄》의 출판과 몇몇 환경단체의 노력으로 미국에서는 DDT의 사용이 금지되었고, DDT가 없는 먹이 그물에서 독수리와 매의 개체군은 다시 증가하기 시작했다.

흰머리독수리 개체군은 살충제인 DDT에 감염된 물고기를 먹게 되면서 위험에 빠졌다. 미국은 1972년에 DDT의 사용을 금지했다.

CHAPTER 4

공간의 의미

왼쪽 애리조나 주 투손 지역의 사비노 협곡(Sabino Canyon)에서 요정올빼미(*Micrathene whitneyi*)가 사와로선인장 안에다 둥지를 틀고 밖을 내다보고 있다.
위 개울 수면 위의 소금쟁이
아래 네바다 주 라스베이거스의 골프 코스. 이와 같은 인간의 물 사용은 근처 야생 생물의 생존에 영향을 미칠 수 있다.

아침 해가 거대한 사와로선인장giant saguaro cactus 위로 서서히 미끄러져 가면, 올빼미, 뱀, 캥거루쥐, 전갈과 같은, 사막 생태계에 알맞게 적응한 구성원들은 낮잠에 빠져든다. 이 종들의 군집은 다른 동식물 군집과 현미경적 세균 그리고 물질과 에너지 같은 무생물적 환경과 더불어 생태계ecosystem를 구성한다.

생태계는 독특한 생물 형태와 기후, 지리, 고도 등으로 정의되는 생물군계(예, 낙엽 활엽수림)만큼이나 거대할 수 있다. 또한 생태계는 황소개구리와 부들, 조류algae, 피라미, 잠자리가 있는 연못과 같이 작은 것일 수도 있다. 마치 각 부분들이 움직여 전체가 기능하는 기계처럼 생태계도 각 부분을 통해 에너지와 영양분의 순환이 이루어져 연료가 공급되고, 부분들이 서로에게 영향을 준다.

모기 개체군이 어떻게 늪지대의 해오라기egret와 줄무늬농어에게 영향을 미칠 수 있을까? 사막의 야생종들이 충분히 살 수 있는 물을 남겨 두고, 농부나 도시가 얼마만큼의 물을 사막에서 끌어다 쓸 수 있을까? 실제 세상의 생태계에는 명확한 경계가 없지만, 생태학자들은 어느 한 지역을 쉽게 이해하기 위해서 이런 편리한 개념을 사용하고 있다.

생물 군계

비슷한 기후와 식생을 나타내는 거대한 생태학적 지역을 생물 군계biomes라고 한다. 생물 군계의 일반적인 유형은 사막, 초원, 숲, 산맥, 수풀 지대 및 툰드라 지대 등이다. 이러한 구분은 침엽수림, 낙엽수림, 온대우림, 열대우림 지역으로 더 세세하게 나뉜다.

지구상에서 서로 다른 지역에 있는 생물 군계들이 종종 온도와 강우량에서 비슷한 성격을 보이는데, 이 두 가지가 기후적으로 가장 중요한 측면이다. 다른 지역에 있으면서 동일한 생태 조건에서 생존한 생물들은 유전적 계통이 달라도 서로 비슷한 특성을 보일 수 있다. 지구의 생물 군계는 국경과 상관없이 형성된다. 예를 들면 한대림은 캐나다, 북유럽 및 러시아에 걸쳐 벨트를 이루며 분포하고 있다. 다음은 세계의 생물 군계에 대한 몇 가지 설명이다.

미국 애리조나 서부와 멕시코 북서쪽에 있는 소노라 사막의 건조 기후에서는 거대한 사와로선인장이 번성하고 있다.

툰드라 한대림寒帶林의 북쪽, 북극 툰드라tundra는 작고 강인한 식물들이 자라는 특이한 생물 군계로, 조류와 곰팡이의 군집이 공생하는 지의류lichen가 이곳의 일차 먹이 자원이다. 표면적이 넓은 잎은 얼 수 있어서, 이곳 식

위 미국 와이오밍 주 서부에 있는 그랜드 테톤 국립공원(Grand Teton National Park)의 우뚝 솟은 봉우리는 고산성 혹은 산맥 생물 군계에 속한다.
아래 알래스카의 이노코 국립 야생동물 보호지역(Inoko National Wildlife Refuge)은, 여러 대륙에 걸쳐 분포하고 있는 한대림 생물 군계의 한 부분이다.

물에게는 적합하지 않다. 또한 툰드라 식물은 겨울철 광합성을 할 햇빛이 부족한 환경에 맞춰, 장기간 성장을 멈출 수 있는 능력이 있어야 한다. 동물과 식물 모두 적은 양의 먹이만으로 길고 추운 겨울을 나는 것에 적응해야 한다.

사 막 사막desert이란 강우량이 1년 동안 50 mm 미만이거나 증발량이 강우량보다 더 많은 곳을 말한다. 일부 사막은 사하라 사막처럼 덥고 건조하며, 지하수가 공급되는 오아시스 주변을 제외하곤 생물이 거의 없다. 그 외의 사막들은 건조하긴 하지만 제법 많은 생물들이 살고 있다. 애리조나 주와 멕시코 북부에 걸쳐 있는 소노라 사막이 그러한 예로, 이곳은 사와로선인장이 유명하다.

사막의 동식물들은 안정적인 물 공급을 받을 수 없기 때문에 물을 저장하거나 절약해야 한다. 선인장과 같은 다육多肉 식물은 두툼한 몸통 부분에 물을 저장한다. 사막의 생물 군계에서는 생물량이나 생태계 내의 모든 생물에게 연료를 제공하는, 식물에 저장된 에너지와 같은 순 일차 생산력이 낮은 편이다.

열대우림 지역 따뜻하고 강우량이 많은 생물 군계인 열대우림tropical rain forest에서 식물들은 열과 물을 발산하기 위해 잎이 매우 넓다. 영양분은 대부분 식물에 저장되어 있고 분해와 영양분의 재순환은 매우 빠르게 진행되어서, 토양의 양분 상태는 좋지 않다. 하층understory에서 수관canopy까지 높이에 따라 미기후microclimate가 존재하기 때문에, 각 높이에는 서로 다른 생태계가 존재한다. 다우림 지역은 세계에서 생산성이 가장 높은 생태계에 속하며, 생물 다양성도 가장 풍부한 생물 군계 중 하나다.

낙엽수림 따뜻한 여름과 추운 겨울이 있는 지역의 많은 나무들은 겨우내 잎을 떨어뜨리고 어느 정도 성장을 멈추다가, 낮이 길어지고 따뜻해지는 봄이 오면 새 잎을 틔운다.

동물들은 사계절에 적응하여, 겨울에는 동면을 하거나 이주하거나 식량을 저장하는 등, 효율적으로 추운 겨울을 따뜻하게 날 방법을 마련한다. 낙엽수림deciduous forest의 토양은 영양분이 풍부하여, 사람들은 종종 이곳을 농작지로 개발한다.

거시적 관점 과학자들은 생물 군계를 통해 한 지역과 다른 지역의 상관

몬태나 프레리는 북미 중서부에 있는 온화한 대초원 지대(Great Plains)의 한 부분이다.

유사한 초원

몽골의 온화한 초원[스텝(steppe)]은 아르헨티나의 초원[팜파(pampa)]과, 한때 북미 대륙의 중앙에 끝없이 펼쳐져 있던 토착 초원[프레리(prairie)]과 매우 유사하다. 이렇게 유사한 초원이 왜 세 곳의 다른 대륙에 형성된 것일까? 강수량이나 물 공급은 그 지역에 어떤 식생이 분포하게 되는가에 중요한 기준이 된다. 고도, 토양의 특성 그리고 평균 기온 또한 어떤 종류의 식물이 그 지역에서 자랄 것인지에 영향을 준다.

관계를 이해할 수 있기 때문에 기후와 생명에 대한 거시적 안목을 가질 수 있다. 그리고 생물 군계의 관점에서 보는 생태학을 통해 지구를 이해하는 또 다른 시야를 가질 수 있다. 예를 들어, 기후 변화와 같은 지구의 변화가 행성 전체의 생물에 미치는 영향을 이해할 수 있다.

사실 기후 변화의 증거는 다양한 생물 군계에 사는 종들의 분포를 관찰하여 부분적으로 얻을 수 있다. 그리고 기후 변화로 예측되는 영향을 지지하는 변화가 일어난 것이 관찰되면 그 증거는 더욱더 타당성을 얻게 된다.

미기후

시냇물이 흐르고 나무가 우거진 숲이 바로 옆에 위치한 목초지보다 더 시원하고 그늘지며 습하다. 목초지에서 아침이슬은 햇빛을 받아 증발할 것이다. 이러한 결과로, 과꽃aster과 미역취goldenrod는 목초지에서 번성할 것이고, 얼레지trout lily와 고사리는 습하고 그늘진 환경에서 자랄 것이다.

북반구의 한 나무에서도 북쪽을 향해 있는 면은 이끼가 많을 것이고, 그 반대쪽 나무껍질에는 비교적 이끼가 없을 것이다. 그 이유는 북쪽이 더 시원하고 그늘지며 습하기 때문이다. 나무껍질과 이끼, 그 속에 살고 있는 곤충 그리고 그 나무를 찾는 딱따구리는 모두 공통의 작은 생태계에서 살고 있다.

이 두 가지 작은 생태계는 미기후microclimate에 의존하는데, 미기후란 지형이나 지역 동식물의 생활이 어느 한 좁은 지역에서 주변의 일반적인 기후와 다른 특이한 기후를 만드는 것을 말한다.

연안 생태계 해안선에는 몇몇의 생태계들이 공존한다. 조수 간만의 차이에 의해 생긴 지역인 조간대intertidal zone에서는 더위와 추위, 습하고 건조한 상태가 반복적으로 일어나며, 이런 환경 변화를 잘 견뎌 낼 수 있는 농게, 따개비 그리고 다양한 조류algae 등의 생물들이 이곳에서 살고

위 시냇가의 그늘진 부분에는 고유의 미기후가 있을 수 있다.
아래 미국 워싱턴 주에 있는 올림픽 해안은 외진 곳에 있기 때문에, 사람에 의한 훼손이 거의 없다. 이러한 야생 환경의 서식지는 자연 그대로 남아 있고, 그곳의 생물들은 서식지와 포식의 경쟁과 같은 자연적인 과정을 통해 상호 작용하며 살아간다.

위 왼쪽 공장에서 폐수가 배출되고 있다. 인간의 천연 자원 사용에는 그 대가가 반드시 뒤따른다.
위 오른쪽 체서피크 만 습지에 내린 산성비를 분석하기 위해 표본을 채취하고 있다.
아래 링컨 기념관의 초기 사진. 도시, 마을, 농장들로 인해 습지가 파괴되었다.

사람들은 여름에 해안가로 몰리고, 그곳에서 일광욕과 수영을 즐긴다. 그리고 세계 여러 해안가에서 잡힌 물고기들이 지역 주민들에게 중요한 단백질 공급원이 된다. 그러나 인간들이 버린 공업 폐기물, 하수, 농업 폐수 등은 결국 농게, 어린 줄무늬농어, 맛조개 무리가 살고 있는 조간대로 흘러 들어간다.

담수계 담수호나 강은 매우 중요한 생태계다. 수많은 경계들을 가로지르는 이 거대한 지리적 공간을 따라 생물이 유지되기 때문이다. 호수와 강 주변에는 갈대에서부터 강도래, 인간에 이르기까지 수많은 생물들이 살고 있으며, 이들은 모두 호수와 강을 이용하고 있다.

담수계freshwater system가 건강하면, 그 물에는 플랑크톤, 곤충, 달팽이, 물고기뿐만 아니라 용존 산소dissolved oxygen도 풍부하다. 강바닥이나 호수 바닥에도 생물들이 많다. 이런 담수계에는 이곳에 사는 생물들에게 유해한 화학 물질이 없다.

담수계를 관리하는 과학자들은 정기적으로 표본을 채취·분석하여 수질을 점검한다. 그들은 야생 동물들과 인간에 맞는 조건들을 유지하고 만들어 내기 위해 노력한다. 하지만 때로는 택지 개발을 위해 습지를 없애려 하는 부동산 개발업자들과 충돌이 일어나기도 한다. 예를 들어, 워싱턴 D.C.의 많은 지역과 세계 여러 도시들이 이전에는 늪지대였던 곳에 건설되었다. 그러나 습지는 물고기의 번식이나 홍수 조절에 있어서 중요한 곳이다.

홍수 조절과 택지 개발 또는 어린 물고기와 부동산 개발업자 중 어느 것이 더 중요한지를 결정하는 것은 관련 공무원들과 생태학자를 포함한 정책 입안자들이 해야 할 일이다.

있다. 큰 해오라기나 백로, 검은머리물떼새, 도요새 등 바닷가에 사는 새들은 간조 때 먹잇감을 찾는다. 또 많은 새들이 만조 때의 해수면보다 높은 곳에 있는 모래나 나무에 둥지를 틀고, 해안선의 변화로 계절에 따른 이동 시기를 안다.

전 세계 사람들의 절반이 해안이나 담수원으로부터 62 km 이내에 살고 있다. 상하이, 뉴욕, 리우데자네이루, 아테네와 같은 대도시들 모두 해안가에 위치해 있다.

영양분의 순환

생명을 유지시키는 원자와 분자는 지구의 생태계에서 끊임없이 순환된다. 18세기에 프랑스의 화학자 앙투안 라부아지에Antoine Lavoisier가 설명한 질량 보존의 법칙은 영양분이 식물에서 동물로 그리고 토양 등으로 변환될 때 추적할 수 있음을 보여 준다. 태양과, 가끔 유성이나 운석이 제공하는 에너지를 제외하면, 지구는 본질적으로 폐쇄계closed system다. 지구의 생물들을 유지시키는 영양분의 순환에는 질소와 인, 탄소가 있다. 이러한 물질들은 공기, 토양, 물 및 생물의 몸을 통해 순환을 거듭한다.

질소 순환 질소 분자는 생물의 구성단위를 이루는 유기 화합물의 중요한 성분이다. 이러한 화합물에는 아미노산과 단백질, DNA, RNA가 있다.

일반적으로, 해양이나 육상의 생태계에서 동식물들의 개체군이 사용할 수 있는 질소는 부족하며 이를 통해 동식물 개체군의 수가 조절된다. 지구 대기의 거의 80 %가 질소 가스이지만, 생물들이 영양분으로 사용할 수 없는 형태다.

질소 고정균 다행히도 대기의 질소는 먹이 그물에서 사용될 수 있는 화합물로 변형될 수 있다. 이러한 변환 과정을 질소 고정nitrogen fixation이라고 하며, 특수한 세균이 이 과정을 담당한다.

대부분의 질소 고정은 콩과식물류에 공생하는 세균이 하며, 이러한 콩과식물에는 덩굴, 나무 그리고 관목 형태가 있다. 잘 알려진 콩과식물로는 자주개자리, 토끼풀, 콩, 완두, 루핀, 땅콩, 편두 등이 있다.

위 루핀 역시 콩과식물이다.
아래 왼쪽 땅콩은 다양한 용도로 쓰이는 콩과식물이다.
아래 오른쪽 사진에서 보이는 완두콩이나 콩, 자주개자리와 같은 콩과식물은 지구의 질소 순환에서 중요한 연결고리 역할을 한다.

루이지애나 해변 인근에 있는 '죽음의 바다'는 미국 중서부 지역 농장들이 사용한 비료와 거름에서 질소가 배출되어 형성된 것으로 보인다.

뿌리혹세균rhizobia이라고 불리는 질소 고정균은 콩과식물의 뿌리에 있는 작은 혹에 살면서 대기 중의 질소를 생물이 사용할 수 있는 질소 형태로 바꾸어 준다. 콩과식물을 뽑아 보면 질소 고정에 따라 연두색에서 분홍색으로 색이 변한 작은 혹들을 볼 수 있다.

세균이 죽고 식물이 분해되면 질소는 다른 동식물이 섭취할 수 있는 형태로 토양에 방출된다.

부영양화 아이러니하게도 질소가 과다하면 생태계에 문제를 일으킬 수 있다. 예를 들어, 거름이나 기타 농업용 비료 및 처리되지 않은 쓰레기나 하수에서 흘러나온 풍부한 질소는 수계water system에 부영양화eutrophication 또는 overenrichment를 일으켜, 조류algae를 과잉 번식시키고 산소를 결핍시킨다. 이러한 물에서는 다른 생물들이 생존할 수 없다.

미국에서는 루이지애나 해변 인근에 있는 죽음의 바다dead zone가 생긴 원인이, 아이오와와 일리노이 주에 있는 낙농장과 양계장, 옥수수 농장에서 흘러나온 질소 폐기물과 일부 관련이 있는 것으로 보고 있다. 매사추세츠 주 면적보다 큰 이곳에서는 야생 생태계와 인간에게 해로울 수 있는 유독성의 조류가 많이 발견된다.

우간다에서는 질소가 결핍된 토양 때문에 고생하는 농장들 바로 옆으로, 처리되지 않은 도시의 쓰레기 및 오수와, 화초 같은 수출작물에 사용된 값비싼 수입 비료에서 흘러나온 과도한 양의 질소와 인이 빅토리아 호수Lake Victoria로 흘러 들어가고 있다. 외래종인 나일농어로 인한 문제

완두(*Pisum sativum*)의 뿌리혹에 있는 질소 고정균은 식물이 대기와 토양에 있는 질소를 이용할 수 있도록 해 준다. 뿌리혹에 있는 공생 세균은 질소를 흡수하여 식물이 사용할 수 있는 형태로 변환시킨다.

이용 가치가 있는 식물

우간다의 캄팔라(Kampala) 부근의 농장에서는 옥수수 작물들이 말라 가고 있다. 그 지역의 농부와 가족들은 다음 수확 때까지 먹을 수 있는 충분한 양의 옥수수를 생산하지 못해 굶주리기 일쑤다. 그들의 토지는 질소와 인이 너무 부족하지만, 수입 비료를 살 형편이 못 된다.

최근에 캄팔라의 농부들은 옥수수 사이에 콩과식물을 심어 농작지에 질소 비율을 높이기 시작했다. 이러한 식물들은 토지에 질소를 고정해 주고 땅을 습하게 만든다. 재배 기술을 바꿈으로써 농부들은 토지의 질소 함유량을 높일 수 있고 옥수수의 수확량을 늘릴 수 있어서, 앞으로 일 년 내내 옥수수를 먹을 수 있으며, 게다가 남은 것은 내다 팔 수도 있을 것이다.

와 함께 부영양화는 이 호수에서 물과 음식을 구하는 3,000만 명의 건강을 위협하고 있다.

비료와 연료 2차 세계대전 중에 발명된 무기 비료도 질소 순환에 가세하게 되었다. 화석 연료를 연소할 때 발생하는 산화질소 또한 생물이 사용할 수 있는 질소의 양을 증가시킨다. 이러한 것들은 작물 수확량을 증대시켰지만, 동시에 바다와 호수에 데드존을 만들고 산성비를 내리게 하는 원인이 되었다.

세계의 물

모든 생물은 물을 필요로 한다. 물은 지구 표면의 약 4분의 3을 차지하지만, 그 분포는 고르지 않다. 어떤 지역은 물이 많지만, 다른 지역은 물이 항상 부족하다. 1년 중 물이 너무 많은 시기가 있는가 하면, 충분하지 못한 시기도 있다. 생태계에서 물의 양은 생물의 생존과 성장에 큰 영향을 준다. 기후가 매우 건조한 지역에서는 어떤 생물이건 좀처럼 생존하기가 힘들다.

군집에서 한 개체가 너무 많은 물을 사용하면 다른 개체들은 어려움에 처할 수 있다. 농작물에 필요한 물을 잡초가 흡수하고, 인간이 사막에 있는 골프장에 물을 써 버리면, 하류에 있는 야생 생물의 생존에 영향을 줄 수 있다.

물의 순환 해양생태학자 엘리엇 노스Elliot Norse는, 우리가 마시는 모든 물은 이미 물고기와 나무, 세균, 땅속의 벌레 그리고 인간을 포함한 다른 많은 생물들을 거쳐 온 것이라고 말했다.

끊임없는 순환 속에서 물은 강이나 바다로부터 증발한 후 응결되어 비나 눈의 형태로 내리기 전까지 대기에 머무른다. 그 후에 물은 강으로 흐르고 토양으로 스며든 후, 호수와 바다로 돌아가 저장된다.

노리아(noria)라고 알려진 물레방아는 일찍이 기원전 1세기 때 로마가 북아프리카에 건설한 것이다. 현존하는 노리아 중 가장 큰 것은 지름이 약 27 m가 넘고, 가장 오래된 것은 약 1,000년 전에 만들어졌다.

식물들은 토양으로부터의 증발을 감소시키고 잎의 증산 작용transpiration을 통해 물을 천천히 내보냄으로써 물의 순환에 영향을 준다. 증산은 숲이 무성한 지역이 식물이 별로 없는 곳보다 왜 더 습한지를 설명해 준다. 실제로 나무를 모두 베어 낸 곳에서는 습기와 강수량이 줄어든다. 물은 땅속으로 흐르면서 식물에게 영양분을 공급하고, 동물에게 마실 물과 서식지를 제공한다. 또한 물은 생태계에서 영양분을 나르는 역할도 한다. 이집트에서는 매년 범람이 일어나 나일 계곡Nile Valley에 비옥한 침적토가 형성되었는데, 이집트인들은 이를 이용해 농작물에 양분을 공급했다.

특별한 화학적 성질 물의 화학적 특성은 생물이 번성하는 데 적합한 조건을 만든다. 예를 들어, 물속의 수소와 산소

위 사막 모래 언덕의 변화. 물이 없으면 생물은 거의 생존할 수 없다.
아래 정글의 폭포. 풍부한 물로 인해 열대우림에는 생물이 풍부하다.

물의 순환에는 6가지 과정이 있다. 증산 작용을 통해 나뭇잎에서 물이 방출된다. 증발을 통해 지면의 물이 대기로 흡수된다. 응결 과정에서는 대기 중의 물이 구름을 형성한다. 구름이 더 이상의 물을 유지할 수 없을 때 빗물이 되어 땅으로 떨어진다. 이것은 토양으로 곧장 흘러 침투되거나, 강이나 바다로 유입된다.

분자 사이의 강한 결합은 물이 증발할 때 열을 흡수하게 하고, 물이 응축될 때 열을 방출하게 한다. 그리고 형태의 변화 없이 상당량의 열을 방출하거나 흡수할 수 있게 한다. 이런 특성 덕분에 물은 지구 전체에 열을 고르게 배분할 수 있다.

시기와 지역 강수의 시기와 지역은 동식물의 개체군에 영향을 미치는 중요한 요인이다. 많은 지역에서 봄이 되면 기온이 상승하고 물 공급이 증가하는데, 단풍나무에서부터 연어에 이르기까지 생물들은 이를 통해 번식을 시작할 때가 되었음을 알게 된다.

지구상의 생태계는 해당 지역의 물 공급에 맞춰 정교하게 조정되어 왔다. 예를 들어 태평양 북서부에서는 겨울철 설괴빙원snowpack이 녹으면서 시내로 흐르는 물의 양이 증가하면, 일부 연어들이 산란을 위해 상류로 올라간다. 동시에 수분의 증가로 연어의 먹잇감이 되는 날벌레나 각다귀의 번식지도 마련된다.

기후의 변화 만약 사용할 수 있는 물의 양이나 그 시기가 변한다면, 평소의 물의 순환에 맞춰져 있던 동식물들은 어려움을 겪을 것이다. 지구의 평균 표면 온도는 조금씩 상승하고

있다. 따뜻한 기후는 수증기의 증발을 촉진하고 응결이 일어나기 전까지 대기의 수증기량을 증가시키기 때문에, 그 결과 종종 강력한 폭풍우가 발생할 수 있다. 이런 폭풍우는 홍수와 침식, 가뭄을 자주 들게 하여 동식물의 생활을 어렵게 만든다.

온난화가 일으키는 물 공급 문제는 특히 몇몇 지역을 위협하는데, 가뭄이 쉽게 드는 지역, 봄철 성장 및 번식기에 눈 녹은 물에 의존하는 지역이 위협을 받고 있다.

온난화된 기후는 지구의 물 분포에 변화를 가져올 것이다. 예상되는 결과로는 극심한 폭풍우와 그에 따른 홍수가 있을 것으로 보인다.

탄소 원소

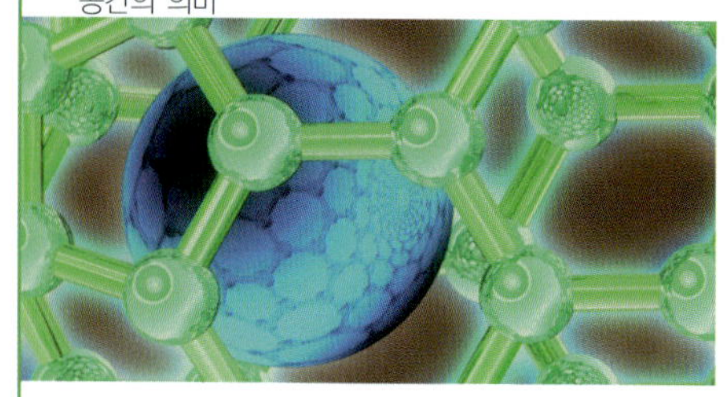

탄소는 석탄과 다이아몬드를 이루는 공통적인 기본 요소다. 이것은 생명의 기본 원소로서, DNA, 탄수화물, 단백질에 필수 요소다. 탄소 원자 간 혹은 탄소와 다른 분자들 간의 결합은 생존에 필요한 대부분의 화학 에너지를 저장한다.

이산화탄소CO_2는 온실가스의 하나로, 지구의 온도를 조절하기 때문에 생물에게 중요하다. 대기 중의 CO_2 농도는 얼마 안 되지만, 이산화탄소의 농도가 증가하면 세계 기후 변화에 큰 영향을 미친다.

탄소의 순환 탄소는 대기와 해양에서 주로 이산화탄소 형태로 순환한다. 육지 먹이 사슬의 가장 기본인 식물은 대기 중의 CO_2를 녹말과 섬유소cellulose와 같은 탄수화물로 전환시킨다. 이러한 탄소 화합물은 식물이나 그 식물을 먹는 동물의

위 안에 이온을 가진 탄소 나노 튜브의 분자 구조. 탄소는 생명에 필수적인 어마어마한 수의 화합물을 형성한다. 탄소는 다이아몬드, 비결정의 탄소 및 아래 그림과 같은 흑연의 형태로 자연 속에 존재한다.

탄소는 바다와 대기에서 이산화탄소 형태로 순환한다. 육지의 식물이나 바위 위 조류(사진)와 같은 바다 생물들은 광합성을 하여 이산화탄소를 탄수화물로 전환시킨다.

에너지로 쓰일 수 있다.

나뭇잎을 초록색으로 보이게 하는 엽록소는 태양 에너지를 흡수하여 광합성을 통해 영양분을 만든다. 해양에서는 식물성 플랑크톤이나 조류가 광합성을 한다.

식물 광합성의 부산물로 산소가 방출된다. 동물은 산소를 마시고, 이산화탄소를 배출한다. 이산화탄소는 동물의 몸속에 있던 당이 연소되면서 발생한다. 이것은 혈액에 의해 운반되어 폐를 통해 방출된다. 동식물이 부패하면 줄기, 잎 그리고 몸에 있던 탄소 화합물이 세균과 곰팡이에 의해 더 작은 형태로 분해된다. 이 중 일부 탄소는 토양이나 화석 연료 매장층에 저장되거나 다른 식물에 의해 사용되며, 나머지는 대기 중으로 되돌아간다.

탄소 저장고 해양이나 대기 중에서 순환하지 않는 탄소는 지구의 생물량과 바위나 침전물 또는 화석 연료의 매장층에 저장되어 있다. 이러한 저장 장소를 탄소 저장고 carbon sink 라고 한다. 흔한 탄소 저장고는 탄산칼슘, 즉 석회암이다. 지구에 매장된 석탄과 석유도 탄소 저장고다. 석탄과 석유는 먼 옛날에 탄소가 퇴적되어 만들어진 것이기 때문에, 화석 연료라고 불린다. 탄소 퇴적물은 식물이나 미세한 바다 생물이 3억 년 전 석탄기 때 바다와 열대 늪지대에서 죽은 후 완전히 부패되지 않고 남은 유해들이다. 이러한 화석 연료를 태운다는 것은 수백만 년간 순환에서 빠져 있던 CO_2 일부를 다시 대기 중으로 방출한다는 것을 의미한다.

차가운 물은 따뜻한 물보다 CO_2를 더 많이 흡수하고 붙잡아 둔다. 따라서 바닷물이 따뜻해지면 바닷물에 저장되어 있던 CO_2 일부가 대기로 방출된다. 그리고 삼림이 타거나 벌채될 때에도 CO_2가 배출된다.

온실가스 이산화탄소는 태양의 복사 에너지를 흡수하여 지구의 대기가 생명에 적합한 상태를 유지할 수 있도록 돕는 기체 중 하나다. 날씨가 추울 때, 온실이 태양열을 가두어 식물을 따뜻하게 해 주는 것과 같은 원리다.

대기 중에 이산화탄소가 과다하게 있으면 지구를 너무 덥게 만들어서, 인간을 포함한 지구상 생물들의 삶에 영향을 미칠 수 있다.

지난 150년간 지구 대기상의 이산화탄소는 인류 역사상 최고치를 기록하고 있다. 이러한 이산화탄소의 증가는 화석 연료의 사용과 삼림의 파괴와 같은 인간의 행위에서 그 원인을 찾을 수 있다. 따라서 대기 중 이산화탄소의 감소 또한 인간의 힘으로 조절할 수 있는 부분이다.

파리 시내를 뒤덮은 스모그

태양 에너지는 가정에 전력을 제공하는 동시에, 이산화탄소의 배출을 줄여 준다.

이산화탄소 배출을 줄이는 방법

재생지 제품 사용하기

사용하지 않는 전등이나 가전제품 꺼 놓기

나무 심기

소형 형광등 사용하기

여름에는 3도 높게, 겨울에는 3도 낮게 온도 조절하기

연비가 높은 자동차 사용하기

에너지 고효율 가전제품 사용하기

저경운 농법(low-till)으로 농사짓기

재생 에너지와 친환경 건축물 이용하기

생태계 관리

지구와 같이 많은 생물 형태들이 동일한 생태계를 공유하는 복잡한 세상에서는, 행성의 거주자들이 서로의 영역을 침범할 가능성이 크다. 생태계를 건강하게 유지하는 데 관련된 '이익 집단' 모두에게 필요한 공간을 확보하는 것이 우리의 도전 과제다.

인간들 사이에서도 이익 집단 간의 경쟁은 심하다. 예를 들어 미국은 국토의 3분의 1 이상이 국가 소유인데, 이를 어떻게 관리할 것인지를 두고 종종 격렬한 논쟁과 논란이 일어난다.

또 다른 예로, 미국 플로리다에서 과수재배업과 관광산업은 둘 다 지역 경제에 중요한 역할을 한다. 그렇지만 이런 농업과 개발을 위해 물길을 바꾼 물은 모든 플로리다 사람들의 장기적인 건강에 필수적인 에버글레이즈Everglades의 생태계를 위협한다. 또한 습지대를 매립하거나 해변 바로 옆에 건축물을 짓는 등 좋지 못한 개발을 하면, 격렬한 폭풍으로부터 사람들을 보호해 주는 자연 구조물들이 파괴된다.

생태계를 현명하고 공정하게 관리하기 위해서는 생태계의 다양한 요구를 알아야 한다. 관리자들은 미래의 결과를 예측하고 생태계의 장기적인 지속 가능성을 유지하면서, 단기적인 요구들에 대응해야 한다.

위 일본의 시장. 인구의 증가가 전 세계에 생태계적 도전을 불러왔다.
중간 케냐 마사이마라 국립보호구 (Masai Mara National Reserve)에서 소들과 함께 있는 마사이 족. 마사이 족은 전통적으로 유목민이며, 소떼는 그들의 경제원이다. 그들의 토지 관리 방법은 매우 모범적이다.
아래 미국 플로리다의 에버글레이즈 국립공원은 공격받는 생태계의 상징이 된 곳이다.

지구의 초원 케냐의 마사이 족 목동들은 케냐 남서부의 대초원savannah 이 건강하게 유지되고 자신들이 키우는 소떼들이 다양한 야생 생물들과 공존하도록 목초지를 관리한다. 이를 위해 마사이 족이 사용하는 전략은 가축들을 울타리가 없는 넓은 공유지에 풀어 놓는 것이다. 이와 반대로, 텍사스 주 농장들은 이따금씩 사막화되는데, 이는 제한된 목초지에 가축들을 방목하기 때문이다. 이것은 과도한 방목으로 이어지고, 가뭄과 같은 환경의 변화가 나타나면 적절하게 대응하지 못하게 된다.

텍사스 주와 케냐의 농장주들은 지구의 정반대편에 있지만, 초원 생물 군계의 환경이 유사하여 서로의 목축 방법과 방목 관리 방법을 배울 수 있다.

생물 군계는 생태계를 보다 광범위하게 보는 관점이다. 우리는 한 생물 군계가 어떻게 변하고 가뭄이나 오염, 인간의 개발 활동 그리고 또 다른 환경적 위협들에 어떻게 대응하는지를 살펴봄으로써 지구 다른 부분에 있는 유사한 지역의 생태계에 대해 더 많이 이해할 수 있게 된다.

호랑이 보호하기 세계 야생생물 기금World Wildlife Fund, WWF이 인도네시아 수마트라 섬에 있는 호랑이를 멸종으로부터 구하기로 했을 때, 그들은 호랑이 자체만이 아닌 생태계를 보존하는 것에 초점을 맞추어 문제를 해결하기로 했다. 그 이유는 호랑이 개체군은 먹잇감을 사냥하고, 몸을 숨기고, 짝짓기를 하고, 새끼를 키울 수 있는 충분한 야생 서식지가 없으면 생존할 수 없기 때문이었다.

이 단체의 과학자들은 호랑이들이 사는 수마트라 지역의 서식지가 충분히 크고 자연 그대로의 모습을 보존하고 있기 때문에, 감소된 호랑이 개체군을 다시 회복시킬 수 있을 것이라고 생각했다. 호랑이들은 은신처와 먹잇감으로 동식물이 필요한데, 수마트라 섬의 중남부 지역은 인도네시아에서 마지막 남은 저지대 다우림 지역이기 때문이다. 하지만 불행하게도, 이 숲은 호랑이뿐만 아니라 고무 재배 농장과 벌목꾼들에게도 매력적인 곳이다. 또 밀렵꾼들의 위험도 있는데, 이들은 희귀 동물로 만든 제품을 비싼 값에 사는 사람들에게 호랑이를 판다.

인도네시아 정부는 결국 생태계 보존 방향에 동의했고, 호랑이가 사는 수마트라 섬 약 550 km²의 지역에 국립공원을 조성했다. 현재, WWF와 지역 단체는 호랑이 보호를 위해 사람들이 공원 구역을 준수하고, 밀렵 방지법을 강화하고, 공원 구역과 주거지를 가로질러 흐르는 물과 같은 자원이 보존되도록 노력하고 있다.

야생 서식지를 보호하는 것이 멸종 위기에 놓인 수마트라호랑이(*Panthera tigris sumatrae*)의 생존을 보장하는 핵심으로 보인다.

CHAPTER 5

서식지와 경관

왼쪽 동물들의 많은 수가 매우 제한적인 지역에서 산다. 자이언트판다는 중국 남서쪽에서만 발견된다. 이들은 주로 주식인 대나무가 많은 삼림에서 서식한다.
위 갈라파고스 제도를 둘러싼 바다는 갈라파고스거북과 같은 이곳의 동물들을 격리시켰다. 이들은 오직 이 제도에서만 발견된다.
아래 북극순록은 알래스카 북극 야생동물 보호구역(Arctic National Wildlife Refuge)의 환경에 적응하여 살고 있다.

집파리는 전 세계 많은 가정에서 볼 수 있다. 광범위하게 분포하는 이 생물은 다양한 먹이와 온도 및 환경에 적응한다. 이와 반대로, 오직 제한된 지역에서만 사는 생물들도 있다. 예를 들어, 판다는 중국 서부 지방의 대나무 숲에서만 살고, 다른 지역에서는 야생의 상태로 찾아볼 수 없다. 이와 유사하게 아프리카 남부의 큰코파리 meganosed fly와 같은 수분 매개자는 특정한 종의 꽃들에서만 꿀을 빨아먹을 수 있는 기관을 갖도록 진화되었다.

서식지의 물리적 특성은 그곳에 사는 생물들에게 적잖은 영향을 준다. 토지, 지리 및 기후는 토착종들의 진화에 있어서 중요한 요인들이다. 높은 산맥, 넓은 해양과 같은 지리적 장벽이나 다른 종과의 경쟁에 의해, 종들이 얼마나 넓게 분산될 수 있는지가 결정된다. 대부분의 동식물들은 그들이 살고 있는 환경에 알맞게 적응한다. 그리고 이러한 특수한 환경은 그들의 생존에 필수 조건이 된다. 예를 들어 북극순록 Porcupine caribou의 경우, 이들이 겨울철에 먹이를 찾아 이동을 하기 위해서는 일정한 기간 동안 땅이 얼어 있어야 한다.

날씨와 기후

기상학자들 사이에서는 이런 말이 오간다. '만일 당신이 살고 있는 지역의 날씨를 좋아하지 않는다면, 며칠을 기다려 보라. 날씨는 변할 것이다. 그러나 당신이 살고 있는 지역의 기후를 좋아하지 않는다면, 다른 곳으로 이사를 가는 것이 좋을 것이다.'

날씨weather는 비 오는 날, 요트를 타기에 바람이 너무 없는 아침, 눈을 몰고 오는 추위 같은 것이다. 날씨는 매일매일 변하는데, 하루는 식물들이 잘 자랄 수 있게 햇빛을 비추거나 비를 내리다가도, 홍수를 일으키고 폭풍이 휘몰아쳐 식물들을 죽이기도 한다. 기후climate는 장기간의 평균적인 날씨를 뜻하며 예측이 가능하다. 미국 로스앤젤레스의 여름 기후는 매우 맑고 건조하다. 인도 뭄바이에서는 장마가 6월에 시작되며, 비는 거의 매일 오후에 내리고, 습도는 매우 높다.

비 오는 날

날씨는 비, 눈, 진눈깨비, 안개, 햇빛, 구름, 바람, 기온, 습도 등 셀 수 없을 정도로 많은 요소들로 이루어진다. 이들은 모두 지구 대기의 안쪽 얇은 층인 대류권troposphere에서 발생하며, 대류권은 또한 우연찮게도 많은 생물권을 포함하고 있다. 지역의 지형은 그 지역 날씨에 영향을 미친다. 해안가의 날씨는 근처에 있는 산꼭대기의 날씨와 다를 수 있다.

위 이동하는 기단의 경계면인 전선에서는 격렬한 날씨 변화가 일어난다.
아래 인도 뭄바이에서, 오후 한차례 내리는 폭우가 코코넛 카트를 흠뻑 적시고 있다. 남부아시아는 장마를 겪는 몇 안 되는 지역 중 하나다.

식생 또한 날씨에 영향을 준다. 늪지대나 숲은 물의 순환을 느리게 하여, 바위 지대나 대부분이 아스팔트로 포장된 도시보다 더 습한 상태를 유지한다. 따뜻하고 차갑고, 습하고 건조한 공기덩어리들은 끊임없이 움직이며, 이로 인해 매일 날씨가 변한다. 서로 다른 공기덩어리의 경계면이 지표면 또는 다른 특별한 면과 만나면서 생기는 경계를 전선front이라고 한다. 전선에서는 종종 뇌우와 강풍과 같은 보다 격한 기상 현상들이 일어난다.

기상학자들은 날씨를 연구하는 과학자들이다. 그들은 위성, 레이더 그리고 온도계, 기압계, 풍력계와 같은 측정 장치로 데이터를 모은 후, 컴퓨터 프로그램을 이용해 날씨를 예측한다.

혹독한 툰드라 지대에서는 사진 속의 노란 할미꽃을 포함한 모든 꽃들이 지면 가까이에서 핀다.

해양과 기류

바다와 대기에서 전 지구적, 지역적regional, 국부적local인 패턴이 기후에 영향을 미친다. 대륙의 해안 지대는 해류를 되돌려 보내며, 산맥은 기류를 막아 방향을 바꾸며, 해수면의 온도는 대기와 상호 작용을 한다.

엘니뇨El Niño 현상으로 알려진 해양과 대기의 상호 작용이나, 북극 진동Arctic oscillation이라 불리는 대기의 순환 패턴과 같은 몇몇의 기상 현상들은 기후의 월간 혹은 연간 순환에 영향을 미친다. 대기의 제트 기류jet stream나 대양 대순환 해류ocean conveyor belt라 불리는 느리고 거대한 순환 같은 것들은 수천 년 동안 유지되어 왔다. 대양 대순환 해류에서는 카리브 해의 열대 지역에서 오는 표층수가 끊임없이 북대서양 쪽으로 순환하는데, 그러한 과정 때문에 유럽의 많은 지역에서 온난한 기후가 나타난다. 때문에 유럽은 높은 위도에 위치해 있는데도 불구하고 겨울철에 눈이 거의 내리지 않는다.

적 응

기후는 생물이 성장하고 번성하는 것을 결정하는, 물, 기온, 햇빛과 같은 중요한 물리적 속성들을 변화시킴으로써 한 지역의 생태계에 영향을 준다. 오랜 기간 동안 식물과 다른 생물들은 자신들이 속한 곳의 기후에 적응해 왔다. 온대 지방의 구근 식물은 겨울철에는 동면 상태가 되었다가, 날씨가 따뜻해지고 해가 길어지면 다시 싹을 틔운다. 고지대의 혹독한 환경 속에서 자라는 툰드라의 꽃들은 키가 작다. 동물들의 생활 주기와 활동도 기후의 리듬에 적응한다. 예를 들어 아이다호의 옐로스톤 컷스로트송어는 4월경이 되면, 눈이 녹고 흐르는 물의 양이 많아진 것을 통해, 산란하기에 적절한 시기가 되었음을 안다.

예측이 가능한 기후대의 날씨 변화는 아이다호의 계곡에 서식하는 송어의 번식 주기와 같은, 동식물상의 생활 주기에 영향을 준다.

기후 변화와 변이

기후는 오랜 기간 동안 변동한다. 보기 드문 추위나 더위, 홍수 또는 가뭄의 기간이 몇 년 동안 연이어 반복되면 먹이 그물에 커다란 영향을 미칠 수 있다. 이것이 기후 변이climate variability이다. 만일 이러한 기후 변이가 오래 지속되어 표준이 되면 기후 변화climate change가 이루어진다. 기후의 변화와 변이는 이전 상태에 적응해 있던 동식물에게 큰 혼란을 준다. 생물들이 새로운 환경에 적응하지 못하고 이주조차 하지 못하면, 멸종 위기에 처할 수 있다. 그리고 지구의 자원은 한정되어 있는데 인구가 계속 증가하고 있는 상황 또한 동식물들과 다른 생물들이 기후 변화에 적응하는 데 어려움을 준다.

토양의 아래

토양은 생물을 지탱해 주지만 제대로 평가받지 못하고 있다. 어느 한 지역의 생물들과 그 삶을 가능하게 하는 토양의 화학적 성질은 그곳의 독특한 생태계와 밀접하게 관련이 있다. 산화철 때문에 붉은색을 띠는 미국 조지아 주의 토양은 그곳 소나무 숲을 유지시켜 준다. 성장기 동안, 습기를 오래 머금는 비옥한 검은 옥토^{loam soil} 덕분에 그 유명한 영국의 정원 문화가 만들어졌다. 에드워드 윌슨에 따르면, 다우림 지역의 땅은 매우 척박하기 때문에, 농작지로 개발된 약 28,000 km^2 중 약 12,000 km^2 미만만이 실제로 농사를 짓는 데 사용될 수 있다고 한다.

토양의 생태학에는 토양의 화학적 성질과 그곳에서 사는 생물 모두가 포함된다. 화학적으로 토양은 산성도^{pH}가 높거나 낮을 수 있고, 산성도는 질소와 인산염과 같은 화학 물질에 의해 결정된다. 토양의 생물들은 복잡한 군집 속에서 살고 있으며, 생태적 지위와 먹이 그물 및 특별한 역할로 조직된다.

질이 나빠진 토양은 그곳에서 없어진 생물이나 화학 성분을 첨가하면 나아질 수 있다. 이러한 화학 물질은 퇴비나 거름의 형태로 썩은 식물 및 석유에 기반을 둔 비료^{썩은 식물의 한 형태이지만 화석화되지 않은 것}에서 얻을 수 있다. 지면에 사는 동식물도 토양의 건강 상태에 영향을 줄 수 있다.

토양은 무엇인가? 토양은 죽은 유기물을 새로운 생물의 구성단위로 변화시키는 재순환 과정이 일어나는 곳이다. 토양은 생물로 가득 차 있다.

위 여름철, 꽃이 활짝 핀 영국의 정원. 비옥한 검은 옥토 덕분에 영국의 정원에는 푸른 풀이 무성하다.
아래 미국 조지아 주는 밀도가 높고, 색이 붉고, 점토와 비슷한 토양으로 유명한데, 흙이 붉은 것은 주로 산화철 때문이다.

깎인 산비탈에서 그 지역의 토양을 이루는 층들을 볼 수 있다.

콜로라도 고지대 사막에서는 휴면 상태 토양에서 싹이 돋아나는 것을 흔하게 볼 수 있다. 이러한 살아 있는 토양 지각들은 인간의 활동으로 쉽게 파괴된다.

살아 있는 토양 지각(living soil crusts)

미국 서부 지방의 고지대 사막처럼 비가 거의 내리지 않는 지역에서는, 표토에 남세균, 곰팡이류, 지의류 및 이끼로 된 연약한 생물 지각이 형성된다. 미국 국립공원 관리소(National Park Service)는 이러한 휴면 상태 토양(cryptobiotic soil)을 '지구에 있는 광대한 땅의 최초 개척자' 중 하나라고 말한다. 이들 살아 있는 토양 지각들은 지구의 토양 형성은 물론, 최초의 산소 호흡 생물이 존재할 수 있도록 산소의 발생에도 도움을 주었다. 종종 오프로드를 달리는 자동차나 광산 탐색 등으로 휴면 상태 토양이 파괴되는데, 이들이 재생성되는 데는 몇 년이 걸릴 수 있으며, 그동안 토양은 침식에 노출될 것이다.

바위, 진흙, 광물, 죽은 동식물이 섞여 있는 곳에 아메바, 원생동물, 선충류, 곰팡이류, 사상균, 세균 등의 수많은 미생물들이 살고 있다. 토양 속에 있는 많은 생물은 찌꺼기 분해자로, 죽은 유기물을 섭취하여 다른 생물에게 필요한 성분으로 분해시켜 준다. 만약 산비탈을 횡단면으로 자른다면, 색깔이 다른 여러 층의 토양을 볼 수 있을 것이다. 윗부분에는 바위와 점토뿐만 아니라 분해되고 있는 식물 잔해, 살아 있는 나무뿌리, 살아 있거나 죽어 있는 곤충과 애벌레 및 미생물들이 모여 있다. 그 아래쪽 토양은 유기물이 적고, 바위와 같은 무기질 성분이 더 많다.

미국 토지관리국U.S. Bureau of Land Management에 따르면, 미국 서부의 건조한 방목장들에서는 생태계 다양성이 대부분 토양 밑에서 나타나며, 방목장들의 총 생산성의 90 % 정도가 토양에서 나온다. 이는, 이 지역의 경우 땅 위보다 땅 아래에 훨씬 더 많은 생물들이 살고 있다는 것을 의미한다.

침 식 대부분의 식물이 자라는 토양의 표면층, 즉 표토topsoil는 수백 년, 길게는 수천 년간 식물의 잔해가 분해되고 석회암 같은 바위가 침식하여 자연스럽게 형성된다. 이런 표토는 바람과 비에 의해 천천히 장기간에 걸쳐 침식되거나, 폭풍으로 산사태가 발생하면서 일순간에 유실되기도 한다.

특이한 경우를 제외하고, 많은 생태계에서 토양은 많은 식물들을 자라게 하여 표토가 침식되는 것을 막는다. 그러나 이러한 생태계는 심각한 가뭄이나 지나친 방목으로 손상될 수 있다. 이때 표토는 빠르게 쓸려 나가거나 씻겨 나가 땅은 결국 이전의 동식물 군집들이 살 수 없는 상태가 되어 버린다.

황폐해진 토양에 다시 생명을 불어 넣는 것이 불가능한 것은 아니지만 쉽지는 않다. 토지생태학자는 농부들과 협력하여 경작 및 농작물 관리, 토양의 상태를 개선하는 기술들을 개발한다. 이런 과정은 토양을 건강하게 만들어 생태계의 개선으로 이어진다.

지리적 장벽

지형은 동식물종의 진화에 매우 큰 영향을 미칠 수 있다. 같은 종의 생물이 산맥이나 협곡, 물의 흐름 등으로 오랜 기간 격리되면, 격리된 두 집단의 DNA는 다르게 진화한다. 두 개의 개체군이 너무나도 다른 모습으로 진화하면 다시 만난다 하더라도 더 이상 서로 짝짓기를 할 수 없으며, 새로운 종이 형성된다.

인도 서부에서는 코끼리 개체군이 큰 압박을 받고 있다. 인구가 증가하면서 이곳 토종 코끼리들은 원래 살던 범위를 벗어나 여러 보호구역으로 여기저기 흩어지게 되었다.

이 코끼리들의 DNA를 연구하던 보전생물학자들은 놀라운 것을 발견했다. 인간이 그들을 흩뜨리기 훨씬 이전에, 다른 종들뿐만 아니라 인도코끼리들도 서고츠 산맥을 경계로 이미 나뉘져 있었다. 이 산맥은 많은 동식물들이 수천 년간 넘을 수 없는 거대한 지리적 장벽이었다. 팔가트 골짜기를 경계로 남북으로 갈려 수천 년을 지내 온 코끼리들은 유전적으로 많은 차이가 있었다.

유전적 다양성은 어려운 시기에 생물이 살아남기 위한 중요한 방어 기제가 된다. 코끼리의 개체 수가 줄어든다는 것은 유전적 다양성의 감소뿐만 아니라 서식지의 감소를 의미할 수 있다. 서고츠 산맥의 지리적 장벽으로 인해 유전적으로 뚜렷이 구분된 집단들이 보존됨으로써, 전체적으로 더 다양한 인도코끼리 개체군이 유지되었다. 수가 적고 멸종 위기에 처한 개체군들에게 이러한 다양성은 생존이냐 멸종이냐의 차이를 결정할 수 있다.

섬의 종들 육상의 종들은 섬으로 이주하는 것이나 섬으로부터 이주하는 것이 매우 어렵고, 특히 섬이 본토로부터 멀리 떨어져 있으면 더욱 그렇다. 예를 들어, 식물의 포자가 미국 본토에서 하와이로 가기 위해서는 바다를 넘어 수천 킬로미터를 날아가야 했을 것

위 섬은 격리된 생태계를 연구하는 데 이상적인 곳이다.
아래 인간 개체군이 인도코끼리를 작은 보호구역으로 내몰았다.

이고, 파충류라면 바다에 떠 있는 작은 무언가를 타고 갔을 것이다. 새들의 경우는, 섬들을 통과하여 정상적으로 이주하는 소수의 종을 제외하고는 대개의 경우 길을 잃어버리기 십상이었을 것이다.

이러한 고립 때문에 섬들은 생태계의 형성 과정과, 새로운 환경으로 종이 분화되는 과정을 관찰하기에 이상적인 장소가 될 수 있다. 마다가스카르와 호주 태즈메이니아 등의 섬들에서는 오랜 기간 동안 세계 다른 곳에서는 볼 수 없는 종들과 생태계가 생겨났다.

다윈의 진화론을 발전시키는 데 매우 중요한 역할을 한 남미의 갈라파고스 제도는 세계에서 유일하게 이구아나가 헤엄을 치는 곳이다. 이곳의 핀치새 변종들은 각각 먹이를 사냥하기에 적합한 형태로 부리가 매우 흥미롭게 진화되었다. 먹이가 다르기 때문에 갈라파고스 제도의 핀치새들은 작은 섬에서도 경쟁 없이 함께 살 수 있었다.

취약성 섬에 있는 동식물종의 수는 섬의 크기와 직결된다. 섬이 클수록 동식물의 수도 증가한다.

불행하게도, 섬으로 인해 격리되어 진화·분화된 종들과 생태계는 한정된 포식자나 경쟁자들에게만 적응해 왔기 때문에, 들쥐나 뱀과 같은 침입자에 대해서는 취약하다. 토착 식물종들은 생명력과 번식력이 강한 외래 잡초들과 힘겹게 경쟁해야 한다.

지난 몇 세기 동안 지구 인구와 세계 여행의 급증으로, 섬들은 떨어져 있는 거리에 상관없이 외래종의 침입을 받아 왔다. 지난 몇천 년 동안 고립 상태를 유지시킨 지리적 장벽이 오늘날 배와 비행기의 발명으로 무너지고 있다.

안데스 산맥의 벌새 모든 종들이 물리적 장벽으로 인해 오랜 기간 친척종들과 떨어져 있었기 때문에 진화한 것은 아니다. 몇몇의 경우는

수백 종의 벌새가 안데스 산맥에서 특정한 생태적 지위에 맞게 진화했다. 사진 속의 새는 에콰도르의 마키푸쿠나(Maquipucuna) 운무림에 사는 벌새다.

찰스 다윈은, 갈라파고스 제도의 핀치새들이 조상은 모두 동일하지만 다른 섬에 살게 되면서 부리가 그 지역의 먹이에 맞게 다양한 모양으로 진화되었다는 결론을 얻었다.

물리적 장벽으로 고립되지 않더라도 번식과 생존에서 보다 더 성공할 수 있다면, 차별화된 생태적 지위를 이용해 새로운 종으로 진화하기도 한다.

남미 안데스 산맥의 벌새가 그 예다. 이들의 경우 일부는 다우림 지역에 적응을 했고 또 다른 일부는 고산 지대나 다른 생태계에 적응했다. 오늘날 300여 종이 넘는 벌새들이 있고, 가장 많은 종이 안데스 산맥에서 서식한다. 과학자들은 다른 생물들과 마찬가지로 벌새 역시 새로운 종이 만들어진 가장 큰 이유는 물리적 고립보다는 환경에 대한 적응이 필요했기 때문이었음을 발견했다.

경관생태학

경관landscape은 생물 군계처럼 식생의 종류나 물리적 지형, 물이나 토양의 양분과 같은 자원에 의해서 결정된다. 생물 군계보다 더 국지적인 경관은 흔히 인간의 활동과 함께 연구된다. 경관 연구에는 자연적인 것과 인공적인 것이 모두 포함된다.

과학자들이 경관을 연구하는 이유 중 하나는 토지 사용과 자원 사용 계획을 수립하기 위해서다. 대부분의 계획은 지방이나 지역 차원에서 이루어지기 때문에, 경관생태학적 관점은 이용하기에 좋은 규모다. 생태계와 마찬가지로 경관은 뚜렷한 경계가 없다. 경관의 전형적인 경계는 분수령이나 골짜기, 강 하류 삼각주 등이다.

과학자들은 경관에 대한 지도를 작성하고 유형을 분석하고 그것들을 구성요소들로 나눔으로써, 모델을 세우고 어떤 패턴들이 자원에 영향을 미치는지를 연구한다. 경관 차원에서 더 많은 정보가 있으면, 전문가들은 잠재적인 위험성과 산불, 홍수 또는 가뭄과 같은 재난의 결과를 예측할 수 있다.

예를 들어 언덕에 더 많은 집을 지으면, 집이 들어설 공간을 마련하기 위해 더 많은 나무를 벌채해야 한다. 그렇게 되면 토양의 침식과 새들의 서식지뿐만 아니라 그 계를 통한 수문학이나 물의 순환이 영향을 받는

위 브라질과 아르헨티나 경계에 있는 이구아수 폭포
아래 왼쪽 롱아일랜드의 남부 해안을 따라 나 있는 골프 코스
아래 오른쪽 생태계의 물 순환은 경관에서 초목이 사라지거나 집들로 대체될 때마다 영향을 받는다.

다. 숲은 빗물을 정화시킨다. 빗물이 식물에 흡수되거나 토양에 흡수됨으로써 지표수runoff는 천천히 흐른다. 반면에, 포장된 도로에서는 빗물이 스며들지 않아 빠르게 이동한다. 얼마나 많은 숲이 사라져야 사람들은 그 차이를 알아차릴 수 있을까?

경관의 구성요소 습지와 숲, 연못, 언덕 위의 주택지를 아우르는 해안가는 경관이라고 볼 수 있다. 이런 경관에 대한 연구는 오염이 지역 생태계에 어떤 영향을 미치는지를 이해하는 데 이용되어 왔다. 예를 들어 공장에서 시냇물로 혹은 농장에서 지하수로 흘러 들어가는 화학 물질의 적정 허용량과 관개를 위해 시내에서 끌어올 수 있는 물의 양을 관리하는 데 경관 연구는 지침을 제공해 준다. 경관 수준의 영향은 누적적이다. 한 농장에서 흘러나온 농업 폐수는 그 자체로 해안의 어류 양식장에 영향을 주지 못하지만, 전체 축산 폐수가 합쳐지면 물고기에 누적된 영향을 미친다.

과학자들은 사람들이 농사에 필요한 물을 강이나 개울에서 끌어다 쓸 때 경관을 해치지 않을 정도로 사용하도록 지도한다.

경관을 기본적인 요소들로 나누면 경관에 대한 연구를 할 때 도움이 된다. 과학자들은 미래의 측정에 대비해 현재의 식생과 야생 생물의 건강 상태, 영양분의 공급 및 오염도에 대한 기초 자료 얻기를 선호한다.

경관생태학자들은 경관의 기능을 연구할 때 지도 제작과 자료 수집, 원격 탐사 등의 방법을 이용한다.

공간과 시간 경관을 연구하는 기간과 공간의 규모는 매우 다양할 수 있다. 경관은 뒤뜰처럼 작을 수도 있고 훨씬 더 클 수도 있다. 때문에 경관 생태학의 분야에는, 장기적이고 큰 규모의 문제와 보다 지역적이고 구체적인 문제 모두에 해답을 줄 수 있는 많은 가능성들이 있다. 예를 들어 한 경관생태학자는 17세기와 18세기에 사냥되어 개체 수가 감소한 비버가 미국 미시건 주에서 강과 수계를 어떻게 변화시켰는지를 연구할 수 있었다. 이보다 작은 소규모의 이슈는 도시에 있는 공업 지역 경관을 중심으로 이루어질 수 있다. 예를 들어 어떤 지역을 다시 보행자들에게 적합한 경관으로 바꾸기 위해서, 이전 수십 년에 걸쳐 고심하여 내린 토지 사용 결정을 뒤바꾸는 경우를 들 수 있다.

오리건 주에서 연어 개체군은 수자원 관리와, 어디서 어떻게 나무가 벌채되었는지와 같은 산림 관리와 관계가 있다. 도시계획자들은 물 사용자인 농부와 도시, 연어 개체군을 두고 물 분배를 어떻게 할지를 결정할 때 경관 연구를 이용해 도움을 얻는다. 경관생태학을 이해하게 되면 지역 전반의 모습을 보기 위해 다양한 분야의 정보를 모으게 된다.

캐나다 서스캐처원의 습지는 경관에서 중요한 요소다.

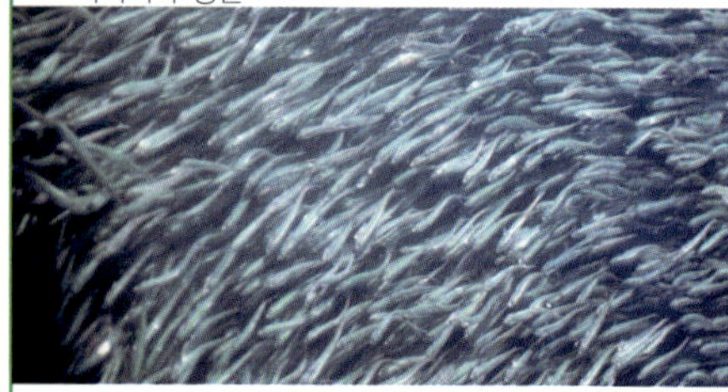

바다와 산호

바다는 지구의 70 % 이상을 차지하고 있으며, 지상만큼이나 많은 생물들이 이곳에 살고 있다. 해양생태학자들은 바다 생물들을 다음의 세 집단으로 분류한다. 바다를 떠다니고, 헤엄을 잘 못 치는 플랑크톤plankton, 물고기처럼 헤엄을 잘 치는 유영 생물nekton, 해저에서 서식하는 저서 생물benthos. 플랑크톤은 광합성을 하는 식물성 플랑크톤과 현미경적인 동물성 플랑크톤으로 나뉜다. 식물성 플랑크톤은 해양 먹이 사슬에서 가장 기초를 이룬다.

바다에 사는 생물의 제한요인limiting factor은 햇빛과 용존 산소량, 영양분의 이용 가능성이다.

이 때문에 대부분의 바다 생물들은 수면으로부터 9 m 이내에 서식한다. 바닷물이 흐리면 햇빛은 바다 깊은 곳까지 통과하지 못하며, 이는 곧 광합성이 적게 일어날 수 있음을 뜻한다.

인간은 바다에 사는 생물들에게 큰 영향을 미쳐 왔다. 예를 들어 현대의 어업 기술은 매우 파괴적이었다. 많은 어종의 개체군들이 마구잡이식 어획으로 급격하게 감소했다. 또 일부 어업 기술로 인해 산호와 해초, 저서 생물들이 사는 해저의 서식지가 파괴되고 있다.

위 물고기 떼. 한때 풍부했던 물고기 개체군이 무분별한 어획으로 급격하게 줄어들었다.
가운데 현대의 어업 기술 중 일부는 해양 생태계를 심각하게 파괴할 수 있다.
아래 플랑크톤은 수면 근처에 사는 작은 바다 생물의 무리로서, 보다 큰 바다 생물들의 먹이가 된다.

거머리말 연안 근처의 해양 생태계는 바닷물이 강이나 다른 곳에서 유입되는 담수와 만나는 곳으로, 이곳은 생산성이 높고 많은 생물들이 산다. 이런 생태계 중 하나인 거머리말 풀밭sea grass meadow은 많은 연안 지역 중 중요한 부분이다. 거머리말은 황어minnow나 연체동물의 먹이가 되고, 이들은 다시 먹이 사슬에서 보다 높은 곳에 있는 큰 어류와 게 및 새들의 먹이가 된다. 뿌리가 강한 거머리말 풀밭은 해안선을 보호하고 침식을 막아 준다. 또한 탄소 저장을 돕고 영양분의 여과와 순환을 통해 연안 해양 환경을 더 건강하게 만들어 준다. 이런 거머리말은 하수와 비료에서 흘러나온 오염 물질이나 보트의 프로펠러 등으로 훼손될 수 있다.

산호와 켈프 일부 바다에서는 매우 높은 생물 다양성이 좁은 지역에 집중되어 있다. 산호초나 켈프 숲이 그러한 경우다. 이곳들은 때때로 바다의 우림으로 불리는데, 그 이유는 생물 다양성이 집중해 있고, 동시에 쉽게 훼손되기 때문이다. 산호초는 탄산칼슘석회암을 분비하는 폴립polyp이라고 불리는, 작고 부드러운 생물의 군체로 형성된다. 얕은 물에 있는 폴립은 아름다운 색을 띠는데, 이는 보통 폴립의 조직에 사는 현미경적인 조류가 나타내는 색이다. 산호초에는 틈이 많이 있어서, 물고기와 말미잘, 불가사리, 갑각류 등에게 좋은 서식지가 된다.

산호초는 생물 다양성을 유지하고 많은 해양 어류들의 보금자리로서 역할 하는 것 외에도, 세계 해안 지대의 약 15 %를 침식으로부터 막아 준다. 이것은 산호초의 보호가 없었다면 존재할 수 없었던 섬나라들에게 매우 중요한 사실이다.

산호초는 성장이 느리고 환경 변화에 민감하기 때문에 쉽게 파괴될 수 있다. 우리가 쉽게 볼 수 있는 얕은 물의 산호초들은 마구잡이식 어획과 관광 활동, 지구 온난화로 인해 위협을 받고 있다. 깊은 물속에 있는 산호초들 또한 얕은 물속의 산호초만큼이나 아름답고 다양한데, 이들은 보통 저인망 어선에 의해 파괴된다.

해양 조절자 바다는 여러 가지 방법으로 지구의 기후 조절에 도움을 준다. 바다는 넓은 표면적으로 햇빛을 흡수하여 그 열을 해류를 통해 지구 곳곳으로 전달한다. 극지방과 같은 빙하 지역은 많은 양의 태양열을 우주 공간으로 반사한다. 그리고 바다는 육지로부터 유입된 물이 대기 중으로 증발되기 전까지 저장한다. 또한 많은 양의 이산화탄소도 저장한다.

몰디브 섬의 펠리두 환초(Felidu Atoll) 근처 얕은 곳에 있는 산호초. 산호초는 바다 생물들의 보고다. 최근에는, 잘 알려지지 않은 심해 산호초들에 대한 탐사가 이루어지기 시작했다.

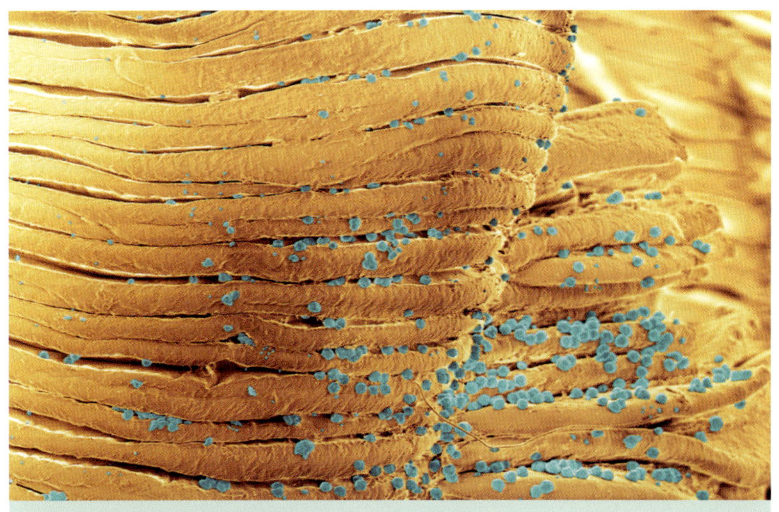

지렁이(*Alvinella sp.*)의 표면(노랑)에 있는 심해 세균(파랑)

심해에 사는 생물들

오늘날 기술의 발전으로 과학자들은 바다 가장 깊은 곳까지 탐사로봇을 보낼 수 있게 되었다. 이러한 곳은 햇빛이 통과해 들어올 수 없고, 양분이 거의 없다.

그런데 놀랍게도 생물이 살아갈 수 없을 것 같아 보였던 많은 장소에서 생물들은 살아남기 위한 다양한 방법들을 찾아냈다. 지각을 뚫고 끓어오르는 화학 물질에 의존해 사는 혐기성 세균이 심해 열수 분출공 근처에서 발견되었다. 실제로 일부 다른 세균들은 햇빛이 아닌 열수 분출공에서 나오는 희미한 빛을 이용해 광합성을 한다. 그리고 이 세균들은 차례로, 벌레와 기타 동물 무리들을 부양한다. 이들이 이루는 생태계는 지금까지 지구에서 발견된 생태계 중 유일하게 태양 빛을 에너지원으로 하지 않는 생태계다.

서식지의 변화

거센 폭풍이 숲을 지나간다. 개울 근처에 있는 너도밤나무는 비바람으로 인해 뿌리가 흔들리면서 쓰러지고, 그와 함께 주변의 작은 나무들과 덩굴들이 쓰러지면서 좁은 길이 난다.

비가 온 다음 날, 햇빛이 전날 새롭게 난 길로 쏟아져 들어오고, 그동안 큰 나무의 그림자에 가려 있던 어린 묘목들에게 햇빛이 비친다. 너도밤나무가 뿌리째 뽑히면서 드러난 비옥한 퇴적물은 비에 씻겨 초원까지 흘러 들어간다. 생물들을 죽게 하지만 또 다른 생물에게 살아갈 수 있는 기회를 주는 폭풍우와 같이, 매일 일어나는 서식지의 작은 변화는 자연계에서는 없어서는 안 될 요소다. 서식지는 자연 속에서 끊임없이 변하고 이동한다. 한편, 지난 몇 세기 동안 인간으로 인해 발생한 서식지의 급격하고 광범위한 변화는 많은 종들을 멸종의 위기로 몰아넣었다.

서식지의 손실 미국의 밀레니엄 생태계 평가Millennium Ecosystem Assessment에 따르면, 지구에 있던 초원의 반 이상이 농지로 변했으며 대부분의 세계 생태계들이 인간에 의해 바뀌었다고 한다. 끝이 없어 보이던 바다도

위 숲에서 쓰러진 나무는 서서히 토양으로 돌아간다. 한 생물의 죽음은 다른 생물이 성장할 수 있는 기회가 되기도 한다.
아래 캐나다 앨버타의 농지 풍경. 세계 초원의 많은 부분이 농경지로 바뀌었다.

인간의 영향을 받지 않은 해안 서식지를 찾기가 점점 더 어려워지고 있다. 해안가는 파도와 바람, 폭풍 그리고 상대적인 해수면의 상승으로 인해 생기기도 하고 없어지기도 한다.

오염과 마구잡이식 어획, 저인망 어선 그리고 온난화 현상으로 훼손되었다.

인간의 활동과 종의 멸종은 어떤 관계가 있을까? 지구 대지의 대부분은 현재 도로가 열십자로 놓이거나, 마을이나 교외, 도시들이 들어서고, 그도 아니면 농장 등으로 조각나고 있다. 숲은 농경지 개발과 건설 공사를 위해 벌채 및 개간되고 있다. 생물들의 서식지는 '서식지 섬'이 되어 버렸다. 이전에 포식자들을 피하거나, 먹이나 적당한 기후 조건을 찾아 자유롭게 이동할 수 있었던 종들이 지금은 인간 문명이라는 장벽 안에 갇혔다.

모든 서식지의 손실 상황이 똑같지는 않다. 늪지대와 열대우림 지역은 토양에 양분이 충분하지 않기 때문에 회복이 쉽지 않다. 연안가의 늪지대나 맹그로브나무 숲, 산호초들은 파괴되면 범람과 침식이 증가한다. 삼림이 파괴되면 대기 중의 온실 가스가 증가한다. 1장에서 논의했듯이, 최근까지 멸종의 가장 큰 원인은 사냥이었다. 하지만 지금은 서식지 감소가 그와 비슷하거나 그보다 훨씬 큰 위협이 되었다.

체커보드 생물을 보호하기 위해서는 얼마나 넓은 서식지가 필요할까? 작은 공원이 수없이 많이 있는 것이 큰 공원이 몇 개 있는 것만큼이나 유용할까? 분산된 서식지가 종들의 다양성에 장기적으로는 어떤 영향을 미칠까? 과학자들은 야생 생태계의 서식지 보존에 필요한 유용한 목표들을 세우기 위해서 앞선 질문들에 답할 수 있어야 한다.

보전생물학자 토마스 러브조이Thomas Lovejoy는 1970년대에 브라질에

벨리즈의 삼림에서 연기가 피어오르고 있다. 다우림 지역이 훼손되면 많은 종들이 멸종될 수 있다.

서 이 주제에 대해 집중적인 연구를 시작했다. 삼림 조각 프로젝트Forest Fragments Project라고 불린 이 연구로 많은 것을 알게 되었다. 바람은 작은 삼림 조각small forest fragment을 통과하면서 해당 지역을 건조시키고, 벌목 당시에 나타난 초기의 영향들은 시간이 지남에 따라 세분화되어 연쇄 효과들을 일으킨다는 등의 내용들이었다. 예를 들어 만일 숲의 개미들이 생존에 필요한 충분한 양의 양식을 찾지 못한다면 개미를 먹이로 하던 새들도 그 지역을 떠나야 할 것이다.

보전단체들은 한때, 지구의 생물 다양성을 유지하기 위한 최선의 방법은 그저 넓은 야생 생태계 지역을 인류의 영향으로부터 최대한 보호하는 것이라고 생각했었다. 그러나 수년간의 경험을 통해, 보호 계획에는 사람들이 생계를 꾸려가고 토지를 계속 이용할 수 있는 여지를 둘 필요가 있음을 깨달았다. 인간의 요구를 고려하지 않는 계획은 실시하기가 어렵기 때문이다.

생존 전략과 자기희생

왼쪽 어떤 종들은 위장으로 방어를 하는 대신에, 노란띠독화살개구리처럼 강렬한 색을 띠는 쪽으로 진화했다. 이러한 경우, 자연에서 '화려한 색깔'은 '독을 지닌 동물'이라고 생각된다. 이것은 일종의 경고 표시로, 이를 알아차린 포식자들은 다른 안전한 먹이를 찾는다.
위 꿀을 찾아 그 위치를 알리는 작업의 복잡성 때문에, 꿀벌들은 춤의 언어를 발달시켜야 했다.
아래 거미줄의 설계도는 처음부터 거미의 머릿속에 들어 있다.

독화살개구리poison dart frog는 별다른 위장을 하지 않는 대신에, 몸이 강렬한 노란색과 파란색, 오렌지색을 띤다. 선명한 색깔들은 포식자들에게 경고를 뜻한다. 즉, '나를 잡아먹지 마라!' 자연에서 아주 선명한 색깔과 죽음의 독은 어떤 연관이 있을까?

어떤 상황 때문에 거미가 거미줄을 만드는 기관인 실돌기spinneret를 발달시키고, 둥그렇게 거미줄을 치도록 머릿속에 유전적으로 프로그램된 것일까?

행동생태학behavioral ecology은 생물들의 생존 전략과 선택, 적응이 주변 동료 생물들과 무생물적 환경에 의해 어떻게 변하는지를 연구하는 학문이다. 생물의 생활에 대한 모든 면은 설명될 수 있어야 한다. 왜 기러기들은 대형을 이루며 이동할까? 또 어디에 둥지를 지을지를 어떻게 결정할까? 어떤 진화적인 힘이 짝짓기를 하게 했을까?

호기심은 몸을 그르친다는 속담이 사실이라면, 왜 큰흰상어great white shark에게 호기심은 성공적인 행동 전략이 되었을까? 아마도 큰흰상어들은 끊임없이 새로운 먹이를 찾아야 하기 때문일 것이다. 이유가 무엇이든 간에, 생물의 행동과 전략은 그 생물의 적응도fitness, 혹은 자손을 낳고 유전적 특징을 물려주는 능력에 따라 성공 혹은 실패로 판명 날 것이다.

먹이 사냥의 전략

도마뱀 한 마리가 햇볕을 쬐고 있다. 햇볕을 오래 쬘수록 몸은 더욱 따뜻하게 될 것이다. 햇볕은 변온 동물이 소화 작용과 물질대사를 활발히 하도록 도와준다. 그러나 햇볕을 쬐는 동안 도마뱀은 귀뚜라미나 굼벵이를 잡아먹을 수 없다. 도마뱀은 어느 정도의 시간을 햇볕을 쬐는 데 쓰고, 또 어느 정도를 먹잇감을 찾는 데 쓸까?

햇볕을 쬐는 것과 먹잇감을 사냥하는 것에 대한 비용과 이익을 분석하고, 이론적으로 도마뱀이 각 행동에 소비해야 하는 최적의 시간량을 결정하기 위해서 수학적 모델을 만들 수 있다. 여기에는 다음과 같은 요인들도 영향을 줄 수 있다. 먹이로부터 얻는 칼로리와 비교해서 먹잇감을 사냥할 때 얼마만큼의 에너지를 소비하는가? 도마뱀이 다른 생물의 먹잇감이 될 수 있다고 생각해 볼 때, 먹이를 구하는 것이 햇볕을 쬐는 것보다 위험한가?

그러나 도마뱀에게는 수학적 모델을 적용할 수 없다. 도마뱀은 경쟁과 환경 조건에 대한 반응들이 세대를 거쳐 발달하면서 형성된 행동 양식과 먹이를 얻는 전략을 따를 것이다. 이들 행동 양식과 전략은 유전자들을 통해 전해져 왔다.

먹이와 체격 도마뱀과 뱀의 원시 조상들은 숨어서 먹이가 지나가기를 기다렸다. 과학자들은 이

위 이구아나는 햇볕을 쬐어 체온을 올리는 시간과 먹이를 찾아다니는 시간을 균형 있게 조절한다. 일부 도마뱀은 진화를 통해, 찾기도 힘들고 위험하기도 하지만 영양분이 많은 전갈을 잡아먹을 수 있게 되었다.
아래 검은 전갈

들의 턱과 두개골의 구조를 보고, 초기 파충류들이 혀를 쑥 내밀어 작은 먹이를 잡았고, 움직임과 같은 시각적인 단서를 이용해 먹이의 위치를 파악했음을 알 수 있었다.

오늘날 도마뱀들은 먹잇감 사냥에 몇 가지 전략을 사용한다. 이구아나과에 속하는 동물은 먹이가 올 때까지 앉아서 기다리는 경향이 있다. 이 방법은 많은 에너지가 필요하지 않기 때문에, 이구아나과의 도마뱀들은 느린 물질대사를 하고 상대적으로 적은 칼로리를 섭취해도 된다. 이들은 상당히 천천히 이동하여, 한 장소에 모여 사는 개미나 흰개미 같은 먹이를 먹었을 수도 있다.

두 번째 전략은 광범위하고 적극적인 사냥이다. 도마뱀붙이gecko는 이리저리 움직이면서 활발하게 먹이를 탐색하고, 빠르고 끈끈한 혀를 이용해 사냥을 한다.

전갈이 사는 곳에는 일반적으로 전갈을 먹을 수 있는 제한된 수의 도

뉴칼레도니아산 도마뱀붙이(New Caledonian crested gecko)가 끈적끈적한 혀로 먹잇감을 사냥하기 위해 기다리고 있다. 도마뱀붙이는 활동적인 먹이 사냥 기술을 발달시켰다.

마뱀들이 살고 있다. 전갈은 영양분이 많지만 사냥하기가 어렵기 때문에 이들의 포식자는 특별한 기술이 있어야 한다.

신체적으로 도마뱀과 뱀은 먹이를 단단히 물어 토막 낼 수 있는 강한 턱을 갖도록 진화되어 왔다. 또한 적극적인 사냥꾼인 많은 도마뱀과 뱀은 먹이가 숨어 있거나 움직이지 않더라도 그것을 찾아낼 수 있는 감각 기관이 발달했다.

무리 활동 벌들은 개별적으로 꽃가루를 찾아 나선다. 정탐벌은 꿀nectar을 찾으면 다시 벌집으로 돌아와 먹이가 있는 위치와 거리를 상세하게 알려 주는 춤을 춘다. 이 춤은 심지어 먹이가 얼마나 맛있는지에 대해서도 말해 준다. 벌집에 있던 다른 벌들은 춤의 형태를 보고 정보를 이해하고, 곧 꿀이 있는 곳으로 날아가 꿀을 벌집으로 가지고 온다.

벌들은 협동적이고 사회적인 행동 양식으로 진화되었으며, 먹이를 채집하는 복잡한 작업으로 인해 춤의 언어를 발달시켰다.

무리 지어 사냥하는 육식 동물들은 다른 방법으로 협동한다. 예를 들어 늑대와 사자, 들개들은 먹이를 사냥하고 새끼들을 먹이기 위해 무리 활동을 한다. 사자들은 협동하여 새끼들을 키우는데, 암컷들은 새끼들이 성장하여 스스로 살아갈 수 있을 때까지 모든 새끼들을 함께 보호하고 보살핀다.

위 날씬한 북미 채찍꼬리도마뱀은 먹이를 찾는 범위가 넓다.
아래 사막 뿔도마뱀은 모든 종류의 개미를 먹는다. 이들은 가만히 앉아서 먹이를 잡을 수 있도록 통통하고 위장이 가능한 몸과 짧은 다리를 가지고 있다.

두 가지 전략

사진 속의 두 도마뱀은 전혀 다른 사냥 방법을 발달시켰다. 북미 채찍꼬리도마뱀(whiptail lizard)은 가늘고 민첩하며, 몸 양쪽으로 밝은 노랑 줄무늬가 나 있다. 이들은 딱정벌레, 메뚜기, 흰개미 등을 사냥하기 위해 넓은 지역을 돌아다닌다. 사막 뿔도마뱀(horned lizard)은 큰 배와 짧은 다리를 가지고 있는데, 그 모습이 탱크와 비슷하다. 이 도마뱀은 오로지 개미만 먹기 때문에 항상 앉아서 기다리는 전략을 사용한다. 이들은 천천히 이동하며, 위장 기술과 가시를 이용해 자신을 보호한다.

무리 지어 사냥하는 다른 육식 동물들처럼, 사자들도 사냥하고 새끼들을 먹이기 위해 무리 활동을 한다. 무리 중 어미사자들은 함께 새끼들을 보살피고 지킨다.

유전자 물려주기

성공적으로 가장 많은 자손을 낳는 개체는 자신의 유전자를 미래의 세대들에게 전해 주게 된다. 이는 곧 이성을 유혹하고 자손을 낳는 개체의 능력을 강화시키는, 외모나 행동 양식 혹은 화학적 신호와 같은 어떤 유전적 특성이 다음 세대에게 전해질 수 있음을 뜻한다. 비록 그것이 생존이나 신체적인 힘과 관련이 없을지라도 말이다.

동물들의 짝짓기는 공격적인 것부터 날아다니면서 행해지는 것까지 매우 다양하다. 어떤 개구리들은 암컷 없이 수정이 일어나기도 한다. 각 종들의 생태학적 환경은 짝짓기 전략에 영향을

준다.

많은 식물들의 경우, 씨앗을 분산시키는 모습이 해양 무척추동물들이 바다에 새끼들을 풀어 좋은 보금자리를 찾아가도록 하는 것과 비슷하다. 예를 들어, 북미의 민들레와 같은 일부 식물들은 유성 생식을 거치지 않고 자신들의 DNA를 물려준다. 많은 식물들도 동물처럼 냄새, 모습 그리고 비록 적극적이지는 않지만 행동을 이용해, 자신들의 DNA를 미래 세대에게 전해 주려고 노력한다.

꽃들의 번식 전략 꽃식물들은 수분 매개자pollinator들과, 자연 선택을 통해 많은 성공적인 관계를 형성하면서 공진화coevolution해 왔다. 꽃들은 곤충들뿐만 아니라 새, 심지어는 박쥐와도 적극 협력한다.

꽃의 색깔과 모양, 꽃 피는 시기, 장소, 향기는 일부 수분 매개자한테는 유인책이 되지만, 다른 것들한테는 방해요인이 된다. 토끼풀이든 사과 꽃이든, 어떤 꽃이 같은 종의 꽃들을 많이 찾아다니는 벌을 유인할 수 있다면, 수분이 이루어질 확률은 높아진다.

수분 매개자와 밀접한 관계를 형성하기 위한 또 다른 방법은 이들에게 꼭 맞는 형태를 갖추는 전략이다. 생물학적인 형태를 연구하는 학문을 형태학morphology이라고 한다.

어떤 꽃이 어느 특정한 생물의 부리나 주둥이에 완벽하게 들어맞는다면, 꽃과 수분 매개자 모두에게 이익이 된다. 어떤

위 아프리카 꿀벌이 꽃을 수분시키고 있다.
아래 꽃식물들은 새나 벌들과 같은 수분 매개자들과 친밀한 관계를 형성하도록 발달했다. 꽃은 색깔이나 모양, 향기로 수분 매개자들을 유인한다.

새나 나비는 어떠한 경쟁도 없이 특정한 꽃의 꿀을 독점적으로 취한다. 수분 매개자는 그 보답으로 그 종의 식물에 대해서만 매개 역할을 한다.

남미에서는 8,000여 종에 가까운 꽃식물들이 오로지 벌새hummingbird에 의해서만 수분되고 있다. 벌새에 의해 수분되는 꽃들은 보통 붉은색을 띠어 낮에 찾기 쉽고, 꿀이 있는 중심에 긴 관이 있으며, 향기가 없다. 긴 관과 향기가 없는 특징은 곤충들이 이 꽃을 수분시키기 어렵게 하며, 오직 벌새들의 특별한 재능에만 맞추어 진화해 온 결과다.

씨의 퍼짐 씨의 퍼짐은 식물계의 또 다른 생식 전략 중 하나다. 식물들은 보통 바람, 물, 동물 그리고 중력을 이용해 씨를 퍼뜨린다. 민들레의 씨는 바람에 날려 퍼진다. 어치blue jay는 산딸기류를 먹고 그 씨를 초원에 배설한다. 도토리는 임상에 떨어져 구르거나 아래쪽으로 씻겨 내려가 봄이 오기 전까지 동면 상태로 있다. 코코넛은 바다 물결을 타고 멀리 흘러간다. 또 어떤 식물들은 꼬투리를 폭발적으로 터뜨려 씨를 모체로부터 멀리 퍼뜨리는 기계적인 방법을 이용한다.

일부 식물들은 씨를 퍼뜨리는 매우 정교한 전략을 가지고 있다. 예를 들어, 쥐엄나무honey locust는 뾰족한 가시들 위에 먹을 수 있는 꼬투리를 둔다. 이 나무가 진화해 온 환경을 보면, 오직 매머드mammoth만이 이 나무의 높은 곳에 있는 꼬투리를 먹을 수 있었다. 쥐엄나무의 딱딱하고 넓적한 씨가 발아하려면, 초식 동물이 이를 먹고 소화시켜 배설하는 과정이 필요하다. 그러므로 쥐엄나무는 선호 분산자disperser였던 매머드와 함께 진화를 했다. 그러나 매머드가 멸종된 지 수천 년이 지난 지금에도 쥐엄나무들은 북미에서 발견된다. 이 나무는 여전히 위협적인 방어용 가시를 가지고 있지만, 새들이나 소떼 또는 작은 포유류에 의존해 지금도 씨를 퍼뜨리고 있다. 쥐엄나무의 성공 열쇠는 씨앗을 퍼뜨릴 때 보여 주는 유연성에 있다.

일부 식물들은 수분 매개자들을 유혹하기 위해서 강렬한 유인책을 쓴다. 라플레시아 꽃은 썩은 고기 냄새를 퍼뜨려 파리들을 유인한다.

난초와 말벌

대부분의 꽃들은 수분 매개자에게 꿀을 제공하지만, 몇몇 난초(orchid)는 가벼운 속임수를 사용한다. 호주에서 처음 발견된 난초과에 속하는 칠로글로티스(Chiloglottis)는 꿀을 제공하는 대신에, 짝짓기에 임박한 암컷 말벌이 분비하는 페로몬을 흉내 내어 유사 물질을 방출한다. 거기다 꽃의 어떤 부분은 암컷 말벌과 모양이 닮도록 진화하여, 수컷 말벌은 난초로 돌진하여 짝짓기를 시도하고 그때 꽃가루가 묻어 수컷 말벌이 다른 꽃으로 이동하면서 결과적으로 수분 매개자 역할을 하게 된다.

다른 식물들도 수분 매개자를 끌기 위해 의태(mimicry)를 한다. 잘 알려진 예로는 세계에서 가장 큰 꽃인, 인도네시아 열대우림 지역의 원주민들이 라플레시아 또는 시체꽃이라고 부르는 식물을 들 수 있다. 이 꽃은 수분 매개자인 파리를 유혹하기 위해 썩은 고기 냄새를 풍긴다. 식물들의 의태는 방어 기제가 될 수도 있다. 남아프리카의 다육 식물인 리숍(lithop)은 동물들이 모든 종류의 잎이나 잔가지를 먹어 치우는 거친 사막에서 생존하기 위해서 돌과 비슷해 보이도록 진화했다.

어떤 꽃들은 모양과 색깔이 벌새들만이 수분시킬 수 있도록 발달되었다. 이러한 꽃들은 보통 색이 붉어서 찾기가 쉽다. 꽃 가운데 있는 깊은 관에서는 향기가 없는 꿀이 분비되어, 곤충들은 이 꽃을 수분시키기 어렵다.

무리 짓기

물고기 떼가 우아하게 바닷속을 헤엄쳐 가다가, 갑자기 섬광과 같이 흩어지면서 줄행랑을 친다. 이 중 대략 5 % 정도만이 자신들의 무리가 어느 방향으로 갈지를 결정한다. 대부분의 물고기들은 그저 동료들과 함께 있으려고 따라갈 뿐이다.

마사이마라 초원에서 큰 무리를 이뤄 다니는 누wildbeest나, 이 누의 머리 주위에 떼 지어 다니는 각다귀들은 둘 다 무리 짓기herd mentality라는 동일한 법칙을 따른다.

무리를 형성해 다니면, 각 개체가 포식자로부터 보호될 수 있다. 무리의 개체들이 의도적으로 서로를 도와주는 것은 아니다. 전체로 봤을 때는 누군가의 희생이 있겠지만, 각 개체로 봤을 때는 잡아먹힐 확률이 줄어들고 다른 이들이 찾은 먹이를 함께 먹을 수 있기 때문에, 이들은 떼를 지어 다닌다.

과학자들은 무리가 어디로 가며 또 왜 가는지를 무리의 대부분이 알 필요가 없다는 것을 알게 되었다.

무리는 보다 많은 리더들에게서 얻는 이익 못지않게 소수의 리더들로부터 이익을 얻는다. 동물의 무리는 가능한 한 소수의 리더들을 세운다. 리더는 보다 복잡한 과제를 수행하는데, 이때 리더들은 에너지를 사용하며 위험에 노출된다. 이들을 따르는 개체들은 위험에 노출될 가능성이 낮은 편이다. 개체들은 단지 서로 가까이 붙어 있기만 하면 된다.

학습 능력 무리를 이루는 동물들이 평생에 걸쳐 서로에게 의지해 여러 가지 결정들을 내리며 생활을 하는 반면, 어떤 생물은 태어나는 순간부터 독립적으로 행동해야 한다. 쐐기벌레에서 개구리에 이르기까지 많은 생물들은 부모를 보지 못하는 것은 물론, 스승과 같은 존재를 만나지도 못한다.

새들의 새끼 중에는 부화 후 바로 독립하거나precocial 혹은 부화 후 어미 새가 돌보아야 하는altricial 것이 있다. 닭이나 오리와 같은 조성조precocial의 새끼들은 알에서 부화한 직후부터 눈을 뜨고 걸어 다닐 수 있다. 검은방울새goldfinch나 개똥지빠귀robin와 같은 만성조altricial의 새끼들은 매우 불안정한 상태로 태어난다. 날거나 걷지 못하고, 대부분 털이 없는 상태로 태어나며, 눈은 감고 있다.

양쪽 모두 장단점이 있다. 만약 한 방법이 '최상'이었

위 쐐기벌레는 부모로부터 배우는 것이 거의 없다.
아래 케냐의 야생 물소들처럼 동물들은 무리 지어 이동한다. 수가 많은 것이 안전하기 때문이다. 이들이 포식자에게 잡아먹힐 위험은 줄어든다.

다면, 모든 새들이 그 방법을 택했을 것이다.

조건화 학습은 적응도fitness와 밀접하게 연관되어 있다. 생물학에서 '적응도'는 번식의 성공을 의미하며, 최대의 자손을 생산할 수 있는 개체가 '최상의 적응도fittest'를 보이는 것이다. 학습은 한 생물이 경험을 바탕으로 행동을 변화시켰을 때 이루어진다. 조건화conditioning는 실험실에서 쥐가 파란색 단추를 누르면 먹이를 받을 수 있다고 기대하는 것처럼, 어떤 생물이 어떤 행동의 결과, 보상이 주어질 것이라고 기대할 때 일어난다. 야생에서 조건화는 삶의 일부분이다. 야생 쥐는 거주하는 굴 근처 어디에서 최상의 먹이를 찾을 수 있는지를 빠르게 학습할 것이다.

과학자들은 많은 동물들, 심지어는 상어들까지도 예상 가능한 행동을 하도록 길들일 수 있고, 조건화의 기억을 오랫동안 지속시킬 수 있음을 발견했다. 그들은 특정한 꽃이 피면 특정한 먹이를 얻을 수 있다는 것을 아는 것과 같이, 서로 상관없어 보이는 두 물체나 상태를 서로 연관 지을 수 있도록 학습할 수도 있다. 먹이를 찾고 위험으로부터 벗어나는 성공적인 조건화는 적응도를 높이는 데 효율적인 전략이다.

학습의 또 다른 형태는 각인imprinting인데, 이는 새로 태어난 새나 다른 동물들이 태어나서 처음 보는 생물을 부모라 믿고 따라다니며 그들과 똑같이 행동하는 것을 말한다. 거위 새끼는 보통 거위들을 보면서 각인한다. 그러나 만약에 태어나자마자 처음 본 것이 사람이라면, 이 거위 새끼는 그 사람을 따라하게 되고 다른 거위들을 무시할 것이다.

인지나 사고는 학습의 세 번째 유형이다. 이를 위해서는 두뇌가 발달되고 특정한 신경망이 구성되어 있어야 한다.

위 새끼 거위들은 각인에 의해 학습을 한다. 새로 태어난 거위들은 처음 보는 대상을 부모라고 믿고 그 동물을 따라다니며 행동을 따라한다. 인간은 세 가지 학습 형태 중 인지 능력을 가지고 있다. 우리의 뇌 속에 있는 특정한 신경망이 인지 능력을 가능하게 한다.
아래 새끼 거위들의 각인에 의한 학습과는 달리, 상어들은 조건화에 의해 학습한다. 그들은 특정 행동과 그에 따른 보상을 연관시킨다.

동물들은 생각할 수 있을까?

일부 바우어새bowerbird의 수컷은 오로지 암컷을 유혹하기 위해서 푸른빛이 감도는 공간을 꾸민다. 또 다른 바우어새는 굽은 잔가지로 커다란 아치를 만들거나, 장식된 어린 나뭇가지 두서넛으로 둘러싸인 길을 만들기도 하는데, 이를 메이폴바우어maypole bower라고 한다. 호주 바우어새의 장식은 배우자를 유혹하고 암컷이 미래에 대해 안심할 수 있도록 하기 위한 것이다. 하지만 암컷 역시 미적인 면을 추구할까? 이 새들이 표현하는 독특한 취향은 놀랍기만 하다.

동물의 생각하는 능력은 연구자들 사이에서 논의되고 있는 주제다. 왜가리heron는 피라미minnow를 잡기 위해 물에 잔가지 조각들을 미끼로 떨어뜨린다. 침팬지들은 때때로 통나무 속에 있는 흰개미들을 꺼내 먹기 위해 나뭇가지를 사용한다. 이 동물들은 독창적인 생각을 이끌어 내기 위해 정보를 이용할 줄 아는 것일까?

동물들은 수동적이거나, 수줍어하거나, 공격적인 성격 유형을 보이는 것으로 알려져 있다. 수족관에 있는 문어들은 관중들이 다른 물고기에 관심을 보이면 질투심을 표출하는 것처럼 보이고, 초파리의 경우는 한

위 리젠트 바우어새(regent bowerbird) 수컷은 짝짓기 상대를 유혹하기 위해서 몸의 색깔을 가지각색의 노란색조로 꾸미는 것으로 알려져 있다. 이러한 행위들이 동물들도 생각할 수 있다는 증거가 될까? 만약 그렇다면 이것은 어떤 생태학적 이점을 줄 수 있을까?
아래 문어들은 한바탕 시샘을 표현하는 것으로 알려져 있다.

마리가 다른 초파리들을 제치고 바나나를 독식할 수도 있다.

과학자들은 동물의 뇌 기능 중 어떤 면이 학습되고, 어느 것이 생물학적으로 바탕이 되며, 어떤 성공적인 번식의 이점들이 사고를 통해 만들어졌는지를 이해하기 위해서 동물들의 생각을 부분적으로 연구하고 있다.

이 주 철새들의 이주는 감탄을 자아내게 하는 놀라운 자연 광경이다. 이주는 위험하고 힘들지만, 미국에 사는 670여 종의 새 중 500종 이상이 계절에 따라 여행을 한다. 봄이 되면 새들은 먹을 것이 풍부한 북쪽으로 이동하고, 가을이 되면 겨울을 나기 위해서 따뜻한 남쪽으로 이동한다. 철새들은 한 번에 약 90시간을 비행한다. 북극제비갈매기는 이주에 있어서 챔피언이라고 할 수 있는데, 이들은 매년 약 32,186 km를 여행한다.

철새들의 생리적 현상은 계절에 매우 민감하다. 이주 시기가 다가오면 새들은 몸에 지방을 비축하여 몸무게가 2배로 불기도 한다.

풍부한 먹이를 구하는 것 외에도, 이주는 철새들에게 또 다른 생태학적 이점을 준다. 포식자들은 먹이가 되는 특정한 새들이 일 년 내내 한곳에 있지 않으면, 먹이가 되는 그 새에 대해 '전문성'을 키우기 어려워진다.

건강과 새소리 약 9,700여 종의 새들은 놀랍도록 다양한 소리를 낸다. 이러한 소리는 위험을 알리거나 영역을 나타내거나 짝짓기 상대를 유혹할 때 쓰인다. 수컷의 노래 실력은 수컷의 건강 상태와 아버지로 적합하다는 사실을 표현하는 것일 수 있다. 그리고 간혹 새들은 그저 재미로 노래를 부르는 듯하다. 호주의 금조lyrebird는 사람의 연주에 맞춰 노래를 부르는 모습을 보이기도 했다.

인간의 언어 학습 능력이 기본 능력인 것처럼, 새들도 노래를 학습하는 두뇌 회로brain wiring를 유전적으로 가지고 있다. 그러나 실제의 노래는 보통 부화 후 처음 몇 달 동안 최소한 부분적으로 학습되며, 때로는 여기에 지방 '방언'이나 장식적인 요소가 더해지기도 한다.

새들은 성장하고, 이동하고, 먹이를 얻는 방법을 배워야 하는 등, 생애 초반에 해야 할 일들이 매우 많다.

많은 새들이 계절에 따라 먹이가 풍부한 곳을 찾아 이동한다. 또한 이동을 하면 포식자들이 해당 새에 대해 전문가가 되기 어려운 이점도 있다.

카멜레온은 환경에 맞게 마음대로 색을 바꿀 수 있다. 이런 능력이 있는 동물들은 주변 환경에서 단서를 얻는다.

색 바꾸기

생태학적 이점을 갖는 또 다른 행동 특성으로 생물이 자기 의지에 따라서 색깔을 바꾸는 것이 있다. 카멜레온은 주위 환경에 맞추어 자신을 위장한다. 갈색 나뭇가지에 있을 때는 갈색으로, 녹색 줄기 위에 있을 때는 녹색으로 위장한다.

몇몇 물고기들도 위장을 위해서나 활동이 가장 많은 시기에 색깔을 바꾼다. 에인절피시나 개복치(sunfish)처럼 오징어도 놀라거나 흥분하면 하얗게 색이 변한다. 빨간 피그미문어는 방해를 받으면 빨간색으로 변한다. 색깔을 바꾸는 것은 환경에서 얻은 단서가 생물의 몸에 화학적 반응을 일으키게 한다는 것을 보여 주는 좋은 예다.

자기희생

진화론적 관점에서, 다른 생물을 위해 자신의 번식 기회를 희생하는 생물은 유전자 풀에서 빨리 사라질 것처럼 보인다. 그러나 많은 동물들이 실제로는 이러한 자기희생의 행동을 보이고 있다.

군대개미의 집단에서는 수천 마리의 개미들이 자신들의 번식 기회는 뒤로 한 채, 한 마리의 여왕개미를 위해서 모든 노력을 다한다. 대개 여왕개미의 유전 형질만이 다음 세대로 전해진다. 꿀벌들 역시 이와 유사한 사회 방식으로 진화했으며, 대부분의 개체가 스스로는 번식하지 않고 친족 관계에 있는 여왕벌을 위해 헌신하는 자기희생적 사회 구조를 형성하고 있다.

곤충들의 이러한 행동 특성은 보통 여왕벌과 일벌들의 가까운 유전 관계에서 유래한다. 대부분의 곤충에서 성이 결정되는 방법 때문에, 암컷 일개미들은 유전자의 4분의 3을 자매들과 공유하고 자손들과는 단지 2분의 1만을 공유한다.

그래도 이 혈연관계 이론은 곤충들의 이타주의를 설명하기에 불충분한 것으로 드러났다. 때문에 아주 큰 보금자리를 짓는 데서 오는 혜택과 같은 다른 요인들을, 이타주의를 설명하는 데 도입해 보아야 할 것이다.

등이 붉은 동족 포식자들 자기희생에 대한 최고의 이야기는 다소 섬뜩한 호주의 점박이독거미redback spider에 관한 이야기다. 독거미black widow의 친척격인 점박이독거미는 몸집은 작지만 날카로운 입을 가지고 있으며, 주로 도심이나 도시 외곽 지역에 산다. 이들은 짝짓기를 할 때 수컷이 자신의 배를 비틀어 암컷의 송곳니 쪽으로 가져다 대는데, 그러면서 짝짓기 중에 약 60 % 이상의 수컷이 암컷에게 잡아먹힌다.

수컷 점박이독거미가 짝짓기 중 잡아먹힐 때 이들의 교배 성공률은 높아진다. 과학자들은 수컷 점박이독거미의 80 % 이상이 짝짓기 상대를 찾지 못한다고 한다. 점박이독거미의 자기희생의 행동은 어쩌면 수컷이 짝짓기 상대를 한 번 이상 만나기 어렵기 때문이거나, 아니면 물리적으로 새끼를 낳을 수 있는 능력이 한 번밖에 없기 때문에 생겨난 것인지도 모른다. 그 이유가 무엇이든 간에 수

위 큰어치가 자신의 영역에서 주위를 둘러보고 있다. 어치들은 먹이와 짝을 확보하기 위해서 영역을 지키며 경쟁적인 행동을 보인다.
아래 사람들은 꿀벌들이 보이는 자기희생적 행동의 근원을 여왕벌과 일벌들 사이의 가까운 유전적 관계에서 찾았다.

침팬지들은 가끔씩 이타심에서 나온 듯한 행동을 하는 보기 드문 종이다. 사냥 후 먹이를 나누는 과정에서 그들은 사냥에 전혀 기여를 하지 않은 일원들에게도 먹이를 나누어 준다. 그러나 이러한 먹이 분배는 무리 속의 지위와 연장자를 인정하는 방식으로도 보이기 때문에 어쩌면 조건 반응일지도 모른다.

컷의 이런 극단적인 태도는 한 종이 자원이 부족한 환경에, 이 경우는 암컷이 부족한 환경에 어떻게 적응하는지를 보여 준다.

사회적 상호 작용 자기희생처럼 경쟁적인 행동도 근본적으로는 부족한 자원에 대한 쟁취와 관련이 있다. 만약 먹이나 짝짓기 상대가 풍부했다면, 큰어치blue jay는 영역을 표시한다거나 같은 종의 침입자로부터 자신의 영역을 지키기 위해 시간을 쓸 필요가 없었을 것이다. 만약 암컷들이 충분했다면 수컷 공작들은 화려한 깃털과 꼬리를 흔드는 구애의 춤을 추지 않았을 것이다.

사회적 행동은 다양한 의사소통의 방식과 관련이 있다. 여기에는 장난을 치는 것부터 싸우는 것까지, 소리로 경고하는 것부터 공들여 구애의 춤을 추는 것까지 포함된다. 시각적인 것에 익숙하지 않은 대부분의 동물들은 냄새와 페로몬을 이용해 잠정적인 배우자나 먹이가 있는 곳에 대해 정보를 교환한다. 많은 동물들이 밤에도 활동할 수 있는 이유 중 하나가 페로몬에 의존하기 때문이다.

드문 경우이지만, 침팬지가 사냥 후에 사냥에 참여하지 않았던 다른 침팬지들에게 고기를 나누어 주는 것과 같이 동물들도 친절을 베푸는 행동을 할 때가 있다. 이러한 침팬지의 고기 분배는 무리 내 지위나 연장자를 인식하는 방식으로 보인다. 이타주의로 보이는 이 행동은 먹이를 나누지 않았을 때 나타나는 불쾌한 결과에 대한 조건 반응으로 생겨났을지도 모른다.

생식 전략

생물들이 생식을 하는 방식은 다양하다. 몸을 둘로 나누거나 몸 일부에서 완전히 새로운 것을 만들어서 자신을 복제할 수도 있다. 이들은 단위 생식 parthenogenesis을 하기도 하는데, 암컷이 낳은 알이 수정하지 않고 발생하고 자식들에게 약간의 변이만 일어나기 때문에 무성 생식 asexual reproduction의 한 형태로 볼 수 있다. 생물들은 또한 유전 물질을 다른 개체와 교환하는 유성 생식 sexual reproduction을 할 수도 있다. 세균에서부터 인간에 이르기까지 많은 생물들이 유성 생식을 하지만, 이 과정이 성공적인 진화인지에 대해서는 의문이다. 선두적인 한 이론은 성sex이 기생충이나 질병을 이겨 낼 수 있도록 도와주는 개체 군의 변이성을 생산한다고 말한다. 실제로 유성 생식이나 무성 생식을 둘 다 할 수 있는 동물들은 기생충이 많은 환경에서 유성 생식으로 번식하려고 한다.

위 난자를 향해 헤엄쳐 가는 정자들을 그린 그림
가운데 옥잠화의 새싹이 봄이 왔음을 알린다. 많은 동식물은 영양분이 풍부한 시기에 태어난다. 식물은 봄에 풍부한 물과 햇빛을 쉽게 얻을 수 있다.
아래 회색곰 암컷은 매 짝짓기 시기마다 몇몇 수컷들과 교배하여, 자신의 새끼들이 좋은 유전자를 가질 수 있는 확률을 높인다.

생활사

생활사 life history는 한 생물이 다음 세대로 이어지는 과정이다. 유성 생식을 하는 생물에서도 번식 시기와 새끼들의 수, 자식이 부모로부터 받는 영양분이나 보살핌의 정도는 매우 다양하다.

환경은 생식 전략의 진화에 영향을 미친다. 예를 들어 식물뿐만 아니라 많은 동물들은 계절에 따라 생식을 하기 때문에, 새끼는 먹이가 풍부해지는 시기 식물의 경우, 물과 햇빛이 풍부한 시기에 태어난다.

환경의 변화는 예상되는 먹이 공급과 생식 시기의 관계에 큰 영향을 미칠 수 있다. 예를 들어, 기후 변화는 먹이 공급을 변화시켜 생식 전략에 방해를

줄 수 있다. 영국의 알락딱새pied flycatcher는 떡갈나무에 둥지를 틀고, 자신의 새끼들과 같은 시기에 부화한 떡갈나무에 있는 풀쐐기들을 새끼들에게 먹인다. 그러나 최근의 온화한 기후 때문에 알락딱새가 서식하는 떡갈나무는 잎이 빨리 돋기 시작했고 딱새의 새끼가 부화하기도 전에 풀쐐기들이 부화하여, 딱새 새끼들에게 공급되던 기본적인 식량 자원의 공급에 문제가 생겼다.

생활사의 진화 분야는 개체의 적응도를 높이는 거래tradeoff 및 상관관계와 그로 인해 많은 자손을 낳을 가능성에 대해 탐구하는 것이다. 예를 들면, 포식자의 위험으로부터 보호받을 필요성과 유전적 다양성의 진화적 이점 사이에는 거래가 존재한다. 짝짓기 기간 동안 한 상대를 찾는 암컷 개똥지빠귀나, 평생 동안 한 마리만을 짝짓기 상대로 선택하는 늑대들은 상대로부터 새끼들을 보호받고 먹이를 얻는다. 반면, 암컷 곰 한 마리는 매년 몇몇 수컷들과 교배하여, 새끼들에게 최고의 유전자를 물려줄 확률을 높인다.

어떤 동물들은 현지 환경에 따라 생식이 매우 천천히 일어나며, 생식을 할 수 있는 성체가 되는 데 오랜 시간이 걸린다. 예를 들어, 호수에 사는 물고기들은 개체 수가 많을 경우에 알을 더 적게 천천히 낳는다.

엄마 수염고래(baleen whale)와 새끼 고래가 플로리다 해안 근처에서 헤엄치고 있다. 고래들은 K-전략가로 알려져 있다. 그 이유는 그들이 상대적으로 적은 수의 새끼를 낳지만, 많은 시간과 에너지를 투자하여 새끼를 키우기 때문이다. 인간이나 늑대와 같은 큰 동물들은 번식을 위해 K-전략을 택하는 경우가 많다. 적은 수의 새끼를 낳는 K-전략가들은 잉태 기간이 길고 안정적인 환경에서 새끼를 양육한다. 'K'는 '환경 수용력(carrying capacity)'에 대한 수학 기호다.

검은 바퀴벌레는 빠르게 번식하기 때문에 r-전략을 택하는 것으로 생각된다. 'r'은 '생식률(rate of reproduction)'을 나타낸다. r-전략가들은 새끼를 많이 낳아서 자신들의 낮은 생존율을 보완한다.

자원의 배분

많은 과학자들은 생식 전략이 결국에는 자원의 배분 문제라고 말한다. 생물학적으로 크기가 큰 새끼는 새끼 수가 적음을 뜻하고, 많은 수의 새끼를 낳는 것은 새끼들이 작고 약하다는 것을 뜻한다. 그러나 이 상반된 두 전략 모두, 어미당 새끼들이 살아남을 확률은 거의 비슷하다.

바퀴벌레cockroach와 같은 동물들은 많은 새끼들을 낳아서, 새끼를 보살피는 데 에너지를 거의 소비하지 않는다. 이것을 r-전략이라고 한다. 늑대나 고래, 곰과 같은 동물들은 새끼들을 적게 낳아서, 그들이 생존할 수 있도록 많은 시간과 에너지를 투자한다. 이것을 K-전략이라고 한다.

r-전략과 K-전략 이론은 한때 종들의 생존 성공열쇠로 여겨졌다. 그러나 지금은 이러한 생식 전략이 자원 배분의 거래와 장기간 종들의 성공적인 생식에 영향을 미치는 많은 요인들 중 일부로 받아들여진다.

훌륭한 서식지는 생물종들이 장기간 성공적으로 생존할 수 있게 해 주는 또 다른 중요 요인이다. 만약 먹을 것이 충분하지 않고 장소가 안전하지 못하면, 새끼들은 몇 마리가 태어나든지 어려움에 처할 것이다.

유전과 행동

찰스 다윈은 만약 유전적 변이가 존재하고 어떤 변종이 다른 것들보다 번식하는 데 성공적이라면 진화, 즉 세대를 걸친 변화는 피할 수 없는 것이라고 가정했다. 외형적인 특징들처럼, 행동도 유전된다. 이것은 한 종의 모든 개체들이 비슷한 행위를 보이는 사실에서 알 수 있다.

모든 개똥지빠귀들은 비슷한 모양의 둥지를 틀지만 피리새weaverbird들의 둥지와는 다르다.

유전자가 행동의 특성을 결정한다는 또 다른 증거로, 유연관계가 가까운 종은 비슷한 행동을 보인다는 것을 들 수 있다. 예를 들어, 모든 해마seahorse종들은 수컷들이 새끼를 돌보지만, 고양잇과에 속하는 것들은 그렇지 않다.

만일 행동이 유전적으로 결정된다면, 성공적인 행동 특성을 가진 개체는 자신의 더 많은 유전자를 다음 세대에게 넘겨 줄 것이고, 행동은 그 유전자를 통해 전달될 것이다. 동아프리카의 피리새 무리 중 일부 작은 종들은 다섯 마리까지 한 둥지에서 잠을 잔다. 이러한 행동은 새들이 체온을 유지하는 데 도움이 된다. 공동으로 사는 피리새 무리들은 둥지를 망가뜨릴 수 있는 장맛비에 대비해, 이웃 둥지들까지 덮을 수 있는 상당히 긴 지붕을 만든다. 이러한 협동적인 행동을 하는 것이 피리새들에게 진화적으로 유리했을 것이다.

건 강 유성 생식은 기생충과 질병을 이겨 내기 위해서 진화했는지도 모른다. 꼬리가 더 밝고 큰 공작일수록 새끼가 더 빨리 성장하고 오래 살며, 또 덜 매력적인 수컷의 새끼들보다 더 강한 면역력을 가지고 있다. 공작의 꼬리는 미적인 아름다움뿐만 아니라 유전자적 적응도를 나타내는 것이다.

암컷 도요새snipe는 집단 구혼장에 모인 많은 수컷 중에서 한 마리를 선택한다. 짝짓기 이후에 수컷은 그 어떤 부양도

위 수컷 공작이 암컷을 유혹하기 위해 화려한 색깔의 깃털을 보여 준다. 크고 밝은 색의 꼬리를 가진 공작의 새끼가 더 빨리 자라고 더 오래 사는 것으로 알려졌다.
가운데 두 마리의 개똥지빠귀 새끼들이 둥지에 있다.
아래 피리새가 둥지를 틀고 있다. 개똥지빠귀와 피리새가 둥지를 트는 방법은 서로 다르며, 이는 행동이 유전자의 지배를 받음을 나타낸다.

하지 않기 때문에, 이 경우 우월한 유전자를 찾는 것이 암컷이 누릴 수 있는 최대한의 이득이 될 것이다. 한 실험에서 수컷 도요새에게 질병에 대한 예방 주사를 접종했다. 여기서 암컷은 예방 주사를 접종한, 높은 항체를 지닌 수컷을 선호하는 경향을 보였다. 아무런 신체적인 단서 없이, 암컷들은 수컷의 우월한 면역력을 감지한 것이다.

일부일처제 일부일처제인 초원 들쥐prairie vole는 평생 동안 한 배우자하고만 산다. 그들의 사촌격인, 저산지대 들쥐montane voles는 전혀 일부일처제가 아니다. 1970년대에 개체군 생물학자 로웰 게츠Lowell Getz는 초원 들쥐에 대한 연구를 했는데, 이것은 지금까지, 유전자가 어떻게 행동을 조절하는지에 대해 가장 잘 입증한 본보기 중 하나로 꼽는다.

성적으로 성숙했으나 아직 교미 경험이 없는 두 마리의 초원 들쥐가 서로의 페로몬 냄새를 맡으면, 그 후 유전적으로 프로그램된 일련의 일들이 일어난다. 초원 들쥐들은 저산지대 들쥐에게는 없는 특수한 수용체가 뇌에 있기 때문에 같은 종의 한 개체와 유대감을 형성할 수 있다.

뇌의 화학적 반응으로 일어난, 초원 들쥐의 몸의 변화는 일부일처제 행동 습성과 일치한다. 과학자들은 초원 들쥐가 일부일처제를 취하고, 보금자리를 만들고, 구역을 지키고, 새끼를 돌보게 하는 특정 유전자를 발견했다. 이 특정 유전자를 저산지대 들쥐에게 이식시키면, 저산지대 들쥐도 점차 초원 들쥐의 교배 습성이나 양육 방식을 따라하게 된다.

형제간의 경쟁 때로는 유전적으로 프로그램된 행동 특성이 꼭 좋은 것만은 아니다. 갈매기처럼 생긴 나스카 가마우지Nazca Booby는 멕시코부터 페루 일대까지 서식하며, 특히 갈라파고스 제도에 많이 서식한다. 나스카 가마우지는 한 번에 한 마리 또는 두 마리의 새끼를 부화시킨다. 만일 두 마리의 새끼가 부화되면, 처음에 태어난 새끼가 두 번째 새끼를 죽여 버린다. 과학자들은 이러한 악랄한 습성이 유전적이며, 여기에는 새끼가 조절할 수 없는 생리적 호르몬의 작용이 연관되어 있다고 말한다.

왼쪽 초원 들쥐는 평생 동안 일부일처제로 사는 독특한 특징을 보인다. 1970년대에 생물학자 로웰 게츠는 초원 들쥐의 뇌에서 일어나는 화학적 작용이 어떻게 일부일처제의 특징을 갖도록 하는지 보고했다. 과학자들은 동물들이 일부일처제로 행동하고 보금자리를 마련하도록 하는 특별한 유전자를 발견했다. 초원 들쥐의 사촌격인 저산지대 들쥐는 이러한 특정 유전자를 가지고 있지 않다.
오른쪽 나스카 가마우지와 같은 몇몇 동물들은 유전적으로 프로그램된 섬뜩한 행동을 보인다. 나스카 가마우지 새끼는 두 마리가 부화하면, 보통 첫 번째 새끼가 두 번째 새끼를 죽여 버린다.

생태학의 선구자들

조시아스 브라운 블랑케
(Josias Braun-Blanquet)
(1884-1980) 영향력 있는 스위스계 프랑스 식물 생물학자. 식생 분류에 대한 업적이 잘 알려져 있다. 식물 군락을 분류하는 취리히/몽펠리에 식물사회학 학교*를 설립했다.

레이첼 카슨(Rachel Carson)
(1907-1964) 미국의 자연 작가이자 해양 생물학자. 1962년에 《침묵의 봄(Silent Spring)》을 출판하여 환경에 대한 의식을 일깨우고, 미국 내 살충제 DDT의 사용을 금지시키는 데 일조했다.

찰스 다윈(Charles Darwin)
(1809-1882) 모든 생물학의 중심이 되는 진화론을 주장한 영국의 자연주의자. 다윈의 《종의 기원(The Origin of Species)》은 진화론적 생태학의 이론에 대한 기초를 제시했다.

실비아 얼(Sylvia Earle)
(1935-) 해양생태학자이자 자연보호 구역을 통한 해양 보존 주창자, 해양 생태계에 대한 선구적 연구자. 1965년에 출판된 《바다의 변화(Sea Change)》를 포함하여 여러 권의 책을 집필했다.

찰스 엘턴(Charles Elton)
(1900-1991) 자연환경에서의 생물체와 생태학의 일부로서의 동물 행동에 관한 선구적인 연구자. 먹이 사슬을 정의했으며, 《동물 생태학(Animal Ecology)》과 같은 권위 있는 책들을 집필했다.

제인 구달(Jane Goodall)
(1934-) 탄자니아에서 30년 넘게 침팬지를 연구한 동물학자. 행동생태학의 선구자이며, 유효한 공공 정책에 생태학 연구를 반영시킨 특사였다.

에벌린 허친
(G. Evelyn Hutchinson)
(1903-1991) 영국 출신으로, 육수학으로 알려진 담수 생태계 생태학 분야의 선구자. 지질학, 생물학, 물리학, 화학이 담수 생태계에서 어떻게 상호 작용하는지를 연구했다.

알렉산더 폰 훔볼트
(Alexander von Humboldt)
(1769-1859) 독일 출신으로, 세계를 여행하면서 식물과 기후, 고도, 지리의 관계를 연구한 인물. 1805년에 《식물 지리학에 대한 이해(Idea for a Plant Geography)》라는 책을 출간했다.

앙투안 라부아지에
(Antoine Lavoisier)
(1743-1794) 산소, 수소, 질소와 같은 원소를 발견한 프랑스의 화학자. 동식물의 호흡에 있어서 산소의 역할을 발견하고, 질량 보존의 법칙을 설명했다.

알도 레오폴드(Aldo Leopold)
(1887-1948) 미국의 야생생물 생태학자이자 《모래 군의 열두 달(A Sand County Almanac)》의 저자로, 자연계는 경제적 자원뿐만 아니라 협동과 보살핌이 필요한, 삶 전체를 지지하는 계라고 주장했다.

제인 루베첸코(Jane Lubechenco)
(1947-) 해양생태학자로 교육받은 루베첸코는 알도 레오폴드의 대지 윤리(Land Ethics)를 바다로까지 연장시켰다. 해양과 지구 온난화에 대한 공공 정책의 수립에 기여한 과학적 선도자가 되었다.

존 무어(John Muir)
(1838-1914) 영향력 있는 스코틀랜드의 자연주의자이자 시에라 클럽을 설립한 환경운동가. 시어도어 루즈벨트 대통령을 설득하여 미국 최초의 국립공원을 설립하도록 했다.

유진 오덤(Eugene Odum)

(1913-2002) 최초의 생태학 교과서 《생태학의 기초(*Fundamentals of Ecology*)》를 집필한 교수. 생태계에 대한 오덤의 접근은 생태계를 구성하는 모든 생물과 무생물의 상호 의존에 초점을 맞추었다.

비어트릭스 포터(Beatrix Potter)

(1866-1943) 유명한 동화 작가로, 균류와 이끼에 대한 과학적 삽화를 연구하고 그렸다. 그녀의 연구는 1897년에 런던 린네 소사이어티(Linnean Society of London)에서 소개되었다.

대(大) 플리니우스(Pliny the Elder)

(23-79) 로마의 고전학자로 《박물지(*Historia Naturalis*)》라고 불리는, 자연 세계에 대한 37권의 백과사전을 집필했다. 이 책은 식물학에서부터 의학, 농학, 지리학에 이르기까지 많은 분야를 다루고 있다.

빅터 어니스트 셸퍼드 (Victor Ernest Shelford)

(1877-1968) 미국의 군집생태학자이자 초대 생태학회장. 인디애나 모래언덕의 천이를 연구했다. 그의 연구는 찰스 엘턴의 먹이 그물에 대한 연구에 영향을 주었다.

에두아르트 쥐스(Eduard Suess)

(1831-1914) 오스트리아의 지리학자. 생물권이라는 개념을 창출하고 수권(물), 지각(암석), 대기권(공기)에서 생물에게 필요한 조건을 정의했다.

로버트 T. 페인(Robert T. Paine)

(1933-) 군집생태학자. 북서 태평양의 불가사리에 관한 연구에 처음으로 핵심종이라는 개념을 도입했다. 이 개념의 가장 유명한 예는 '수달-성게-켈프의 삼각관계' 일 것이다.

헨리 데이비드 소로 (Henry David Thoreau)

(1817-1862) 《월든(*Walden*)》의 저자이며, 자연을 가까이한 단순한 삶을 주장했다. 야생지의 가치 및 대지와 조화를 이루는 '느긋하게 사는 삶' 이라는 생각을 사람들에게 일깨워 주었다.

앨프리드 러셀 월리스 (Alfred Russel Wallace)

(1823-1913) 영국의 자연주의자로, 찰스 다윈과 함께 진화생물학을 공동 창시했으며, 생물지리학 분야 또한 창시했다. 《동물의 지리학적 분포 ․․》를 집필했다.

길버트 화이트(Gilbert White)

(1720-1793) 영국 최초의 생태학자이자 《셀본의 자연사와 고대유물들 ․․․》(1789)을 집필한 저자. 연구실보다는 야외에서 연구했으며, 지렁이와 같은 하등동물과 다른 생물의 관계를 강조했다.

에드워드 O. 윌슨(Edward O. Wilson)

(1929-) 퓰리처상을 수상한 생태학자이자 생물학자. 하버드 대학의 교수이기도 하다. 집필한 많은 책들 가운데 《생명의 다양성(*The Diversity of Life*)》은 종다양성의 중요성을 강조하고 있다. 환경 보존의 강력한 주창자다.

․ 취리히몽펠리에 식물사회학 학교 : Zurich Montpellier School of Phytosociology

․․ 동물의 지리학적 분포 : The Geographical Distribution of Animals

․․․ 셀본의 자연사와 고대유물들 : The Natural History and Antiquities of Selborne

생물 다양성이 높은 지역

지구 식물종의 반 이상과 육지에 사는 척추 동물의 40 % 이상은 지구의 2.3 % 정도 되는 특정 지역에서만 생존할 수 있다. 이렇게 높은 생물 다양성을 보이는 좁은 지역들이 사라질 경우, 서로 관련된 수백여 종의 생물들 또한 사라진다. 좁지만 생태학적으로 소중한, 생물 다양성이 높은 지역이 보존된다면, 많은 종의 생물들이 멸종 위기에서 벗어날 수 있다. 점점 빨라지는 멸종 속도는 현재 생태학에서 가장 걱정되는 문제다. 일부 과학자들은 서식지의 파괴와 기후 변화로 인해 현존하는 종들의 4분의 1이 향후 50년 이내에 사라질 것이라고 전망한다. 이러한 멸종 속도는 공룡 시대 이후로 처음이다. 옆의 지도는 국제 환경 보존 기구(Conservation International)가 밝힌 생물 다양성이 높은 지역을 나타낸 것이다.

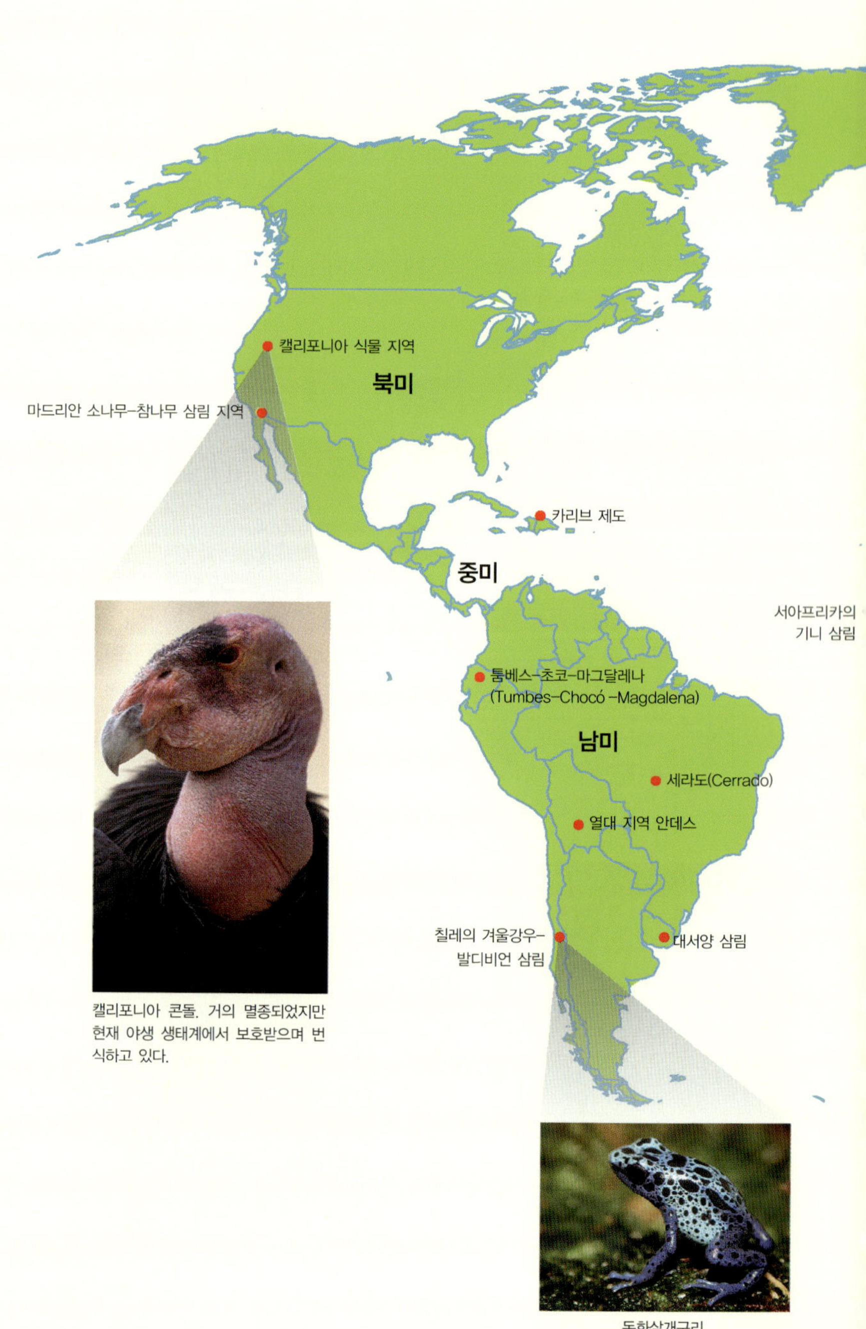

캘리포니아 콘돌. 거의 멸종되었지만 현재 야생 생태계에서 보호받으며 번식하고 있다.

독화살개구리

인도호랑이
투아산 폭포
유럽
카프카스 산맥
중앙아시아 산맥
지중해 연안
이란-아나톨리아
히말라야
중국의 중남 지역 산들
일본
인도-미얀마
아라우카리아 소나무
서부산맥 및 스리랑카
아프리카
동부 아프로몬테인(Afromontane) 지대
아프리카의 뿔
폴리네시아-마이크로네시아
필리핀
동아프리카의 해안 산림
선달란드
월라시아
동멜라네시아 제도
마다가스카르 및 인도양 제도
카루 고원의
다육 식물군
마푸탈랜드-폰돌랜드-알바니
(Maputaland-Pondoland-Albany)
희망봉 식물 지역
호주
호주의 남서부
뉴칼레도니아
뉴질랜드
알락꼬리여우원숭이
날지 못하는 키위새

기후와 지구의 생태학

대양 대순환 해류
(Ocean Conveyor Belt)

바다에서 열염(열과 염분)의 순환 패턴은 유럽의 따뜻한 겨울과 대서양의 허리케인에 영향을 준다. 난류는 해수면에서 북쪽으로 이동하기 때문에, 증발을 많이 하여 염분 농도가 높아진다. 이 따뜻하고 염분이 많고 밀도가 높은 물은, 유럽 북부에서 상대적으로 밀도가 낮고 차가운 물을 만나 가라앉고, 또 담수와 섞여 심층 해류를 타고 남쪽으로 되돌아가면서 순환 형태를 이룬다.

온실 효과

지구의 대기권, 즉 지구를 둘러싼 가스층은 온실과 같은 역할을 한다. 태양 복사선 중 비교적 파장이 짧은 광선만이 이 '온실가스(greenhouse gas)'를 쉽게 통과할 수 있다. 이 에너지가 지구 표면에 도달하면, 일부는 지구에 흡수되고 나머지는 열로 다시 복사된다. 이 열에너지는 들어올 때의 복사선보다 파장이 훨씬 더 긴데, 이 열이 다시 우주로 나가지 못하도록 온실가스층이 막는다. 결과적으로 열이 대기에 갇히기 때문에 온실가스가 없었을 때보다 지구가 더 따뜻해진다. 이것은 정상적으로 일어나는 과정으로, 이 과정이 없으면 지구는 생물이 살아가기에 너무나 추운 곳이 된다. 하지만 인간의 활동으로 CO_2의 농도가 증가하면서, 지금은 지구의 온도가 심각한 수준으로까지 높아지게 되었다.

세계의 대양 대순환 해류

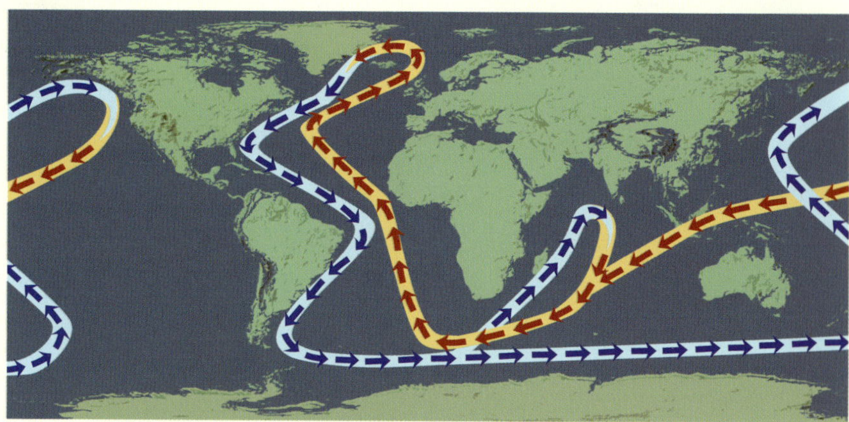

세계의 대양 대순환 해류는 지구 전체에 열을 분배하는 순환 체계다. 밝은색의 화살표는 난류를 나타내며, 북쪽의 고위도 지방으로 이동한다. 이러한 난류가 북부의 한류(파란색 화살표)와 섞이면, 바다 밑으로 가라앉아 다시 남쪽으로 이동하게 된다. 이러한 해류의 온도 변화가 기후 변화를 일으키는 주된 원인이다.

지난 1,000년간 탄소 배출량과 이산화탄소 농도, 기후의 변화

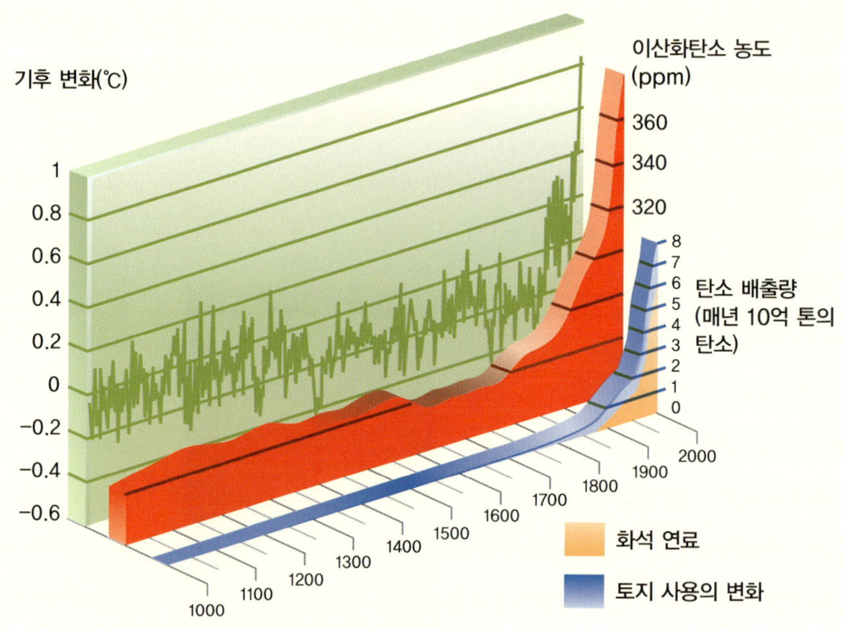

이 그래프는 지난 1,000년간 북반구에서의 탄소 배출량과 이산화탄소 농도, 기후의 변화를 보여 주는 것이지만, 이 결과는 전 세계적으로 영향을 미치고 있다. 특히, 지난 100년간 이산화탄소 농도의 현저한 증가와 기온의 상승을 보면, 인간의 활동이 지구의 기후에 영향을 미치는 것을 더 이상 지켜만 볼 수 없음을 느끼게 된다.

엘니뇨 현상/남방 진동

엘니뇨(El Niño)는 태평양 열대 지방에서 정상적인 해양–대기계(ocean–atmosphere system)가 주기적으로 붕괴되는 것이다. 이것은 전 세계에 영향을 미쳐, 아프리카의 우기, 아시아의 가뭄, 캐나다의 온화한 겨울, 미국 북서부의 가뭄 등을 일으킬 수 있다. 그리고 해양 생태계의 먹이 그물에도 영향을 미친다. 엘니뇨가 제일 처음으로 관측된 곳은 페루였는데, 크리스마스 시기 즈음이었던 당시, 바다가 따뜻해지고 비가 내렸으며 물고기가 사라졌다. 엘니뇨는 스페인 어로 '소년' 또는 '아이'를 뜻하고, 보통 '아기예수'를 칭한다.

엘니뇨는 세계 기후에 비정상적인 변화를 일으켰으며, 이것은 애리조나 주 클리프턴의 샌프란시스코 강에서와 같은 범람으로 이어질 수 있다. 모든 가뭄과 홍수가 엘니뇨 현상의 결과라고 할 수 없지만, 일반적으로 18개월 이상 계속되면 엘니뇨 때문이라고 추론할 수 있다. 20세기에 일어난 애리조나 주의 가장 큰 홍수는 엘니뇨 기간에 발생했다.

멕시코 만류

멕시코 만류(Gulf Stream)란 멕시코 만에서부터 바람에 의해 북미 해안과 뉴펀들랜드를 따라 북쪽으로 이동하는 온화한 대서양의 해류로, 열기와 염분을 운반한다. 바람에 의해 흘러온 이 해류는 대서양을 지나 유럽을 따뜻하게 한다. 멕시코 만류의 연장으로 보는 북대서양 편류(North Atlantic Drift)는 바람보다는 열과 높은 염분의 바닷물에 의해 유발되는 것이다.

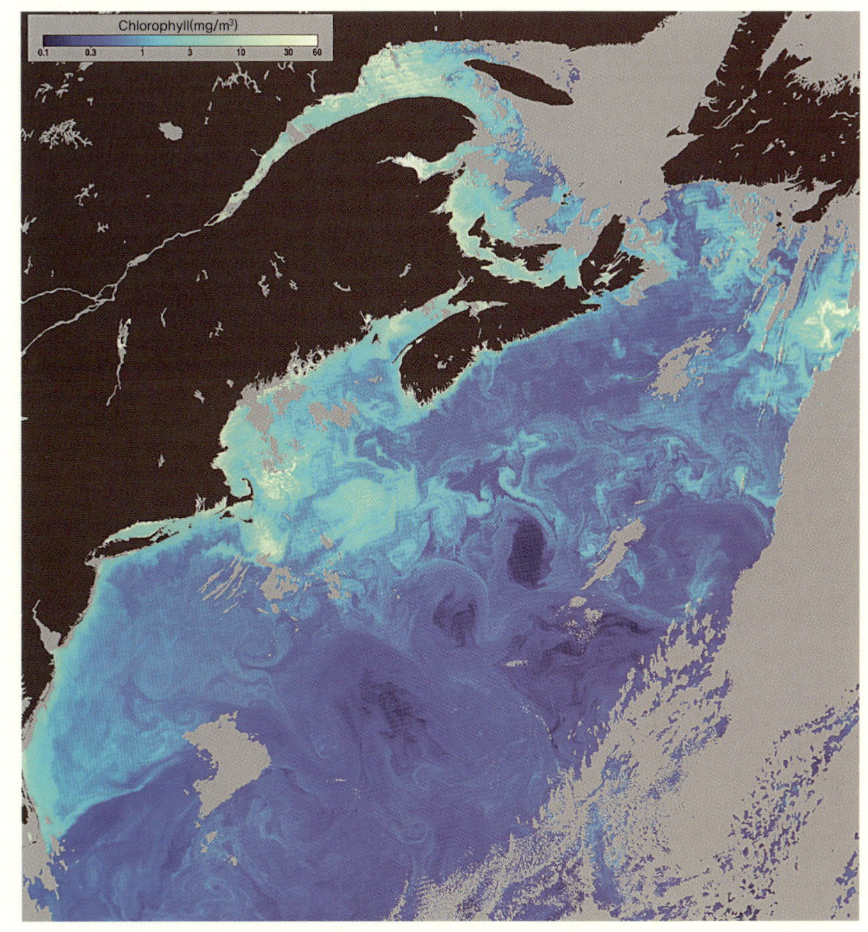

멕시코 만류는 지구에서 가장 강한 해류 중 하나로, 이곳의 난류는 대양 대순환 해류의 핵심이다. 2005년 4월에 찍은 이 위성사진은 엽록소의 농도를 보여준다. 엽록소는 해양 식물의 존재를 알 수 있는 중요한 지표다. 사진에서 노랗고 밝은색을 띠는 지역은 난류와 한류가 만나는 곳으로 엽록소의 농도가 높은 곳이다.

북극 진동

북극 진동(arctic oscillation)은 중위도의 북부 지방과 북극 지방에서 대기압에 의해 나타나는 순환이다. 이것은 북반구 전역에 걸쳐 바람과 해류, 기후에 영향을 미친다. 북극 진동은 '온난 상태(warm phase)'에서는 유럽의 날씨를 더 따뜻하고 습하게 하고, '한랭 상태(cold phase)'에서는 지중해에는 폭풍을, 유럽에는 북극의 냉기를 가져다준다.

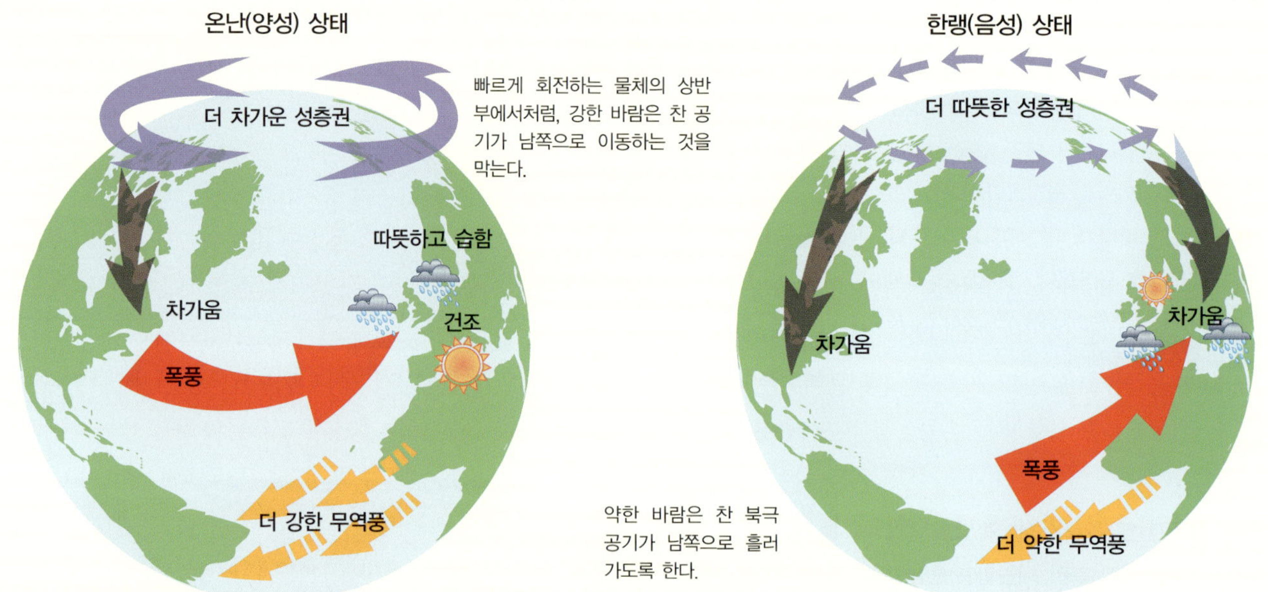

온난 상태(왼쪽)에서 북극 진동은 북극(55°N)을 기준으로 시계 반대 방향으로 순환하는 바람을 강하게 한다. 빠르게 회전하는 바람은 찬 공기를 붙잡아서 공기가 남쪽으로 내려가는 것을 막는다. 이로 인해 북유럽에서는 날이 따뜻하고 비가 많이 오며, 지중해와 미국 서부에서는 건조한 상태가 나타난다. 한랭 상태(오른쪽)에서는 서유럽과 미국의 중서부에 찬 공기를 가져다주고, 지중해에는 비를 내리게 한다.

제트 기류

제트 기류(jet stream)는 지상 약 6 km 상공에서, 서쪽에서 동쪽으로 흐르는 기류다. 이 기류는 약 90 km/h로 이동하면서 폭풍이나 지면의 기압에 영향을 준다. 제트 기류는 2차 세계대전 중에 폭격기 조종사가 발견했으며, 대기의 온도층과 지구의 자전에 의해 생성된다.

서부 수단에서부터 홍해를 지나 사우디아라비아까지 뻗어 있는 권운의 모양은 제트 기류에 의해 만들어졌다. 권운은 일반적으로 좋은 날씨를 의미하지만, 제트 기류는 폭풍우에도 영향을 줄 수 있다.

녹고 있는 대륙 빙하

온난화 현상은 지구의 빙하(glacier)와 대륙 빙하(ice sheet)가 녹는 것을 가속시킨다. 얼음이 녹으면 짙은 색의 물이 되고, 짙은 색의 물은 태양 에너지를 더 많이 흡수해서 다시 빙하가 녹는 것을 가속시킨다. 게다가 빙하와 대륙 빙하가 녹은 물은 바다로 빠르게 유입되어, 더욱더 빙하가 녹는 것을 가속시킨다. 기후학자들이 가장 걱정하는 것 중의 하나가 바로 그린란드의 대륙 빙하가 녹는 것이다. 이것이 녹으면 북대서양에 많은 양의 담수가 흘러 들어오고, 이로 인해 해양의 열염 대양 대순환 해류(Thermohaline Ocean Conveyor Belt)가 파괴될 수 있다. 결국 이 파괴가 세계의 기후에 악영향을 미친다.

북극의 얼음과 영구 동토층

북극의 기온은 지구 어느 곳보다도 빠르게 상승하고 있으며, 이로 인해 북극의 얼음이 빠르게 녹고 있다. 이러한 상태가 앞으로도 계속된다면, 얼음과 영구 동토층이 녹아 지구의 생태계에 큰 변화를 가져올 것이고, 북극 생태계에서 이산화탄소의 저장 및 성장 속도, 양분의 순환뿐 아니라, 곤충과 동식의 균형이 깨질 것이다.

위 그린란드의 대륙 빙하(오른쪽)는 2002년에 기록적으로 많은 양이 녹아내렸다. 사진에서 보이는 대륙 빙하의 가운데 부분을 보면, 물 지역이 마치 얼음 지역으로 번져 들어가는 것처럼 보이는데, 얼음 지역의 색깔도 흰색에서 회색으로 바뀌고 있다. 그린란드의 대륙 빙하에서 여름철 해빙은 일반적으로 4월 말에 시작해서 9월에 최고조에 이른다.
아래 외변 대륙붕(outer continental shelf)을 평가하기 위해 알래스카를 찾은 과학자들을 보고 북극곰 한 마리가 놀라 달아나고 있다. 북극의 온도가 계속 높아짐에 따라, 지역의 전체적인 생태계가 변할 것이고, 세계의 기후에도 영향을 미칠 것이다.

먹이 그물

코네티컷 강 하구에서부터 코네티컷 해안을 따라 나 있는 롱아일랜드 해협의 풍경. 롱아일랜드 해협의 귀중한 습지대들은 오염으로 인해 질이 떨어지거나, 침전과 준설, '습지 잠김', 해수면 상승, 해안 침강 과정으로 인해 손실되었다. 이러한 환경은 토착의 야생 생물 집단과 지역 주민들의 삶의 질에 심각한 영향을 미쳤다. 최근에는 염생 식물을 심는 등, 해협을 따라 나 있는 염습지를 살리려는 노력이 이루어지고 있다.

생태학은 생물과 그들의 무생물적 환경의 상호연관성을 이해하기 위해 노력하는 학문이다. 먹이 그물(food web)은 생태계를 구성하는 생물들이 어떻게 생존에 필요한 영양분과 에너지를 얻기 위해 서로에게 의존하는지를 보여 주는 도식이다. 도식에서 먹이 그물을 구성하는 생물은 생산자, 소비자, 분해자라는 세 가지 주된 형태로 나눌 수 있다. 생산자는 빛 에너지를 이용하여 광합성을 하는 식물, 조류(algae) 또는 다른 생물들을 말하며, '독립 영양 생물'이라고도 한다. 소비자는 1차 소비자(초식 동물), 2차 소비자(육식 동물), 3차 소비자(최상의 육식 동물) 그리고 잡식 동물로 나뉜다. 찌꺼기 섭식자는 죽은 물질을 생태계에서 재순환될 수 있는 기본적인 성분으로 분해하는 지렁이, 곰팡이 또는 세균과 같은 생물을 말한다.

갯벌의 먹이 그물(염습지)

갯벌의 먹이 그물(detrital food web)에서

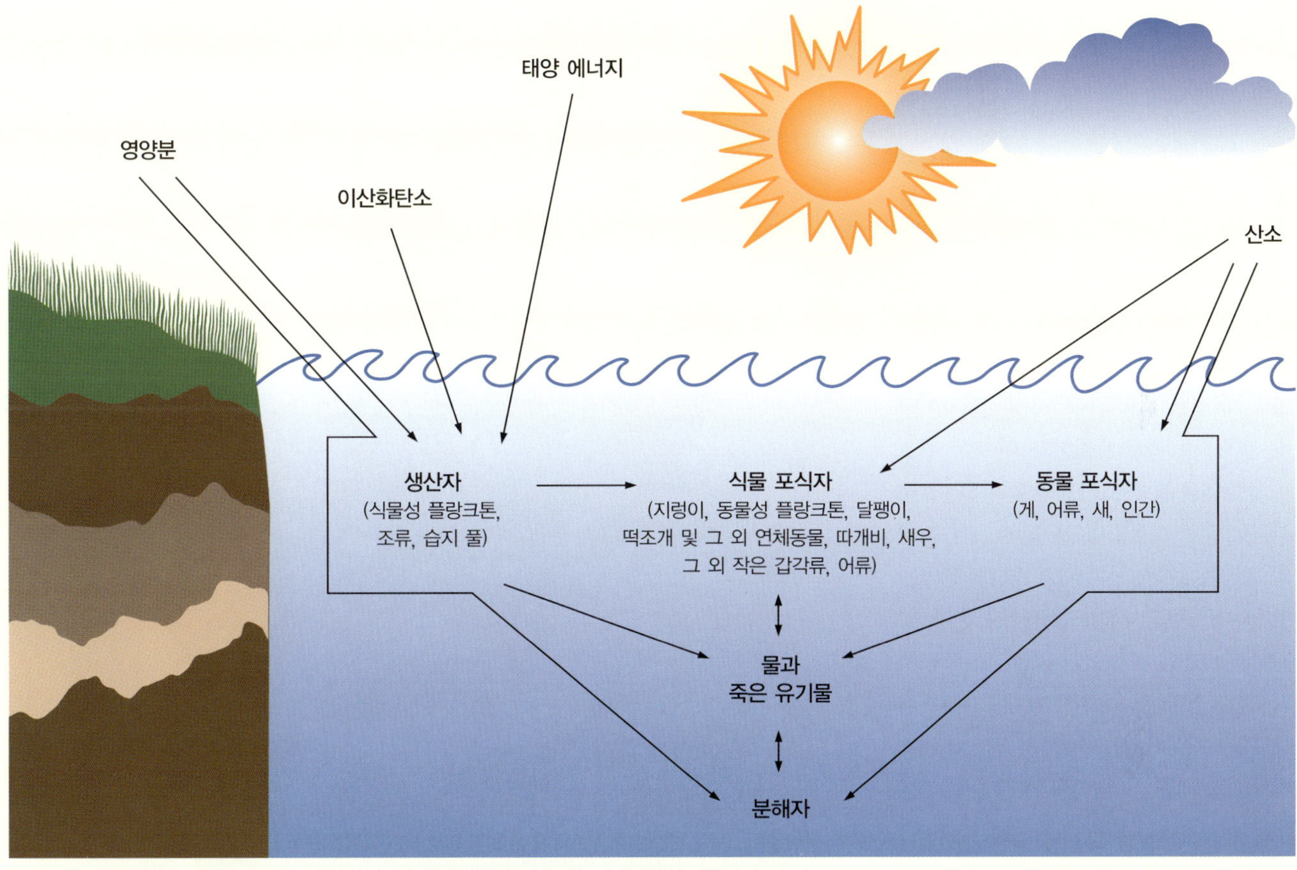

롱아일랜드 해협의 먹이 그물은 이 지역 해양 생태계의 에너지 흐름과 영양분이 순환되는 과정을 보여 준다. 먹이 그물은 생태계에 있는 생물들의 먹이 관계를 설명해 주는 도식이다. 먹이 그물은 일반적으로 상호 연결된 먹이 사슬로 이루어지는데, 이것은 단지 대표적인 것만을 나타낸 도식이라는 점을 꼭 이해해야 한다. 이 도식은 많은 가능한 관계 중에서 일부만을 보여 주고 있으며, 최상의 단계에서는 일반적으로 한두 종의 육식 동물만 나타낸다.

대부분의 에너지와 영양분은 생산자(식물, 플랑크톤, 조류)로부터, 찌꺼기나 죽은 물질을 기본적인 성분으로 분해시키는 찌꺼기 섭식자로 바로 이동한다. 갯벌의 먹이 그물에서 1차 소비자는 찌꺼기 섭식자를 먹고 사는 조개나 게와 같은 생물이다. 2차 소비자는 조개나 게를 먹고 사는 물고기, 새, 미국너구리 등과 같은 생물이다.

목초지의 먹이 그물(온대림)

목초지의 먹이 그물(grazing food web)에서 식물에 의해 생산된 에너지는 최종적으로 분해자에게 넘어가기 전에, 육식 동물과 잡식 동물을 거친다. 초식 동물이 식물을 먹을 때, 식물이 만든 에너지의 많은 부분이 열로 소실된다. 적은 수의 육식 동물을 유지하는 데에는 많은 양의 생산자가 필요한데, 이것이 잔디와 나무에 비해 사자의 수가 상대적으로 적은 이유다.

해양의 먹이 그물

해양의 먹이 그물(marine food web)은 육지의 먹이 그물보다 더 복잡하여 과학자들조차 완전히 이해하지 못하고 있다. 수생 군집을 구성하는 종의 밀도가 더 높다는 것이 하나의 요인일 수 있다. 수생 군집에서 종들은 다른 종들과 다양한 관계를 맺고 있으며, 각 종들은 많은 수의 다른 종들을 잡아먹거나 많은 수의 종들에 의해 잡아먹힌다. 여기에는 중간 단계에서 먹이를 먹는 동물들도 많이 있다.

영양분의 순환

탄소 분자는 나무의 일부분이 된다. 나무가 타면 탄소는 이산화탄소의 형태로 대기로 빠져나가고, 이산화탄소는 다시 나무의 잎으로 들어가고 풀쐐기는 나뭇잎을 먹음으로써 탄소를 먹는다. 생명 현상의 놀라운 면 중의 하나는, 지구에 사는 모든 생물은 한정된 수의 분자로부터 형성된다는 사실이다. 이러한 생물을 구성하는 물질은 탄소, 질소, 인, 황을 포함한다. 이 모든 원소는 생물권을 통해 그리고 생물과 무생물적 환경을 통해 이동하며, 또 어떤 것은 지하의 퇴적물에 있는 석유처럼 순환의 영역을 벗어나 오랫동안 저장되어 있기도 한다. 영양분의 순환은 생물에게 영양분을 제공한다. 이런 영양분의 순환은 때때로 생물-지구화학적 순환(bio-geochemical cycle)이라고 불리는데, 이는 영양분이 순환 과정을 거치는 동안, 살아 있는 생물의 일부가 되기도 하고, 지구를 거쳐 가기도 하고, 화학적 변화를 겪기도 하기 때문이다. 물은 생태계를 통해 순환하는 또 다른 물질이며 생물에게 매우 중요한 요소다.

지구의 생물은 탄소를 기본으로 한다. CO_2는 다양한 형태로 존재하며, 공기, 토양, 나뭇잎, 뿌리, 줄기 등에서 발견된다. 나무는 대기 중의 탄소를 더하거나 제거하는 과정에 참여하여 탄소 순환에서 매우 중요한 역할을 한다. 광합성 작용을 하기 위해 CO_2는 나무 속으로 흡수되었다가 잎이 떨어져 토양으로 용해된다. 또한 호흡이나 낙엽 분해에 의해 CO_2는 대기 중으로 배출된다.

전형적인 영양분의 순환이 이루어지기 위해서는 세 가지의 서로 다른 과정이 필요하다. 생산자(독립 영양 생물)는 광합성을 통해 햇빛으로부터 받은 에너지를 영양분으로 바꾼다. 소비자는 생산자나 다른 소비자를 먹음으로써 이 영양분을 섭취한다. 소비자와 생산자가 죽고 나면 분해자는 이들을 분해하여 얻은 영양분으로 토양을 비옥하게 하고 생산자를 유지시킨다.

영양분의 순환

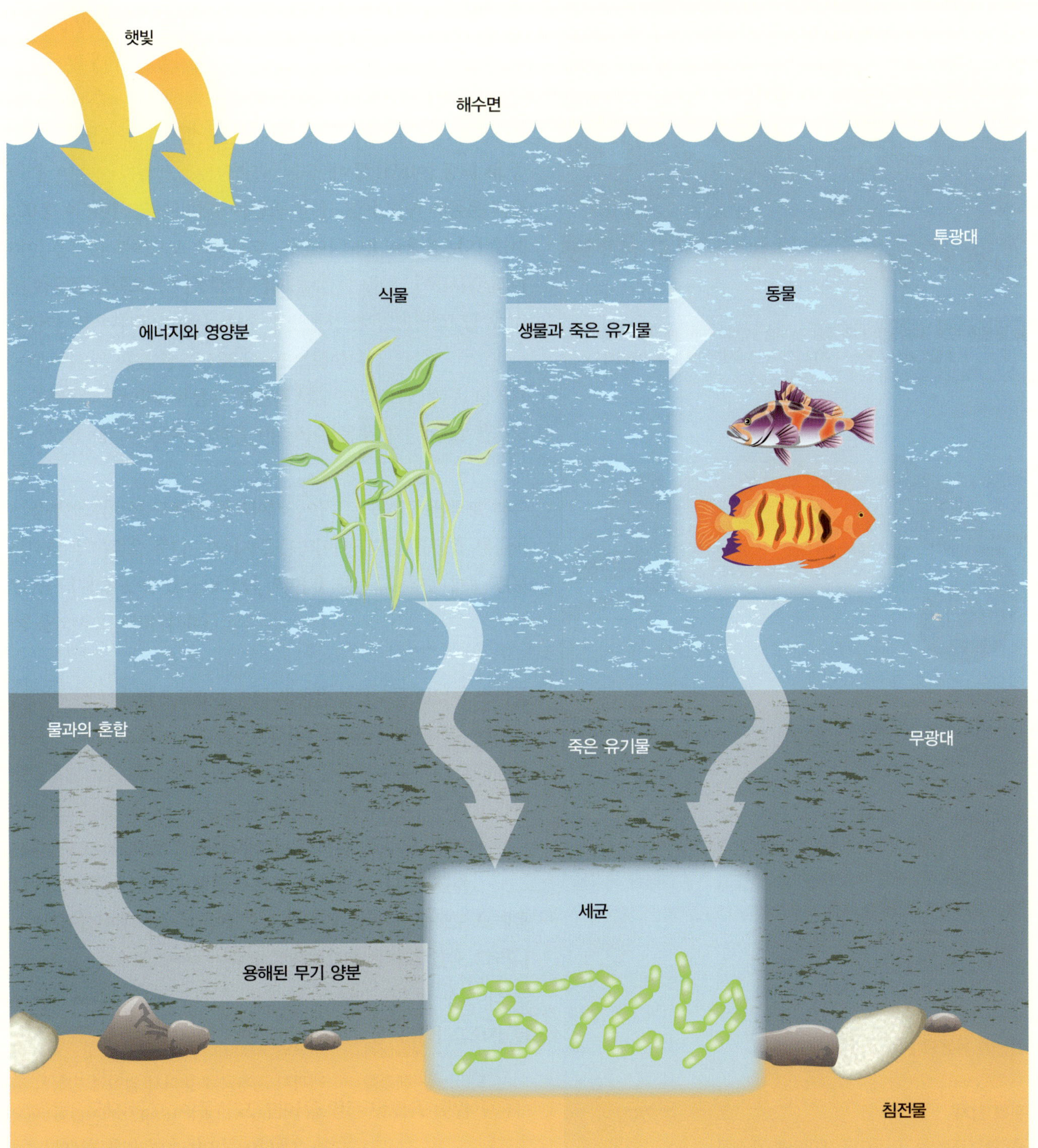

생태학 연구 기술

위 왼쪽 1992년 허리케인 '발(Val)'이 지나간 후, 다이버들이 파가텔레 만(Fagatele bay)에 있는 산호초의 피해를 조사하고 있다. 미국 사모아 제도에 있는 투투일라 섬(island of Tutuila)의 산호초는 거북, 고래, 대형 조개(giant clam) 및 여러 바다 생물들의 보금자리다.
위 오른쪽 이동하는 나방의 야간 움직임을 포착하기 위해 감시장비를 준비하고 있다.
아래 미시시피 주의 한 호수에서 생태학자들이 침전물의 표본을 채취하고 있다. 이러한 표본은 이 생태계에 있는 작은 무척추동물의 건강 상태를 연구하는 데 사용된다.

야외 관찰

세계가 어떻게 움직이는지를 연구하려면 밖으로 직접 나가, 물이나 진흙에서 연구 주제와 맞닥뜨리는 것이 제일 좋다.

표본 채취

때때로 물, 공기, 식물, 동물의 배설물 또는 토양과 같은 생태계의 구성요소에서 표본을 채취하고 분석하여 연구를 진행할 수 있다. 강의 용존 산소를 측정하는 것에서부터 해양에서 석유 유출을 추적하는 것까지, 표본을 채취하는 것은 생태학자들의 연구에 유용한 방법이 된다.

원격 탐지

원격탐지장비는 자동으로 데이터를 수집하고, 사람들이 분석할 수 있도록 자료를 전송까지 할 수 있다. 항공사진술은 최초의 원격탐지기술 중 하나였다. 오늘날에는 기상 관측소, 위성 그리고 바다의 탐지장치가 있어, 여러 가지 방법으로 지구를 관찰할 수 있다.

실험실 테스트

많은 생태학적 의문들은 어떤 지역이나 생물의 화학적, 물리적 특성을 이해함으로써 잘 해결될 수 있다. 물은 과연 마셔도 안전할까? 왜 열대 개구리 개체군은 줄어드는 것일까? 야외에서 채취한 표본을 실험실에서 테스트함으로써 이런 의문들을 해결할 수 있다.

컴퓨터 모델링

최근 컴퓨터 모델링은 "만약에 ~하다면 어떻게 될까?"라는 식의 상황을 예측하는 데 중요한 수단이 되었다. 특히 어렵거나 비용이 많이 들어 야외 연구를 하기 힘든, 시공간적으로 대규모인 연구에서 컴퓨터 모델링이 유용하게 쓰인다.

시추공

지구의 지각이나 빙하에 간혹 3.2 km 아래까지 시추공을 뚫어서 암석과 빙하의 층을 연구하면, 고대 빙하나 침전물의 생성 당시 환경을 단면적으로 볼 수 있다.

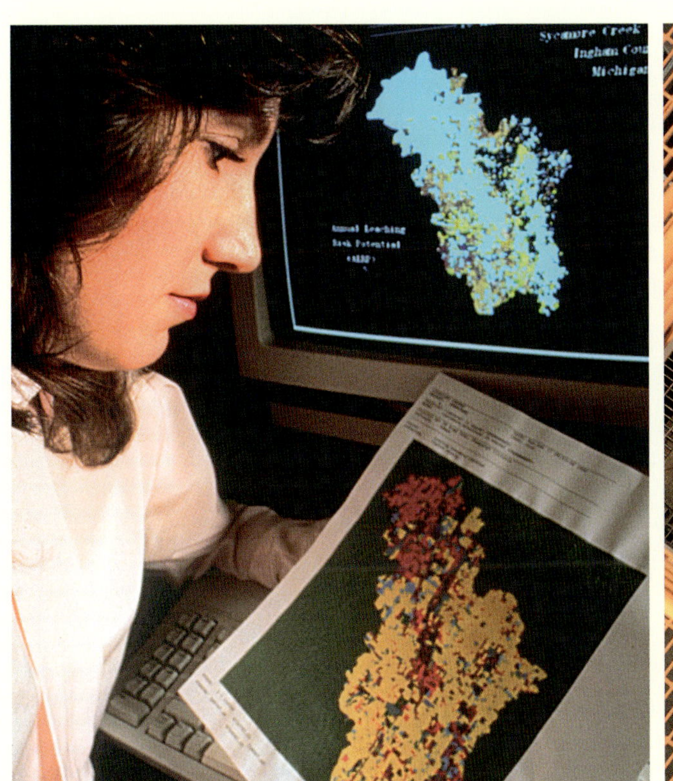

위 왼쪽 한 과학자가 컴퓨터 프로그램을 이용해 물의 표본을 연구하고 있다. 환경의 변화를 추적하고 예측하는 데 컴퓨터의 중요성이 커지고 있다.
위 오른쪽 두 명의 기술자가 식물의 잎이 얼마나 많은 비를 차단하는지 연구하기 위해 강우량 모의조정장치가 있는 3층 높이의 공간에 서 있다.
아래 한 유기 지구화학자가 해양의 밑바닥에서 채취한 침전물의 표본을 수집하기 위해 애쓰고 있다. 이러한 표본을 통해 과학자들은 지구에서 쉽게 접근할 수 없는 부분의 역사와 생성을 보다 잘 이해할 수 있다.

활동 중인 생태학자

실험실 과학자

전문 생태학자의 직업은 대학교수에서부터 연구원, 환경운동가, 공원 경비원까지 다양하다. 대부분의 생태학자들은 과학적 지식과 연구방법을 실생활 상황에 응용할 수 있는 분야에서 일하고 있다. 오염을 감소시키기 위해 농부들을 돕고, 경쟁적 수요에 대해 수자원을 균형적으로 분배하고, 한 지역에서 자연 환경을 거의 해치지 않고 얼마만큼 개발이 가능한지를 결정하는 것 등이 이러한 상황에 속한다. 생태학자들은 야생 생물 보존과 천연자원의 관리를 촉진하는 단체뿐 아니라, 건설회사, 정부 산하기관에서 일한다. 다음에 생태학자들이 하는 일에 대해 간단히 설명하였다.(많은 생태학자들이 집필, 연구, 교육과 같은 여러 요소가 결합된 일을 하고 있다.)

천연자원 관리자

낙농업자들에게, 강물의 오염을 방지하고 철새들이 찾아들 수 있는 경관을 가꾸어 가는 것에 대해 조언한다.

공원 관리자

경관과 야생 생물의 건강을 유지 및 회복시키고, 감시한다.

실험실 과학자

해안 생태계에 있는 영양분 및 독소 성분의 연구를 지원하기 위해 물과 진흙 표본을 분석한다.

야외 과학자

다우림의 2.56 km² 안에 있는 곤충 개체군을 세고, 곤충들의 행동 특성이 다우림에 어떤 영향을 주는지, 다우림은 곤충의 행동에 어떤 영향을 주는지를 연구한다.

교육자

지역 생태학에 대해 가르치고, 대중들에게 야생 생물과 환경 보존에 관한 이슈를 소개한다.

입법보좌관

건강한 자연환경을 유지하기 위한 공공 정책에 관한 법률을 작성한다.

컴퓨터 프로그래머

어떻게 농작물이 다양한 기후 조건에서 자랄 수 있는지를 시뮬레이션하는 모델을 설계한다.

정책 분석가

희귀 자원에 대한 경쟁적인 수요 현상이나, 현명한 자원 사용에 대한 인센티브를 주는 방법 등과 관련된 어려운 이슈들을 분석한다.

천연자원 관리자

환경 운동가

사람들이 생태학적으로 올바른 선택을 할 수 있도록 설득한다. 로키 산맥의 회색곰을 보호하는 것에서부터 세탁용 합성세제를 바꾸는 것까지 모두 포함된다.

전염병학자

질병의 생태학을 이해하기 위해 생태학적 지식과 의학을 결합시킨다.

환경보존 기획자

환경 보존 노력이 집중적으로 이루어져야 하는 우선 사항과 장소를 결정한다. 경제적, 정치적, 환경적 관심이 균형을 이루도록 힘쓴다.

준법 감시인

깨끗한 공기와 물을 지키기 위해 산업공장에서 합법적으로 작업하는지 정부의 권한으로 감독한다.

대학 교수

빙하코어 화학이나 환경 보존 전략과 같은 주제에 대해 연구하거나 강의를 한다. 다음 세대의 생태학자들을 가르친다.

도시 계획가

경제적 목표를 달성하면서 환경을 건강하게 유지하기 위해 도시 행정부 및 개발자들과 함께 일한다.

조약 협상가

국제 어업권이나 기후 변동 조약 같은 주제에 대한 자국의 입장을 정확하게 전달하기 위해 조직된 팀에서 일한다.

보조금 제공자

중요한 환경 보호와 자원 관리 프로젝트에

환경보존 기획자

힘쓰는 사람들과 단체들에게 재단이 경제적인 지원을 할 수 있도록 돕는다.

작가

현시대의 가장 흥미로운 생태학적 주제에 대해 연구하여 글을 쓴다. 사람들이 자연을 더 소중히 여길 수 있도록 고취시킨다.

대학 교수

도시 계획가

가치와 평가

자연은 우리가 살아가는 데 꼭 필요한 많은 것들을 무료로 제공한다. 농작물을 수분시키고, 물을 정화하고, 비로 식물에 물을 주고, 기후를 조절하고, 야생 물고기에게 먹이를 제공하는 등, 많은 혜택을 주고 있다.

이 혜택들이 무료로 제공되는 동안 토지 개발, 환경 보존, 천연자원의 사용 등에 영향을 미치는 많은 의사 결정이 경제적인 근거로 이루어졌다. 경제적 발전보다 자연의 혜택에 더 큰 비중을 두기 위해서는, 환경의 혜택을 경제적으로 평가해 보는 것이 좋은 방법이 될 수 있다. 환경에 대한 경제적 평가를 반대하는 사람들은, 환경을 판단하는 것은 너무 복잡하여 숫자로 정확하게 측정할 수 없고, 본질적으로 대부분의 가치는 사실상 돈으로 살 수 없는 것이라고 주장한다.

달러와 판단력

여기에 제시된 예시들은 경제적 의미로 환산하기 쉬운 간단한 상황들이다.

- 뉴욕 시에 깨끗한 식수를 공급하는 캐츠킬 지역 분수령의 자연 능력을 보전하는 일: 10억–15억 달러
- 인공 급수처리장 건설(연간 운영비 3억 달러 제외): 60억–80억 달러

왼쪽 위 벌은 꽃을 수분시킨다. 이러한 부지런한 곤충의 도움 없이는 많은 농작물들을 재배할 수가 없다.

왼쪽 아래 비가 식물에 내려 지구상의 생명을 유지시키는 순환을 완성한다. 식물은 대기 중의 이산화탄소를 흡수하고 산소를 방출한다.

오른쪽 낚시꾼이 싱싱하고 건강에 좋은 '공짜' 저녁식사를 준비하기 위해 호수에서 낚시를 하고 있다. 사람들은 보통, 야생에서 얻는 먹을거리들을 당연한 것으로 여긴다. 이런저런 많은 이유 때문에 우리는 천연자원의 중요성을 인식하고, 공업의 발전이 각 환경의 조화로운 균형에 나쁜 영향을 주지 않도록 노력해야 한다.

한 노동자가 정수처리장에서 일을 하고 있다. 이러한 시설의 건설 비용보다 천연 수자원을 보호하는 비용이 훨씬 적게 든다.

위 홍수가 난 캘리포니아 북부의 한 포도 농장. 심한 호우로 인해 강이 종종 범람하여 비즈니스 단지와 기반 시설이 피해를 입는데, 이를 복구하는 데는 몇 년이 걸린다.
가운데 남아프리카에 있는 한 생태 관광 숙소의 개방된 방의 풍경. 인종 차별 정책이 폐지된 이후 많은 사람들이 돈을 벌기 위해, 되찾은 땅을 관광용으로 개발했다.
아래 상업용 벌집 시설. 벌 개체군의 감소로, 일부 농부들은 농작물을 수분시키기 위해 벌집을 빌리기도 한다.

- 캘리포니아 나파 강 유역의 범람원을 따라 나 있는 비즈니스 단지와 기반 시설을 홍수 피해로부터 보호하기 위해 재배치하는 일: 1억 5,500만 달러
- 홍수 피해 후 약 10년간 비즈니스 단지 및 기반 시설에 투입되는 수리 비용(연간 2,000만 달러): 2억 달러
- 코스타리카의 다우림 지역을 벌목하여 만든 일반적인 농장이 10,000 m²당 벌어들일 수 있는 연간 수익: 125달러
- 교토의정서에 따라, 탄소 7,000–20,000 kg을 대기에서 제거하는 것과 관련해서 지불이 이루어질 때, 코스타리카의 목장주가 다우림 10,000 m²당 벌어들일 수 있는 대략적인 연간 수수료: 400달러
- 남아프리카의 사바나 지역을 농장으로 경영할 때 10,000 m²당 얻을 수 있는 연간 수익: 70달러
- 남아프리카의 사바나 지역에서 생태 관광과 사냥 관광을 운영할 때 10,000 m²당 얻을 수 있는 연간 수익: 300달러
- 살충제, 질병, 서식지 파괴로 인한 벌과 수분 매개자의 감소로 미국 내에서 발생하는 작물의 손실 금액: 57억–83억 달러
- 캘리포니아의 아몬드 숲을 수분시키기 위해 벌집 대여에 드는 연간 비용: 1억 달러

CHAPTER 7

지질 시대의 생태학

장구한 지질 시대에서 현대 인류의 전체 역사는 한순간에 지나지 않는다. 만약 첫 번째 척추동물인 어류가 출연한 약 5억 년 전부터 지금까지의 시간을 이 페이지에 한 줄로 그어 표현해 본다면, 약 1만 년 전에 출현한 현대 인류가 존재하는 시기는 줄의 맨 끝에, 그것도 사람 머리카락 굵기보다도 가늘게 표시될 것이다.

고생태학 paleoecology은 지질 시대에 걸친 지구의 생태를 연구하는 분야다. 기후와 기온의 변화를 반영하는 화석뿐 아니라, 바위나 얼음 속에 있는 산소 동위 원소 같은 '대용 물질 proxies'까지도 연구한다.

잠자리들은 공룡 시대 이후로 거의 진화하지 않았다. 주변 환경이 변한 것에 비하면, 이들이 겪은 변화는 미미한 것이다. 바다는 사막으로 변했고, 대륙은 여러 개로 쪼개어졌으며, 장엄한 산맥이 형성되었고, 빙하기가 오고 갔다. 그리고 잠자리들은 이를 견뎌 냈다.

현재 인류가 지구의 자원을 사용하는 것은 다양하고 많은 생물들을 유지하는 지구의 수용력을 시험하는 것이라 할 수 있다. 때문에 과학자들은 생물들이 적응해야 했던 환경적인 주요 도전들과 성공적인 생존 전략들을 이해하는 데 늘 새로운 관심을 가져 왔다.

왼쪽 잠자리가 나뭇잎에 앉아 쉬고 있다. 잠자리는 지구가 거대한 지질학적 진화를 겪는 동안, 사실상 거의 변화하지 않은 소수의 생물에 속한다.

위 알래스카의 글레이셔 만(Glacier Bay)에 위치한 마저리 빙하(Margerie Glacier). 과학자들은 바위와 얼음에 있는 원소를 연구하여, 기후 변화에 대한 정보를 얻을 수 있다.

아래 사막에서 볼 수 있는 사구를 통해 우리는 지구가 끊임없이 변화한다는 것을 알 수 있다. 오늘날의 많은 사막 지역은 한때는 내해(內海)였을 수도 있다.

공룡이 사라진 이유

공룡 시대 초기에 지각은 판게아Pangaea라 불리는 하나의 거대한 대륙이었다. 당시 육지는 양치식물, 침엽수, 은행나무 등 비교적 소수의 식물종만이 자라는 습한 숲으로 덮여 있었다. 지구의 기후는 지금보다 따뜻했다.

이후 1억 년의 시간이 흐르면서 판게아는 둘로 갈라졌다. 갈라진 두 대륙은 대강 오늘날의 대륙 모습을 갖춘 백악기 말기까지 서로 멀리 떨어져 떠다니며 계속 쪼개졌다. 공룡들이 지구에 사는 척추동물의 우점종이었던 약 1억 8,000만 년 동안, 꽃식물들이 진화하고 다양한 식물종들이 살았다. 지금의 우리를 포함하여, 거북, 개구리, 뱀과 같은 많은 동물뿐만 아니라 최초의 현대 포유류가 이 시기에 출현했다. 새로운 종들이 출현하여 공룡의 계통을 이어나가는 동안, 수많은 종류의 공룡들이 진화와 멸종을 거듭했다. 그런데 고생물학자들이 공룡의 후예라고 믿는 새들은 살아남은 반면에, 이 모든 시간을 지낸 공룡은 왜 멸종했을까?

두 가지 이론 과학자들은 약 66억 년 전인 백악기 말기에 공룡들이 사라진 이유에 대해서 두 가지 대표적인 이론을 제시했다. 전문가들 사이에서도 어느 이론이 옳은가를 두고 찬반이 분분하지만, 두 이론 모두 공룡이 살던 생태계에 변화가 있었다는 것을 인정하고 있다.

첫 번째 이론은 거대하고 갑작스러운 지각의 대변동 때문에 공룡이 멸종했다는 것이다. 거대한 운석이 지구와 충돌했거나, 대규모의 화산 폭발이 연속적으로 있었을 것이라는 추측이다. 당시 엄청난 화산재가 대기

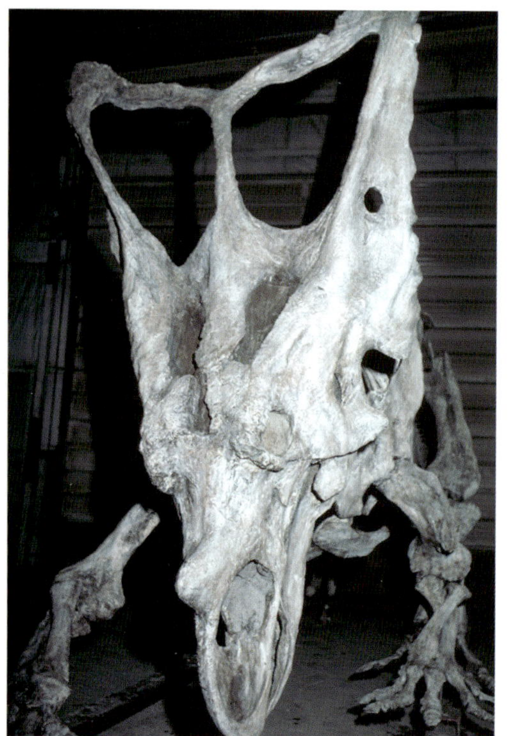

위 공룡 시대에는 양치식물들이 상당히 많이 번성했다.
가운데 미국 워싱턴 주에 있는 세인트헬렌스 산(Mount St. Helens). 일부 과학자들은 공룡의 멸종이 운석의 충돌이나 연속적인 화산 폭발과 같은 대재앙 때문에 발생했다고 생각한다.
아래 캐나다의 앨버타 주에서 발견된 공룡의 뼈. 공룡은 1억 8,000만 년 이상 지구를 지배했다.

중으로 배출돼 햇빛을 차단하고 기후를 변화시켰다. 그리고 수년 동안 산성비와 유해 가스 구름이 대기를 오염시켰다.

공룡 멸종에 관한 두 번째 이론은 자연적인 기후 변화의 한 부분이었던 생태학적인 변동이 원인이었을 것이라는 주장이다. 지구는 차가워졌고 해수면은 낮아졌다. 이런 변화된 환경에 적응하지 못한 생물들은 더 이상 생존할 수 없었을 것이다.

생태학적 변동 공룡의 멸종에 관한 대표적인 두 이론 모두 세계적인 기후와 생태학적 변동이 있었을 것이라고 주장한다. 전 지구가 따뜻한 기후에서 차가운 기후로 변화되었다고 상상해 보라. 생물들의 서식지가 파괴될 것이다. 식물들이 먼저 멸종했다면, 초식 동물들은 충분한 먹이를 얻지 못했을 것이고, 초식 동물을 먹는 육식 동물들은 굶주리게 되었을 것이다.

지질학적 기록에 의하면, 약 60 %에 달하는 지구상의 생물종들이 공룡과 함께 멸종했다고 한다. 당시 멸종한 생물 중에는 육지를 뒤덮은 식물들도 있었지만, 해양 생물들이 가장 큰 타격을 받았다.

미국 애리조나 주에 있는 운석이 떨어진 구멍. 공룡의 멸종을 일으켰을 만한 지각 대변동에 대한 정보를 이와 같은 지질학적으로 특수한 장소에서 얻을 수 있다.

고생태학

고생태학은 고대 식물, 동물, 환경 간의 상호 작용을 연구하는 학문이다. 아주 먼 옛날 지구에 살던 생물의 상태를 이해하기 위해서 과학자들은 바위, 얼음, 먼지, 식물의 포자, 화분 및 화석들을 분석한다.

또 과학자들은 수백만 년 전에 퇴적된 층에 무엇이 있는지를 보기 위해서 빙하와 해저의 중심부를 뚫기도 한다. 얼음 중심핵 표본에 갇힌 기포는 지구 고대 대기의 한 모습을 보여 주기도 한다.

해저에서 추출한 퇴적물 핵심부는 공룡 멸종 시기에 어마어마한 변화가 있었음을 암시한다. 지층을 보면, 석회암에는 공룡 시대에 해저에서 형성된 미세한 생물들이 가득 차 있다. 그런데 이 석회암 위층에는 화석이 없는 갈색 점토층이 깔려 있다. 공룡 멸종이 운석 충돌 때문이라고 주장하는 과학자들은 이 점토층에 있는 이리듐의 수치가 높다는 점을 강조한다. 왜냐하면 이리듐은 지층에서는 거의 찾아볼 수 없지만 운석에서는 흔하게 발견되기 때문이다.

바다 먹이 사슬에서 주요 생산자인 조류algae의 약 90 %가 멸종했다.

이 시기에는 대기 중 이산화탄소량이 급격하게 증가했다. 지하 탄전coal field에 큰 불이 일어났던 것일까, 아니면 식물들의 소멸이 이산화탄소량의 증가 원인이 되었던 것일까?

많은 내용들이 여전히 불가사의로 남아 있지만, 앞의 증거들은 생태학자들이 오늘날 보고 이해하게 된 사실들과 일맥상통한다. 생태계의 변화가 생물들의 궁극적인 멸종으로 이어질 수 있다는 것이다.

미래를 위한 교훈 1억 8,000만 년 동안 지구를 지배해 온 생물들의 실질적인 멸종 원인이 기후 변화와 생태학적 변동이라면, 인류에게 주는 교훈은 분명하다. 대기 중에 엄청난 양의 이산화탄소를 배출하는 것과 같이 기후 변화를 일으키게 하는 행동은 우리들의 미래 생존을 위협한다는 것이다. 또한 과학자들이 개구리나 뱀과 같은 변온 동물이 대멸종 시기에 살아남을 수 있었던 원인을 알아낸다면, 인류가 불투명한 미래를 대비하는 데 꼭 필요한 교훈을 얻을 수 있을 것이다.

개구리나 뱀과 같은 변온 동물들은 6,600만 년 전의 멸종 위기를 이겨 냈다. 과학자들은 이 같은 동물들의 생존 방법을 연구해 미래의 기후 변화에 대처하는 귀중한 교훈을 얻을 수 있다.

초기 지구 생태학

지구상에 생물이 처음 출현한 시기는 최소 35억 년 전이다. 이 시기는 수증기가 응결하여 초기 바다를 형성하고 바위가 딱딱한 지각을 형성할 수 있을 만큼 기온이 내려간 환경이었다. 그리고 화산은 질소, 수소, 탄소 및 소량의 산소가 포함된 가스를 분출하여 대기를 형성했다.

일부 고생물학자들은, 무기물로부터 최초의 단세포이자 자가 증식하는 세균 혹은 고세균archaea으로의 도약이 뜨거운 심해 분출공에서 나타났다고 믿는다. 왜냐하면 오늘날의 심해 열수 분출공의 환경 조건이 35억 년 전의 시생대의 환경과 가장 유사하기 때문이다.

최초의 생물은 고세균이나 진성 세균true bacteria과 같은 단세포 생물이었다. 이들은 오늘날의 심해나 맨틀의 암석에 서식하는 미생물들과 유사한 방식으로 메탄과 같은 화합물을 에너지원으로 사용했을 것이다.

광합성 25억 년 전인 시생대 말기에, 남세균cyanobacteria은 햇빛과 대기 중의 이산화탄소를 사용하여 광합성을 통해 에너지를 생산하도록 진화했다. 광합성의 부산물인 산소는 처음에 바다에 용해된 후 철분과 결합하여 줄무늬 모양의 철층을 남겨 놓았다. 결국 산소는 차츰 대기 중에 축적되기 시작하여, 이후 수십억 년 동안 호기성 생물oxygen-breathing life이 나타날 수 있게 되었다.

대기 중의 산소는 자외선으로부터 지구를 보호해 주는 오존층을 형성했다. 이에 따라 생물들이 해양에서 지상으로 올라와 생존할 수 있게 되었다.

대륙과 해양 선캄브리아기에는 대륙이 점차 커지고 일부 초기 산맥들이 형성되었다. 지각이 맨틀로부터 분화됨에 따라, 판구조tectonic plate가 형성되었다. 초기 지구에 대한 생태학적 단서, 즉 초기 대기 중 산소의

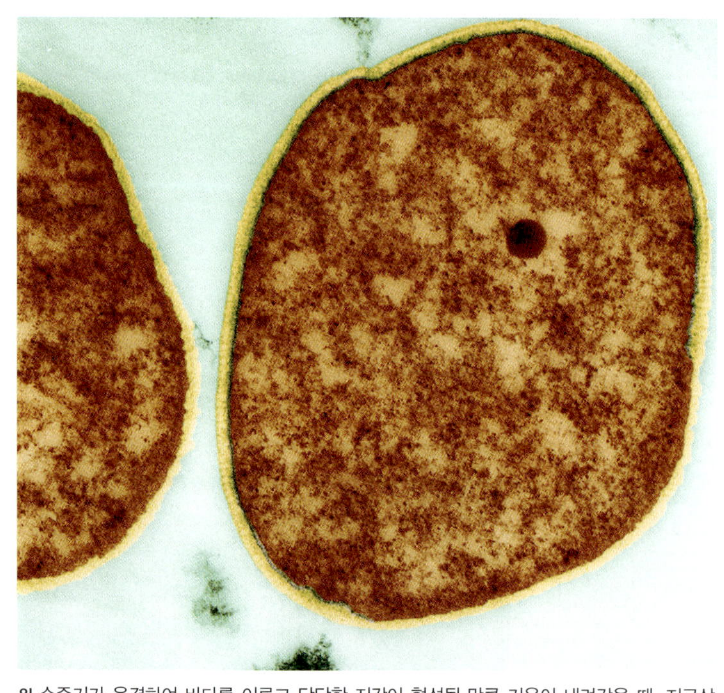

위 수증기가 응결하여 바다를 이루고 단단한 지각이 형성될 만큼 기온이 내려갔을 때, 지구상에는 생물이 나타났다. 또한 지구의 대기가 화산 폭발로 분출된 가스로 구성되었다는 것은 이미 널리 알려진 사실이다.

아래 무기 분자로부터 단세포 생물로의 도약적인 발전으로 만들어진 고세균이 지구 최초의 생물이라고 여겨지고 있다. 고세균이 뜨거운 심해 분출공에서 발견됨으로써 과학자들은 35억 년 전의 지구 표면이 이와 유사한 극한의 상황이었을 것이고, 그곳에 고세균이 있었을 것이라고 주장한다.

농도나 오랜 기간 판의 이동에 따른 대륙들의 위치와 같은 것들은 지구 생성 초기부터 있어 온 빙하 코어나 암석에 있는 기록에서 찾아볼 수 있다.

이 기록을 통하여 장구한 세월에 걸친 산의 형성과 침식에 의해 퇴적물이 만들어진 과정을 알 수 있다. 이 퇴적물은 얕은 연안 지역으로 씻겨 내려가 초기 해양 생물들이 번식하기에 적합한 서식지를 형성했다. 이 시기의 빙하 작용은 적도 부근까지 확장되었다. 해저 열수 분출공은 원시적 생물의 저수지였을 것이다.

버제스 셰일 화석 기록에 의하면, 세포핵을 가진 최초의 진핵생물은 대략 21억 년 전에 출현했다. 이후 폭발적으로 생물이 급증하기 시작했고, 약 5억 년 전에 현재 지구에 살고 있는 거의 대부분의 문phyla들이 출현했다.

캐나다 로키 산맥에 있는 버제스 셰일Burgess Shale에는 상당히 잘 보존된 삼엽충 화석이 있다. 이 화석은 50만 년 전 캄브리아기 중반까지 생물이 얼마만큼 진화했는지를 보여 준다. 미세하고 고운 진흙으로 덮여 있는 덕분에, 이런 연약한 육체를 가진 생물의 기괴한 가시와 주름까지도 세세하게 잘 보존되어 있다. 버제스 셰일에는 인간을 포함하여 골격이 있는 모든 동물들의 조상격인 초기 척색동물뿐 아니라, 해파리, 체절성 벌레들의 화석도 남아 있다. 버제스 셰일에 보존된 광범위한 종류의 생물은 놀라움 그 자체일 뿐 아니라, 이를 통해 오늘날 지구상의 생물들을 있게 한 진화 경로가 단지 하나의 가능성만 가지고 있지 않음을 알 수 있다.

왼쪽 캐나다 로키 산맥 버제스 셰일에 잘 보존된 5억 년 된 삼엽충 화석. 이 화석은 캄브리아기 중반까지 생물이 얼마만큼 진화했는지를 보여 준다.

오른쪽 위, 아래 중앙아시아의 티베트 고원에 위치한 차이다무 분지(Qaidam Basin)에서는 초기 지구의 생태학에 관한 풍부한 단서를 찾을 수 있다. 이곳에서 발견되는 퇴적층 화석은 중신세 초기(2,400만~1,600만 년 전)까지 거슬러 올라간다. 같은 시기에 서부 북미나 유럽에서는 고원이 만들어지거나 산이 형성되고 있었고, 판구조가 오늘날의 위치에 이르기까지 떠돌고 있었다. 하지만 대부분의 대륙은 오늘날의 모습과 거의 유사했다.

대규모 멸종

35억 년 전 지구상에 생물이 출현한 이후로, 지구상의 생물이 절반 혹은 그 이상 멸종한 시기가 최소한 다섯 번 있었다. 오르도비스기 4억 4,000만 년 전, 데본기 3억 6,500만 년 전, 페름기 2억 4,500만 년 전, 트라이아스기 2억 1,000만 년 전 및 백악기 6,600만 년 전의 말기나 그 근처에서 일어났다. 그리고 비록 화석 기록은 남아 있지 않지만, 무無산소 대기에서 유有산소 대기로 전환되는 과도기에도 지구상의 많은 생명체가 멸종했을 것이다.

이와 같은 멸종 원인을 설명하는 이론들은 기후 패턴을 바꾼 주요 화산 활동, 대륙의 배치, 태양 복사 에너지의 불규칙성, 운석 충돌, 해수면 변화, 기온 변화 등을 멸종 원인으로 들고 있다. 하지만 모든 대규모의 멸종이 똑같은 원인에 기인하지는 않는다.

바다의 염분과 열대 지방에서 북위와 남위로 더운 기운을 운반하는 해류의 이동 속도도 큰 영향을 미쳤을 것이다. 기후가 따뜻해지거나 해수면이 낮아지는 시기에 대기 중에 엄청난 양의 이산화탄소를 배출했을 수도 있는, 천연가스의 고형 얼음덩어리인 메탄하이드레이트 methane hydrate 도 또 다른 큰 요소로 작용했을 것이다.

대규모의 죽음 2억 4,500만 년 전의 페름기와 트라이아스기에 있었던 대규모의 멸종은 지구 역사상 가장 큰 규모의 멸종 사건이었다. 아마도 100만 년에서 200만 년의 기간 동안 90 %가 넘는 해양 생물들이 사라진 것으로 보인다. 육지에 서식하는 동물도 절반 이상의 과 family가 멸종했다. 이는 네 번의 다른 주요 멸종 시기에 생물의 12 %가 사라진 것에 비하면 엄청난 것이다. 에드워드 윌슨은 화석의 상대적인 희소성 때문에 멸종에 대해 참고할 수 있는 분류학적 기준 단위는 '과'라고 말한다. 왜냐하면 어떤 한 종은 그 수가 너무 적어서 화석 기록으로 확실히 남기가 어렵기 때문이다.

페름기 말에 멸종한 해양 생물의 우점종은 뼈처

위 공룡은 대략 6,500만 년 전에 멸종된 것으로 보인다.
아래 매사추세츠 주 중부에서 열린 자연 탐사에서, E.O. 윌슨(왼쪽)이 개미류에 대해 토론하고 있다. 윌슨 박사는 하버드 대학교의 생물학자이며, 2억 4,500만 년 전의 대규모 멸종의 근거를 설명하는 과학자 중 한 사람이다.

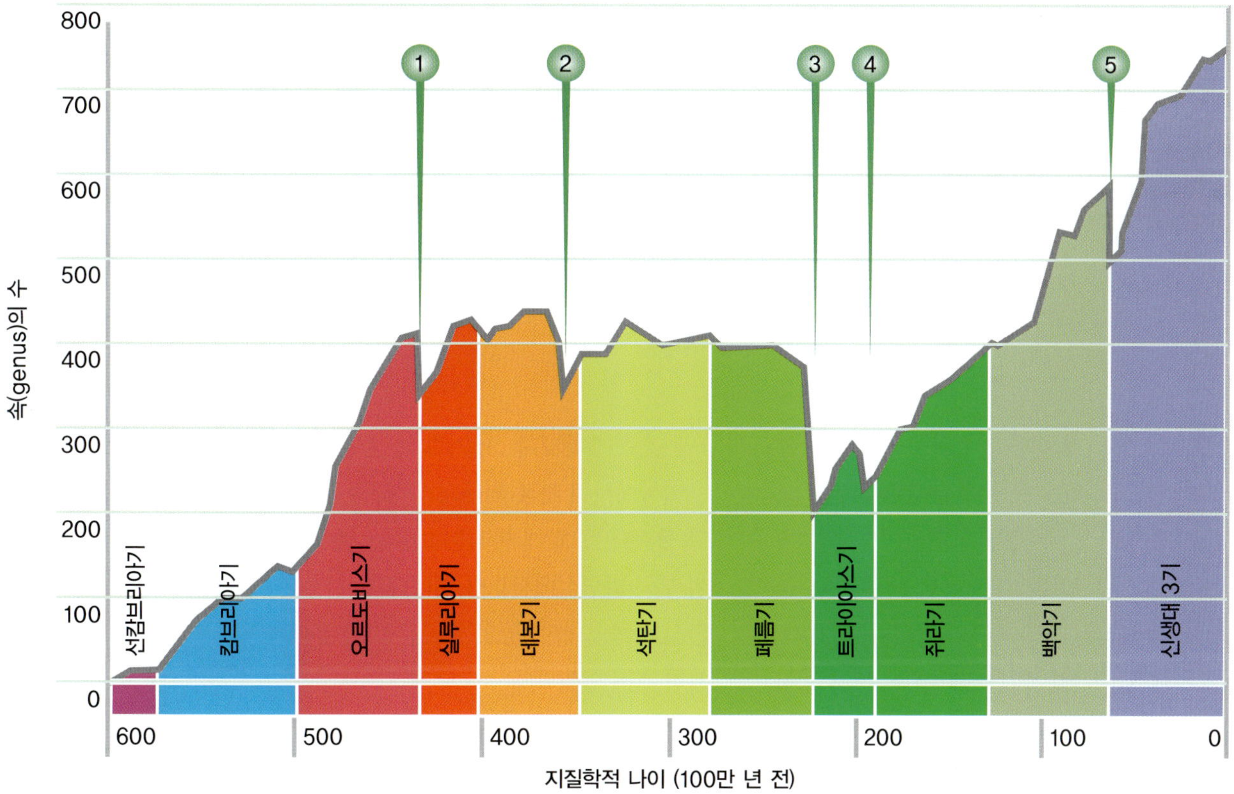

위 이 그래프는 지난 6억 년 동안의 해양 생물의 종 다양성을 간략하게 보여 주고 있다. 지구상의 절반 또는 그 이상의 생물이 멸종했던 다섯 번의 주요 멸종 시기도 표시되어 있다.

아래 약 6,500만 년 전에 있은 마지막 대규모 멸종은 운석이 지구와 충돌하여 생긴 것으로 생각된다. K–T 사건(K–T Event)이라고 잘 알려진 이 대재앙의 증거는 1990년 멕시코 유카탄 반도의 북부 해안에서 발견되었다. 여기서 발견된 지름 약 180 km의 고리 모양 구조인 칙슐루브(Chicxulub)는 운석의 충돌 때문에 생긴 것으로 보인다.

럼 딱딱한 껍데기를 가진, 마지막 판피강 어류placoderm fish인 삼엽충과 1.8 m나 되는 해양 전갈류인 광익류 동물eurypterid이다.

오늘날의 곤충들과 같이, 몸이 마디로 된 많은 종류의 갑각류와 절지동물들도 멸종했다. 페름기의 대규모 멸종의 원인을 설명하는 가장 손꼽히는 이론은 당시 생물들이 적응할 수 없었던 장기간의 기후 변화다.

멸종의 속도 멸종의 반대 현상은 기존의 종으로부터 새로운 종이 발달하는 '종 분화speciation' 다. 오랜 시간을 거치며 어떤 종이 생존하고 새로운 종이 출현하는 동안, 일부 종들이 멸종하는 것은 자연스러운 현상이다.

대규모 멸종이 일어나기 수십억 년 전에, 모든 종이 거의 100 %에 가깝게 바뀐 변동이 있었다. 즉, 각 시대의 초기에 존재했던 거의 모든 종이 멸종하고 새로운 종들이 그 뒤를 이어 번성한 것이다.

화석에 대한 연구로, 생물의 역사 전반에 걸쳐 100만의 화석 생물종마다 10년 단위로 1–10개 종이 멸종한다는 것을 알아냈다. 오늘날 지구상에 존재하는 생물의 종 수를 감안하면, 일 년마다 한두 개 종이 멸종한다고 볼 수 있다.

빙하기의 생태학

빙하기는 어느 정도 태양 주위를 도는 지구 궤도의 미세한 엇갈림으로 인해 발생한 것으로 보인다. 지구 역사상 네 번의 긴 빙하기가 있었다. 처음 세 번의 빙하기는 지구상에 공룡이 출현하기 전에 일어났다. 가장 최근의 빙하기는 약 400만 년 전에 일어났다. 지난 200만 년 동안 빙하기는 도래하고 후퇴하기를 17번 반복했으며, 이는 10만 년마다 약 한 번꼴로 일어난 것이다.

마지막 빙하기는 약 7만 년 전에 시작하여 약 1만 년 전에 끝났다. 이 기간 동안 빙하는 전진과 후퇴를 세 번 반복했다.

미국에서의 가장 최근의 빙하기는 위스콘신 빙하기Wisconsin glaciation라고 불린다. 그렇게 불리는 이유는 몇 킬로미터에 달하는 두꺼운 얼음판이 북극 만년설에서부터 캐나다와 북미 북부 지역을 뒤덮고 현재의 위스콘신 주까지 뻗어 있었기 때문이다. 유럽에서는 빙하가 독일 북부 지역까지 뻗어 있었다.

빙하가 마지막으로 후퇴한 이후 지구의 기후는 지난 10만 년보다 따뜻한 기온을 띠는 보기 드문 긴 간빙기를 맞고 있다. 지금 우리가 사는 지구 기후는 어쩌면 아직도 또 다른 빙하 시대로 후퇴하고 있는 빙하기

위 지구의 역사에서 빙하기는 네 번 있었다. 이 기간 동안 지구의 많은 지대는 북극 지형과 유사한 모습을 띠었다.
아래 미국의 나이아가라 폭포가 고드름 너머로 보인다. 나이아가라 폭포와 오대호 같은 여러 지질학적 장소들은 빙하가 전진과 후퇴를 하면서 생성되었다. 이로 인해 북미의 북부 지역이 극적으로 재구성되었다.

에스토니아 탈린의 발트 해. 마지막 빙하기에 빙하가 녹은 물과 바닷물이 섞여 소금기 많은 서식지가 조성되었다.

에 있는지도 모른다.

서식지의 형성 북미의 북부 지역은 빙하의 전진과 후퇴로 극적으로 재구성되었다. 언덕은 씻겨 드러나고, 계곡이 깎였다. 흙은 옮겨져 다른 곳에서 퇴적되었다. 오하이오 강의 강줄기가 변하고, 나이아가라 폭포가 생겨났다. 오대호는 빙하가 녹은 물로 채워졌다.

미국 롱아일랜드에서 메인 주에 이르는, 암석이 많은 북동부 해안은 얼음판에 씻기고 빙퇴석이나 빙하가 물러가면서 남긴 흙과 돌들로 재형성되었기 때문에, 남부의 부드러운 모래 해안과는 상당히 다르다. 북유럽에 있는 발트 해는 빙하가 녹은 물과 바닷물이 혼합되어 있어서, 소금기 있는 독특한 서식지가 형성되었다.

빙하가 흘러가면서 바닥에 모래와 자갈이 퇴적되어 만들어진 빙퇴구drumlin라 불리는 작은 언덕과 에스커esker라 불리는 산등성이는 빙하에 의해 형성된 또 다른 내륙의 형태다.

적응하는 생명체 위스콘신 빙하기는 수천 년 동안 계속되었지만, 이 기간에 생물은 그리 많이 멸종하지 않았다. 아무리 어렵다 하더라도 동식물들은 기후 변화에 적응을 잘한 것으로 보인다. 잠자리와 같은 오늘날의 곤충들은 공룡 시대에 살았던 것과 거의 같다. 아마도 기후 조건이 변할 때 쉽게 다른 곳으로 이주할 수 있었기 때문에 소수의 종들만 멸종했을 것이다. 이것이야말로 공룡의 혈통인 조류birds만이 유일하게 생존한

미국 캘리포니아 주에 있는 라버베즈 국립천연기념물(Lava Beds National Monument)에 위치한 머시포트 동굴(Mushpot Cave). 과학자들은 오래전 숲쥐가 저장해서 만든 결정화된 식물을 통해 이 지역의 이전 식생을 연구한다.

숲쥐가 만든 쓰레기 더미

숲쥐(pack rat)는 보물 더미를 쌓는 습관이 있다. 미국 남서부 지역과 중미의 사막에 있는 숲쥐는 동굴이나 바위에 식물, 뼈 같은 보물들을 채워 넣는다. 그리고 그것을 자신의 소변으로 뒤덮는데, 이로 인해 결정화된 더미는 오랜 기간에 걸쳐 보존된다. 오늘날 과학자들은 숲쥐의 쓰레기 더미(middens)를 관찰하며 과거 기후와 식물의 변화를 이해하고 있다. 예를 들어, 어떻게 마지막 빙하기 말기에 툰드라, 초원 지대, 전나무, 노간주나무 숲이 사라지고, 크레오소트(creosote) 덤불, 메스키트(mesquite), 폰데로사 소나무와 같은 사막 식물로 대체되었는지를 추적할 수 있다.

이유일 것이다.

곤충보다 이동성이 훨씬 낮은 식물들도 기후의 변화로 위도와 경도상의 분포 위치가 바뀌었다. 현재 미국 서부의 유타 주 자리에 있던 내해와 늪지 숲 주변에는 전나무, 가문비나무, 노간주나무 등이 서식했는데, 이들은 더 시원하고 습기 있는 환경에서 잘 살기 때문에, 저지대가 사막으로 변함에 따라 더 높은 고도로 이동해야만 했다.

바다가 산으로

히말라야 산의 고지대에는 소금 침전물과 짙은 붉은색의 산호 화석이 있다. 이것은 오늘날의 고지대 산속이 인도가 북쪽으로 이동하여 아시아 대륙을 밀고 나아간 1억 년 전에는 바다였음을 의미한다.

지구상의 산맥, 협곡과 같은 물리적 형태가 형성되려면, 수천 년 혹은 수백만 년이 걸릴 수 있다. 이와 같은 지질학적 사건들은 아주 점진적으로 일어나기 때문에, 이것이 형성되는 데 걸리는 장구한 시간을 '지질 시대geologic time' 라

고 부른다.

오늘날 지구상에 서식하는 생물들은 수천 수백만 년의 시간 동안 점진적이고 연속적인 지구 표면의 변화에 적응하고 진화해 온 것들이다.

갑작스러운 변동 이와 대조적으로, 가끔 기후의 대변동은 놀라우리만큼 짧은 기간 동안에 일어난다. 사하라 사막의 5,000년 전 그림에는 야자나무, 하마, 기린, 영양이 그려져 있다. 불모의 사하라 사구 밑에 묻혀 있는 동물 뼈와 대수층은 이 지역이 한때는 비옥한 곳이었음을 말해 준다.

하지만 가장 놀라운 것은 이 지역이 동식물이 풍부한 땅에서 생물이 매우 적은 사구로 뒤덮인 사막으로 변한 것이 불과 몇백 년 이내에 일어난 일이라는 사실이다.

장기간 변이성 빙하기와 같은 지구상의 장기간 기후 변이는 태양 광선의 주기뿐만 아니라 지구 궤도의 미세한 엇갈림, 지구 궤도의 모양, 궤도 축의 기울기에 영향을 받는다. 이와 같은 변화는 1만 년이나 길게는 수십만 년의 세월을 주기로 일어난다.

남극의 보스토크 호수Lake Vostok의 얼음 중심부를 뚫어 보면, 지난 25만 년 동안 지구는 오늘날보다 훨씬 추웠다는 사실을 알 수 있다. 사실 지난 1만 년 동안 지속된 비교적 따뜻한 기후는 20만 년 전의 기후에 비하면 비정상적인 막간처럼 보인다.

1만 년은 지질학적으로는 짧은 시간이지

위 사하라 사막은 불과 몇백 년도 안 되는 기간에 비옥한 토지에서 사막으로 변했다.
아래 지질학자들은 네팔에 있는 히말라야 산 일부에서 소금 침전물과 화석화된 산호를 발견했다. 이 지대는 한때 바다 밑에 있었다.

만, 현대 인류 문명 전체에 비하면 상당히 긴 시간이다.

변이성과 생존 기후의 단기간 변이는, 몇 년마다 해류의 이동을 변화시켜 세계 곳곳에 가뭄과 홍수를 일으키는 엘니뇨–남방 진동-El Niño-Southern Oscillation, ENSO과 같은 기후 변화 현상에 의해 일어난다. 기후학자들은 이런 단기간의 변화를 경험하는 것이 훗날 더 어려운 장기간의 기후 변화에 부딪칠 때를 대비해 좋은 경험이 된다고 말한다.

수십 년에 걸친 기후 변화성도 파괴적인 영향력을 지닐 수 있다. 마야 문명은 오랜 가뭄 때문에 사라졌을지도 모른다. 그러나 전체 생물종은 이와 같이 힘겨운 시기 때문에 멸종하지는 않는다.

한 종의 생존 가능성은 유전적 다양성과 같은 많은 변인에 의해 좌우된다. 유전적 다양성은 하나의 질병이나 어려운 상황으로 인해 모든 개체가 한꺼번에 멸종하는 가능성을 낮춰 준다. 또한 다양성은 진화적 적응을 돕는다. 담비ermine는 포식자로부터 자신을 보호하기 위해 겨울에는 하얗게, 여름에는 갈색으로 위장한다. 이는 행동 유전학적 적응의 한 예다.

수백만 년 전 지구상에 생물이 출현한 이후, 지속적이고 점진적이거나 혹은 갑작스러운 기후 변동 때문에 유연성에 대한 필요성이 강화될 수밖에 없었다.

얼음으로 뒤덮인 유량이 풍부한 강(위)과 가뭄으로 바닥이 갈라진 메마른 호수(아래)는 극명한 대조를 이룬다. 어떤 기후 변화는 단기적이고 변덕스럽지만, 장기적이면서 갑작스러운 기후 변화는 파괴적인 영향력이 있다. 유전적 다양성과 적응력은 생물이 멸종으로부터 보호받을 수 있는 하나의 방법이 된다.

천이: 오랜 이야기

하와이 섬들은 지질 시대의 장구한 시간에 걸친 잇따른 화산 활동으로 수백만 년 전에 해저가 솟아올라 형성된 불모의 단단한 현무암 언덕이었다. 그 후 각 섬들에 미국 본토나 다른 섬들로부터 바람이나 파도를 타고 표류한 동식물이 이주하기 시작했고, 시간이 지남에 따라 생물로 가득 찬 풍부한 생태계가 이루어졌다.

이 과정은 점진적으로 일어났다. 수천 년에 걸쳐 바람과 비로 바위가 침식되어 흙의 토대가 되는 모래를 생성했다. 조류algae와 지의류lichen: 조류와 세균의 밀접한 공생는 풍화된 바위 위에서 자라며 토양에 첫 유기물을 공급해 토양을 비옥하게 했다. 이와 같은 과정은 궁극적으로 미생물과 작은 곤충들에게 적합한 서식지를 만들어 주었다. 다음 수백만 년 동안에 식물, 곤충, 새, 포유류가 하와이 섬으로 표류해 오거나 날아오거나 헤엄쳐 왔다. 한때 이들은 새롭고 독특한 수천 개의 종과 아종으로 진화했다.

소규모 지역 기후 내에서는 다른 그룹의 종들이 번성하여 우점종이 되었다. 하와이에는 눈으로 덮인 산 주변에 우림과 야자나무로 가득한 해변이 형성되는 등, 많은 수의 다양한 서식지가 발달되었다.

새로운 서식지를 점령하는 첫 생물을 개척자pioneer라고 부른다. 이 생물은 환경을 바꿔 다른 생물들이 서식하기에 적합하도록 해 준다. 현무암 언덕으로 출발하여 수천 년이 지난 지금, 하와이 섬들에는 다양한 생

위 물과 토양이 풍부한 습지의 항공 사진
아래 왼쪽 푸르게 우거진 하와이 섬의 식생은 동식물이 가득 찬 풍요로운 생태계의 한 부분이다.
아래 오른쪽 해저가 솟아올라 형성된 검은 현무암의 지질학적 형태. 하와이 섬들은 원래 불모의 바위 언덕으로 형성되었고, 이곳에 생물들이 점진적으로 정착했다.

케냐의 고대 폐허 마을이 숲으로 회복되고 있다. 이는 2차 천이의 예다.

태계가 번성하게 되었다.

2차 천이 자연은 지속적으로 크고 작은 교란을 겪지만 다시 회복된다. 생물이 없는 육지에서 생물이 발달하는 1차 천이primary succession는 수백만 년이 흐르는 동안 일어나는 반면, 2차 천이secondary succession는 10년이나 몇 년 또는 몇 개월의 기간에도 쉬지 않고 끊임없이 일어난다. 2차 천이는 생태계에 자연재해나 인재에 의한 교란이 일어난 후 생물이 회복되는 것을 의미한다.

농경지를 방치하면, 그곳은 수년에 걸쳐서 유액 분비 식물과 가시나무 단계를 거쳐, 빽빽하지만 좁은 줄기 나무로 구성된 '2차림second-growth forest'으로 진행될 것이다. 이것이 2차 천이의 예다.

또한 홍수로 인해 나무가 씻겨 내려가고 침니만 퇴적되거나, 산불로 숲의 일부가 탔을 때와 같은 다양한 교란 후에도 2차 천이가 일어난다. 각 상황마다 토양은 비교적 빨리 그리고 단계적으로 회복될 것이다. 작고 억센 잡초나 풀은 진흙이나 재에서 먼저 자라고, 뒤를 이어 다년생 꽃식물과 햇빛을 좋아하는 덤불 식물이 어울려 자랄 것이다. 하지만 그중 일부는 결국 나무 그늘에 가리게 된다.

극상 생태계 생물들은 같은 공간에서 함께 살아가기 때문에, 흙, 식물, 곰팡이, 초식 동물 및 육식 동물들은 지속적으로 순응한다. 그리고 결국 생태계는 생물의 개체 수와 분산이 비교적 안정적인 상태에 이르게 된다. 이렇게 비교적 안정적인 생태계는, 비록 생태계 내부에서는 끊임없이 성장하고 죽고 진화하며 순응하는 과정이 일어나긴 하지만, '극상 생태계climax ecosystem'라고 부른다. 극상 생태계는 생물 다양성이 비교적 높고, 토양과 날씨가 지원해 주는 만큼 생산성을 갖추고 있다.

캐나다와 시베리아의 한대림이 이런 극상 생태계의 예다. 이곳에서는 전나무와 가문비나무가 함께 자란다. 만약 이곳이 인간의 간섭 없이 보존된다면, 다음 빙하기나, 새로운 종들이 기존의 종들을 점령할 수 있는 기온과 강우 패턴의 변화를 일으키는 지구 온난화가 일어나기 전까지는 지금과 거의 비슷한 숲으로 남아 있을 것이다.

북극 툰드라 역시 마찬가지다. 이곳의 극한 기온 때문에 툰드라에서는 대부분의 식물이 자랄 수 없다. 풀, 이끼, 작고 억센 꽃식물, 지의류 등이 혼합된 키 작은 식물이 남아, 이곳의 거친 환경에 적응한 동물과 공존하며 살아갈 것이다.

미시건 호의 해안선. 생태학자 헨리 콜스는, 이곳의 다양한 식물상은 빙하가 물러나면서 생겼고, 빙하가 물러난 뒤 북극 동물상이 남게 되었다고 주장했다.

인디애나 사구

마지막 빙하기 말기 때 북미에서는 미시건 호의 제방 주변에 빙하가 여전히 남아 있었고 그 사이로 바위가 뒤섞여 있었다. 그 바위들은 물과 바람의 풍화 작용으로 모래로 바뀌었다.

20세기 초반, 생태학자 헨리 콜스(Henry Cowles)는 미시건 호 근처의 사구에서 이상한 점을 발견했다. 몇몇 다른 생태계에 속하는 식물들이 서로 가까운 곳에서 자라는 것이었다. 부채선인장(prickly pear cactus)은 북극 월귤나무(arctic bearberry)와, 남부 층층나무(dogwood)는 북부 방크스소나무(jack pine)와 가까이에서 자라는 것이 발견되었다.

콜스는 일부 북극 식물이 빙하가 물러난 뒤에도 남은 것과 남쪽으로 밀려난 식물들이 재출현한 것을 설명하기 위해 식물의 천이를 재구성했다. 일부 지역에서는 강한 초원 풀만이 생존했고, 참나무는 토양층이 두꺼운 곳에서만 자랐다. 남겨진 빙하가 천천히 녹는 곳에서 습지 식물상이 번성했다. 콜스는 그 지역이 역동적인 천이가 일어나는 실질적인 박물관이라는 사실을 발견했다.

인류의 등장과 영향

홍적세Pleistocene의 마지막 주요 빙하기가 후퇴하기 이전인 약 5만 년 전에, 인간은 수백 년 이내에 아시아로부터 베링 육교Bering land bridge를 지나, 알래스카에서 판타고니아pantagonia에 이르는 북미 지역으로 이주했다.

당시 현대 인류는 도구와 전략, 불을 사용했다. 그들은 핵심종으로서 동물을 죽이고 물리적 환경을 재구성하는 등, 생태계에 영향을 주는 활동들을 즉각 시작했다.

과잉 살상 이론

많은 과학자들은, 호모사피엔스 *Homo sapience*의 증가에 따른 초기 결과는 수많은 거대 육상 동물들의 멸종이었다고 생각한다. 북미 지역은 검치호랑이 saber-toothed cat와 마스토돈mastodon, 땅나무늘보, 매머드, 긴뿔들소long-horned bison, 자이언트비버giant beaver의 고향이었다. 하지만 뼈와 숯 조각들이 현저히 증가한 화석 기록을 보면, 인류가 도래한 수천 년 안에 대륙에 살고 있던 거의 모든 거대 포유류가 멸종했음을 알 수 있다.

호주에서도 똑같은 현상이 일어났다. 인류가 출현한 후 얼마 지나지 않아, 날지 못하는 새들, 자이언트 캥거루, 그 외 다른 수십여 종의 동물들이 멸종했다.

인류로 인해 이렇게 많은 동물들이 멸종하게 된 이유를 설명하는 몇 가지 이론이 있다. 하나는, 한 번도 인간을 본 적 없는 거대한 동물들이 인간에 대한 두려움이 없어서 방어 체계를 세우지 않았다는 것이다. 다른 이론은, 인간은 너무나 다양한 종류의 동물들을 사냥해서 어느 한 종의 멸종에는 크게 영향을 받지 않았을 것이라는 주장이다.

일부 과학자들은, 유럽인들이 미 대륙에 처음 도착했을 때 평원을 거닐던 버펄로의 거대한 무리들이 인간이 평원을 차지하기 위해 그들을 제거할 때에도 '급증하는 개체군outbreak population' 이었다고 생각한다.

농 업

1만 4,000년 전부터 1만 2,000년 전에 마지막 홍적세 빙하기가 후퇴함에 따라 빙하가 녹고 기후가 따뜻해지면서, 인간이 먹을 수 있는 식물을 포함한 많은 식물들은 잘 자라게 되고 추운 기후에 적응했던 동식물들은 해를 입기 시

위 인간의 강력한 무기인 불은 많은 종의 멸종을 불러왔다.
아래 현존하는 대륙 동물 중 가장 오래된 북미 들소. 화석을 통해, 인류가 도래한 지 몇천 년 후에 육상의 수많은 거대 동물들이 멸종했음을 알 수 있다.

작했다. 하지만 선사 시대 인간은 생활하기가 더 쉬워졌다. 고고학자들은 이 시기의 인류는 여전히 수렵·채집 생활을 했지만, 동물들이 모이는 곳 주변으로 정착했다는 증거를 발견했다.

지질 시대에서 그리 오래되지 않은 몇천 년 안에, 중동 지역에 살던 인류는 야생 곡류를 재배하기 시작했다. 일부 연구자들은 1만 2,000년 전의 영거 드라이아스 사건Younger-Dryas event이라 불리는 소빙하기의 갑작스러운 등장으로 곡류를 재배할 필요성이 절실했을 것이라고 생각한다. 이론에 의하면, 야생 곡류에 의존해 쉽게 살아가는 데에 익숙해진 인간은 자신들이 먹는 야생 곡류가 추운 환경에서는 잘 자라지 않는다는 것을 갑자기 알게 되었다는 것이다.

이에 따라 추운 환경에서도 잘 자라는 곡류를 골라 재배하게 되었다. 즉, 농부들은 다음 해의 농작에 사용할 가장 알찬 곡물 씨앗을 저장할 수 있었다. 재배된 곡물과 안정적인 식량 공급으로 인류는 한 장소에 정착하여 부락을 형성할 수 있게 되었다. 초기에 재배된 식물은 보리와 밀뿐만 아니라 멜론과 대추야자, 아몬드와 렌즈콩도 있었다.

양과 염소는 1만 년 전에 가축화되기 시작했다. 동물을 가축화하는 인간의 목표는 인간의 수요를 만족시킬 수 있는 더 많은 산물을 생산하는 것이었다. 양, 염소 그리고 훗날 소는 의복과 식량을 사람에게 제공했다. 수소ox와 말은 일을 도왔다. 이와 같이 사람들은 동물들을 선택하여 인위적으로 증식했다.

인간과 먹이 경쟁을 하는 것으로 생각되는 이리, 코요테 등과 같은 포식자 개체군은 사냥을 통해 조절되었다.

인류의 영향으로 지구 생태계는 이제 새로운 국면을 맞게 되었다.

위 포르투갈 북부의 밀밭. 일부 과학자들은 1만 2,000년 전 소빙하기 때에 갑작스러운 기후 변화로 곡류 재배가 필요했을 것이라고 생각한다. 인류는 더 이상 풍부한 야생 곡류에만 의존할 수 없게 되었고, 스스로 곡류를 재배하기에 이르렀다.

아래 멍에를 얹은 수소가 농장에서 일을 하고 있다. 가축들은 처음에는 식량과 의복을 얻고 일에 사용하기 위해 사육되었다. 이들 개체군의 점진적인 증가로 지구의 생태계가 바뀌었다.

CHAPTER 8

생태학자들은 무슨 일을 하는가?

왼쪽 레이첼 카슨(1907-1965). 동물학자이자 해양생물학자로, 현대 환경 운동의 선구자로서 업적을 남겼다. 농약이 인간에게 미치는 악영향에 대해 쓴 대표작 《침묵의 봄》이 출간되면서, 과학자들과 대중들은 시위를 벌여 연방 정부가 유해한 농약 사용을 금지시키도록 요구했다.
위 농장에 뿌리기 위해 준비해 놓은 제초제 용기
아래 농약은 미국 대머리독수리를 멸종 위기에까지 몰고 갔다.

미국 생태 학회Ecological Society of America에 의하면, 개미의 행동에 대한 전문가이든 자원 관리 분야의 전문가이든 모든 생태학자들은 자연 세계를 관찰하고 분석하며 질문을 던지는 열정을 가져야 한다.

1962년, 미국 어류 및 야생동물 관리국U.S. Fish and Wildlife Service에서 오랫동안 일해 온 해양생물학자 레이첼 카슨Rachel Carson은 지금까지 집필된 가장 유명한 환경 관련 서적 중 하나인 《침묵의 봄Silent Spring》을 출판하여 인류의 마음과 생각을 바꾸었다. 카슨은, 인간이 생태계의 다른 요소들만큼이나 피해에 약한 존재이며 자연 세계의 일부라는 것을 알리고자 노력했다. "우리가 우리 스스로에 대한 놀라움과 현실 세계에 대해 더 많은 관심을 가진다면, 더 이상은 이곳을 파괴하지 않을 것이다."라고 적었다.

《침묵의 봄》은 광범위한 농약의 사용으로 환경이 어떻게 파괴될 수 있는지에 대해 경각심을 일깨웠다. 결국 카슨이 경고한 결과, 미국 정부는 대머리독수리와 같은 육식조의 생존을 위협하는 DDT의 사용을 금지시켰다.

극히 소수의 환경과학자들만이 레이첼 카슨과 같이 큰 변화를 이끌어낼 수 있지만, 그래도 많은 학자들이 우리가 살고 있는 지구와 인류의 관계를 개선하기 위해 큰 임무에 동참하고 있다.

산성비에 대한 이해

1960년대 초 생태학자 진 리켄스Gene Likens와 동료들은 미국 뉴햄프셔 주 화이트 산맥White Mountains의 하천 생태계를 연구하고 있었다. 그 때 그들은 보통 때와 달리 높은 산성도를 보이는 비를 발견하고는 깜짝 놀랐다. 일반적으로 비의 pH는 5.2 정도이지만 리켄스 박사가 채취한 비는 4.05~4.1이었다. 연구팀은 이것이 환경에 위협을 준다는 것을 알았다. 개울가에 서식하는 개구리, 도롱뇽, 송어, 가재 등과 같은 동물은 pH가 4.5 이하가 되면 죽을 수도 있다. 나무나 곡물과 같은 식물들도 환경이 너무 산성화되면 악영향을 받을 수 있다. '산성비 현상'은 영국의 맨체스터에서 100년 전에 붙여진 이름이며 스웨덴 과학자들은 산성비에 대해 많은 연구를 했지만, 북미에서는 별다른 연구가 이루어지지 않았다.

뉴햄프셔의 과학자들은 왜 산성비가 마을과 공업 지역에서 멀리 떨어진 뉴햄프셔의 숲에서 발생했는지 조사했다. 그 결과, 석탄과 휘발유와 같은 화석 연료의 연소 가스가 바람을 타고 날아온 것이 원인임을 알아냈다. 특히 산성비는 자동차와 공장, 전력 산업의 배출 가스에 의해 발생했다. 석탄을 연소하는 발전소는 중서부의 대기에 매연을 배출했고, 수백 킬로미터 떨어진 뉴잉글랜드 주에 산성비를 내리게 했다.

과학과 정책 생태학자들이 산성비가 화석 연료의 연소 가스로 인해 생긴다는 것을 밝혀낸 뒤 몇 년 후, 주 정부와 국가, 환경 보호 단체, 산업 단체는 이 문제를 어떻게 해결할지를 두고 논의했다. 석탄 연소 발전소에서 나오는 배출 가스를 정화하고 자동차에서 배출되는 황과 매연을 줄이는 기계가 발명되었다. 일부 입법자들과 환경 단체들은 대기 중으로 배출되는 황의 양을 제한하는 법안을 통과시켜, 전기 회사들의 유해 물

위 뉴햄프셔 주에 있는 화이트 산맥. 미국 동북부 지역에는 산성도가 높은 비가 와서 종 다양성이 감소했다.
아래 왼쪽 양서류는 산성비의 영향으로 더 큰 위험에 처할 수 있다.
아래 오른쪽 가재는 딱딱한 겉껍데기로 보호를 받는다. 산성도가 높아지면 이 껍데기가 잘 자라지 못한다.

전문가들은 황과 질소를 산성비가 해로운 영향을 미치는 데 기여하는 두 원소라고 생각한다. 이 물질들은 자연과 인공적인 다양한 공급원에서 배출된다. 화산, 번개와 같은 자연 공급원에서 나오는 배출량은 발전소, 자동차 또는 가솔린으로 움직이는 기계 등과 같은 인공 공급원에서 나오는 배출량에 비하면 아주 적다.

질 방출을 줄이도록 했다. 일부 기업들은 더 비싸거나 실리에 맞지 않는 에너지를 사용해야 하기 때문에 새로운 법안과 기술 개발에 반대했다.

미국 정부는 1963년에 처음으로 대기 오염 방지법Clean Air Act을 제정했다. 이 법안은 1970년에 개정되었고, 정부가 허용 가능한 이산화황 배출량을 제한했던 1990년에 다시 개정되었다.

오염 물질을 배출해야 하는 회사들은 허용된 황 배출량을 거래할 수도 있었다. 이에 따라 만약 한 회사가 할당된 제한량보다 더 배출하고 싶다면, 배출량이 적은 회사의 할당량을 구매할 수 있었다. 환경보호청 Environmental Protection Agency에 의하면, 1990년 이후 발전소에서 배출되는 이산화황의 양은 3분의 1 정도가 감소했다. '총량거래제cap and trade'는 황 배출에만 적용되었으며, 질소 산화물, 암모니아와 같은 산성비 요소는 제외되었다. 이에 따라 이 물질들의 보유량은 지속적으로 증가하기 시작했다. 1979년 월경성 장거리 대기오염에 관한 협약Convention on Long-Range Transboundary Pollution을 만든 유럽도 유사한 방법으로 황 배출량을 제한했다. 그리고 이후 질소 산화물이나 암모니아와 같은 물질에도 적용했다.

회 복 수십 년 동안 생태학자들은 산성비의 영향에 대해 연구했다. 원인을 파악한 후 사탕단풍나무와 호수에 사는 생물에 산성 침전물이 미치는 영향을 정량적으로 분석하는 작업을 시작했다. 또한 산성이 물과 흙에서 어떻게 처리되는지를 파악하는 데에도 연구가 집중되었다. 산성 침전물에 영향을 받은 계system의 화학 작용은 다소 복잡한 것으로 밝혀졌다. 예를 들어, 토양에서 염기성인 탄산칼슘염은 산성 침전물을 중화시킬 수 있어도, 칼슘의 양이 감소하면 이 방법은 무의미해진다.

산성이 호수에 있는 알루미늄의 양을 증가시킬 때 또 다른 문제가 생긴다. 물고기는 알루미늄을 견뎌 낼 수 없어 질식사한다. 이때 실제로 물고기를 죽게 만든 것은 알루미늄이지만, 그 죽음의 원인은 산성 침전물

생태학자들은 자연과 자연에 영향을 미치는 행위와의 관계를 연구한다. 모든 생태학자들은 약간은 지루한 면도 있는 야외 활동으로 대부분의 시간을 보내며, 연구는 이들의 일상생활에서 극히 일부에 지나지 않는다.

야외 탐사

대부분의 생태학자들은 학창 시절 때 달팽이 수를 센다거나 물 샘플을 채취한다거나 흙의 화학 성분을 분석하는 등의 고리타분한 일을 하면서 야외에서 많은 시간을 보낸다. 이들 중 일부는 실험실 업무가 적성에 맞을 수도 있지만, 다른 일부는 정책을 세우는 데 영향을 주는 직업을 찾아 이직하기도 하며, 지역구나 회사가 생태학적으로 확실한 의사 결정을 내릴 수 있도록 돕기도 한다. 대중 강연과 책으로 국가에 영향력을 미치는, 잘 알려진 환경과학자들도 생물이나 생태계에 관한 기초 연구를 계속 수행하고 있다. 예를 들어, 제인 루브첸코(Jane Lubchenco)와 같은 해양생물학자는 해양 생물을 돌봐야 하는 중요성에 대해 전 세계를 누비며 강연하기도 하지만, 동시에 오리건 주립대학에서 실험실을 운영하며 식물과 초식 동물의 상호 작용과 생물지리학, 기후 변화의 생태학적 영향 등을 연구하고 있다.

때문이다.

최근 생태학자들은 산성 침전물로 훼손된 생태계를 회복시키는 방법에 대해 연구를 시작했다. 자연이 복구되는 속도와 피해를 원 상태로 되돌리는 데 드는 비용에 대한 이해가 생기면, 계속적으로 환경을 오염시키는 전력 산업과 공장, 농장, 운전자들에게 적용되는 정책에도 영향이 미칠 것이다.

멸종 위기의 생물 구하기

미국에서는 약 1천여 종이 '멸종 위기endan-gered' 리스트에 올라 있다. 이들은 심각한 멸종 위기에 처한 상태다. 또 다른 수천 종 혹은 개체군은 '위협받고 있는threatened' 또는 '관심 가져야 하는 종species of concern'의 리스트에 올라 있다. 이들 개체군은 감소하거나 그 서식지가 사라지거나 훼손되고 있는 상태다. 멸종위기종 보호법Endangered Species Act이 1973년에 제정된 이래로, 미국에서는 단 일곱 종만이 멸종 위기 리스트에서 이름이 지워졌다.

전 세계적으로, 과학자들은 멸종위기종이 이례적으로 많이 모여 사는 곳을 확인했다. 만약 이들 '밀집 지역hot spots'이 보호된다면, 많은 종들 역시 보호될 것이다.

국제 환경 보존 기구Conservation International와 세계 야생동물 보호기금World Wildlife Fund for Nature과 같은 많은 세계적 기구들이 이런 특별한 지역에 많은 노력을 기울이고 있다.

법과 이행 생태학자들은 야생 생물 개체군을 이해하는 데 중요한 역할을 한다. 이러한 개체군에 관해 수집된 자료는 이 종들의 멸종 위기 여부와 원인을 파악하는 데 유용하다. 또한 과학적 자료는 기획자들이 멸종의 위협을 받고 있는 개체군을 회복시키기 위해 무엇을 해야 할지를 결정하는 데 도움을 준다.

환경과학자들은 송어든 부채머리독수리harpy eagle든 사자원숭이golden lion tamarin든 멸종 위기의 종이나 아종을 연구할 때, 개체군의 크기와 범위, 먹이, 행동, 서식지 필요조건 그리고 이들

사자원숭이 개체군은 위험에 처해 있다. 인간이 이들의 서식지를 침범하고 불법 애완동물 거래를 하기 때문이다.

위 점박이부엉이. 세계적으로 멸종위기종의 대부분은 환경 오염과 밀렵, 서식지 파괴의 희생물이다.
아래 인간은, 물웅덩이에서 잠복하고 있는 코뿔소(왼쪽)와 수세기 동안 사냥의 대상이었던 고래(가운데), 부채머리독수리(오른쪽)를 포함한 많은 동물들의 주된 포식자다.

이 멸종 위기에 처한 원인들을 평가한다.

종을 보호하는 데 사용하는 방법으로는 법과 규칙, 세금 인센티브가 있다. 하지만 간혹 법이나 규칙도 이들을 보호하는 데 충분하지 않을 때가 있다. 우림을 벌목하는 것은 불법 행위일 수 있지만, 에콰도르의 목장주들은 자신의 이익을 위해서라면 위험도 감수해야 한다고 생각하기 때문에 어찌 되었건 본인들 뜻대로 한다. 어떤 환경과학자들은 규칙과 법이 이행될 수 있도록 조건을 검토하고 규칙을 집행하는 분야에서 일하기도 한다.

미국에서는 주 정부나 시뿐만 아니라, 어류 및 야생동물 관리국Fish and Wildlife Service, 국립공원 관리소National Parks Service, 지질 조사소Geological Survey와 같은 연방정부 기관에서도 생태학자를 고용한다.

서식지 보호 멸종 위기의 동물들은 주로 넓은 야생 환경이 서식지로 필요하다. 이런 이유 때문에 이 동물들은 다른 목적으로 토지와 자연 자원을 이용하려는 인간과 충돌하게 된다.

1990년 멸종위기종 보호법에 따라, 점박이부엉이spotted owl가 멸종 위협을 받는 동물 리스트에 올랐다. 불행히도 이 부엉이의 서식지는 태평양 북서부 지역에 있는 오래된 숲으로 된 목재 지역인데, 이곳의 나무는 이미 80 %가 벌목되었다.

점박이부엉이가 사는 지역에서 이뤄지는 벌목 작업은 많은 마을들에 있어서는 경제 활동이었지만, 남은 2,500여 쌍의 점박이부엉이들에게는 커다란 위협이었다. 환경 보호 단체와 벌목으로 살아가는 주민들 양쪽의 압력을 받으며 입법자들은 점박이부엉이를 보호하기 위해 목재 회사가 일정 규모의 숲을 건드리지 못하도록 결정했다. 그러나 여전히 점박이부엉이는 멸종 위기에 놓여 있다.

멸종 위기에 처하거나 멸종의 위협을 받는 종을 보존하려는 환경 단체는 주로 산업체나 경제 단체와 싸움을 하게 된다. 회사들은 단기적으로는 손해를 입고 장기적으로는 회사의 존립이 위협을 받는다고 생각한다. 환경 단체들은 자기 스스로를 대변할 수 없는 야생 동물들을 대신하여 야생 동물의 입장에서 목소리를 내야 한다.

전체 산림의 벌채로 이어지는 대규모의 벌목 작업으로 인해 태평양 북서부의 점박이부엉이와 같은 많은 종들이 생존에 위협을 받게 되었다.

이에 대한 대안으로 일부 단체는 멸종 위기의 생태계를 보존하면서도 사람들이 돈을 벌 수 있는 여러 방법들을 개발하고 있다. 자연을 파괴하지 않고도 수확할 수 있는 목재나 견과와 같은 생산물을 파는 가게를 개발하거나, 유기농 커피 재배자들에게 더 높은 값을 쳐 줌으로써, 사람들이 생태계를 파괴하지 않고도 충분히 돈을 벌 수 있도록 해 준다. 생태 관광은 비록 모든 관광이 환경을 훼손하지 않는 것은 아니지만 야생 지역을 보존하는 데 도움을 주면서 경제적인 이익을 얻을 수 있게 한다.

의도하지 않은 결과

과학자들은 바다거북의 알을 너구리로부터 지키기 위해 알 주위에 종종 직류 전기가 통하는 금속 그물 우리를 설치한다. 그러나 과학자들은 최근에 금속 우리가 알이 있는 장소 주변의 자기장을 변화시킨다는 사실을 알아냈다. 거북의 체내 항해 체계는 지구의 자극(magnetic pole)에 토대를 두기 때문에, 자기장의 변화는 거북의 방향 감각에 혼란을 줄 수 있다. 이것은 인간의 사소한 간섭이 의도하지 않은 결과를 가져올 수 있음을 보여 주는 하나의 예다.

복잡한 정책 결정을 할 때에는 그것으로 인해 생길 수 있는 결과들을 고려해야 한다. 가끔 한쪽을 도와주면 다른 쪽에 피해가 갈 수 있다. 정부에서 일하든 기업에서 일하든 생태학자들은 부족한 돈과 시간 및 충돌하는 이해관계 사이에서 균형을 잘 맞추어야 한다. 예를 들어, 수자원 관리인으로 일하는 생태학자는 야생 동물뿐 아니라 농장, 공장, 주택, 골프장, 수력발전소 등 물을 사용하는 모든 지역 사람들의 이해관계를 고려해야 한다. 가뭄으로 수위가 낮아질 때, 얼마나 많은 물을 저수지에서 방류해야 할까? 누군가는 늘 불만인 상태로 남기 때문에, 이해관계의 균형을 이루는 것은 어려운 일이다.

규칙과 이행

환경 규제들은 일부 산업에 더 많은 영향을 준다. 석유 산업, 종이 회사, 쓰레기 처리 회사, 채광 회사, 전력 산업 및 생산업자들이 많은 통제를 받는다. 이 같은 산업들은 작업의 특성상 환경적 비용을 지불해야 한다. 그래서 이 분야 산업의 회사들은 규제를 준수하거나 때에 따라 환경적 책임에 대해 사전에 대비하기 위해 생태학자들과 환경과학자들을 고용하는 일이 흔하다.

보통 환경적 이행 정보는 일반 대중들도 이용할 수 있도록 되어 있어야 한다. 공익 기업은 '유해 물질 배출 목록toxic release inventories' 이라는 배출량 보고서를 작성하도록 되어 있다. 일부 회사는 한발 더 앞서간다. 오하이오 주의 한 공익 기업은 자사 웹사이트에 환경적으로 책임 있는 기업임을 나타내고자 숲과 야생 생물 복구 프로그램에 대한 토론장을 마련했다.

환경과학자들은 산업 분야와 정부, 감시 단체에 고용되어 규칙과 법을 준수하는지 확인하고 있다.

환경 영향 평가 보고서 공사나 채광, 제조업, 도로 건설 또는 다른 개발 프로젝트를 진행하기 위해 허가를 받기 전, 개발업자들은 그것에 대한 환경 영향 평가 보고서를 작성해야 한다. 어떤 프로젝트가 환경에 어떤 영향을 미칠지, 구체적인 정보를 이 법적 서류에 기술해야 한다.

위 연료 정제소의 굴뚝들이 지평선을 빼곡히 채우고 있다.
아래 왼쪽 애리조나 주의 고속도로 공사 현장. 이러한 작업은 환경적으로 많은 영향을 미치기 때문에, 미국 환경 규칙은 회사가 환경적 악영향을 최소화하도록 요구한다.
아래 오른쪽 근해 유전

환경 영향 평가 보고서에서는 제안된 프로젝트를 수행하기 위해 얼마나 많은 에너지와 물, 공간 및 다른 자원이 사용되며, 어떻게 토지 이용 규칙을 준수할 것인지에 대해 기술해야 한다. 프로젝트가 환경에 악영향을 미친다면 개발업자들은 이를 최소화할 수 있는 방안을 제시해야만 한다.

프로젝트가 지역 사회에 물리적으로나 미학적으로 어울릴 수 있을까? 도로가 좁고 학교 수가 적은 이 지역이 더 많은 사람들과 증가하는 교통량을 소화할 수 있을까? 오히려 눈엣가시가 되지 않을까? 강에 침전물이나 오염 물질을 배출하지 않을까? 벌목하기 위해 숲을 개방한다고? 연방 정부 및 주·지역 정부는 모두 환경 영향 평가 보고서에 각자 다른 정보를 서술하도록 요구한다.

환경 영향 평가 보고서는 주로 엔지니어링 회사나 전문화된 컨설턴트가 작성한다. 환경과학자들은 이와 같은 회사에 고용되어 보고서 작성에 필요한 자료를 수집하거나, 정부 기관에 고용되어 새로운 개발을 감시하거나 평가하기도 하며, 환경 보호 단체에서 환경에 대한 교란을 제한하는 업무를 담당하기도 한다.

자발적 리더십 일부 회사들은 자사의 문화와 이미지에 환경적 감성을 부여하기도 한다. 예를 들어, 벤 앤제리 아이스크림 Ben & Jerry's ice cream은 가끔씩 자사가 어떻게 환경 보호에 힘썼는지에 대한 이야기로 매장을 꾸민다. 이 회사는 환경 단체에 돈을 기부할 뿐만 아니라 매년 발생하는 쓰레기의 절반 이상을 재활용함으로써 자사의 생산과 사업이 환경에 어떤 영향을 주고 있는지를 알린다.

컴퓨터 칩 생산업체인 휴렛패커드 Hewlett-Packard는 비용 절감을 위해서 미국에 친환경적인 새로운 공장을 세우기로 결정했다. 텍사스에 있는 이 공장은 이전의 공장들보다 물과 전기를 적게 소모한다. 건물과 생산 과정은 모두 환경에 영향을 덜 미치고 에너지 효율을 높이도록 설계되었다.

건축에서 인쇄업에 이르기까지 다양한 산업 분야에서 일하는 환경 전문가들은 산업에 새로운 인식을 불어넣고 있다. 캐나다의 목재 회사들은 환경 단체와 협력하여 그레이트베어 레인포레스트 Great Bear Rainforest라 불리는, 북미에 마지막으로 남은 오래된 온대우림을 관리하기 위해 계획을 세웠다. 이곳은 미국흑곰의 아종인, 희귀한 하얀 '스피릿 베어 spirit bear'의 유일한 서식지다.

이전에는 산업계와 환경학자들이 서로 반대 입장에서 많은 논쟁을 벌이곤 했던 장소에서, 현재는 서로 협력하는 기회를 많이 갖고 있다.

위 재활용 센터에 쌓여 있는 폐지류
아래 캐나다 브리티시컬럼비아에 있는 그레이트베어 레인포레스트는 북미에 마지막으로 남은 오래된 온대우림이다. 목재 회사들은 환경 단체와 협력하여 이 숲을 관리하기로 했다.

질병생태학

전통적으로, 공중 보건 공무원이나 의사들은 병의 감염을 막거나 아픈 사람을 치료하려는 관점으로 질병을 바라본다. 또 다른 관점은 병을 일으키고 옮기고 퍼뜨리는 생물의 생태학적인 면에서 바라보는 것이다.

질병을 일으키는 생물은 다른 생물들과 마찬가지로 자연의 일부다. 최근 생태학자들은 에이즈와 웨스트 나일 바이러스West Nile Virus, 급작스러운 참나무의 죽음, 조류 독감, 라임병Lyme disease 등과 같은 질병 연구에 기여했다. 질병생태학자들은 질병을 일으키는 생물이 어떻게 살아가고, 주변 환경에 어떻게 적응하는지를 연구한다.

예를 들어, 라임병은 진드기, 사슴 그리고 라임병을 일으키는 세균을 옮기는 흰발쥐 및 다른 작은 동물들 간의 상호 작용에 의해 생긴다. 미국 북동부 지역의 숲에 더 많은 가옥이 지어짐에 따라, 얼룩다람쥐나 도마뱀과 같은 질병에 감염되지 않는 작은 동물들의 개체군이 감소하고 인간과 진드기의 접촉은 증가했는데, 이에 따라 라임병이 사람들에게 퍼져 나갔다. 진드기 새끼애벌레는 점점 더 감염된 쥐에게서 많이 번식하고, 그 후 세균은 사슴을 통해 사람에게 전달되었다. 사슴의 개체군은 포식자와 사슴 사냥꾼이 감소함에 따라 폭발적으로 증가했다.

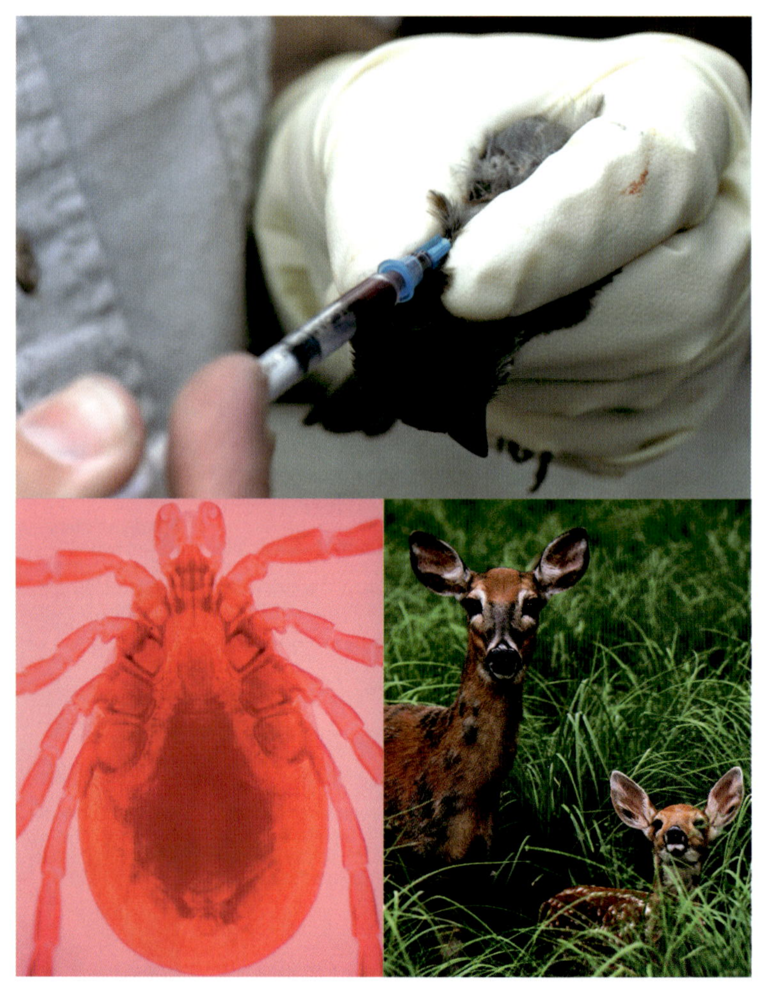

위 모기는 매개체 감염 질병의 운반체.
가운데 집참새로부터 혈액 표본을 채취하고 있다.
아래 왼쪽 사슴 진드기
아래 오른쪽 새끼와 함께 있는 사슴. 라임병의 전파는 부분적으로 사슴과 진드기의 상호 작용에 기인했다.
생태학자들은 바이러스의 전파를 막기 위해 노력해 왔다. 그들은 질병을 일으키는 생물의 환경에 초점을 두고 연구를 한다.

치명적인 에이즈나 에볼라 바이러스와 같은 많은 바이러스는 인간에게는 아무런 영향 없이 야생 동물 개체군에서만 오랜 기간 동안 존재했다가, 갑작스럽게 숙주가 야생 동물에서 인간이 되었다. 왜 중앙아프리카 지역의 우림에 서식하는 원숭이에게서 인간에게로 바이러스가 건너왔는지에 대해, 한 이론은 인간이 생물이 사는 천연의 숲 환경에 침입했기 때문이라고 지적한다. 이것은 미래에 교훈이 되는 이야기로, 인간이 지속적으로 세계 우림 지역으로 영역을 넓혀 갈 경우, 더 치명적인 질병에 노출될 수 있음을 알리는 경고다.

생태학과 예방 악성 독감 바이러스는 가끔 새나 돼지로부터 인간에게로 옮겨진다. 이로 인해 많은 사람들이 사망하게 되자, 조류 독감이 전 세계적으로 인간에게 치명적인 독감을 유발할 수 있다는 우려가 불거졌다.

세계의 여러 보건 관련 기관들과 가금 사육 농가들은 독감이 발발하는 곳의 가금류를 대규모 집단 살처분하는 조치를 취했다. 보건 당국은 야생 조류도 꾸준히 감시

했다. 일부 죽은 조류에서 웨스트 나일 바이러스와 다른 조류 독감 바이러스에 대한 양성 반응이 나타났다. 그에 따라 조류 독감 바이러스나 웨스트 나일 바이러스가 가금류와 야생 조류 개체군 간 또는 야생 조류와 사람들 간에 전파되는 것을 막기 위해, 일부 당국은 야생 조류를 살상하거나 이들의 보금자리인 나무를 베어 낼 것을 권고했다.

그러나 이 계획에 반대하는 사람들은 야생 조류도 생태계의 중요한 구성원이기 때문에, 이들을 살상하는 것은 가금류를 집단 살처분하는 것과는 달리 자연 환경에 나쁜 영향을 끼칠 수 있다고 말한다. 또 일부는 기업적인 가금류 농장의 열악한 조건이 조류에게 스트레스를 주고 이로 인해 바이러스에 대한 면역력을 떨어뜨렸을 것이라고 지적한다.

원인에 대한 이해 질병생태학자들은 주로 매개체 감염 질병 vector-borne disease을 연구한다. 이 질병은 쥐나 모기, 진드기 등과 같은 '중개자 middleman'를 통해 전해진다. 다른 생물에게 질병을 옮기는 생물을 '매개체 vector'라고 한다.

웨스트 나일 바이러스의 경우를 보면, 숙주 host는 새이고, 매개체는 모기다. 라임병의 경우, 숙주는 작은 포유류이고, 매개체는 검은다리진드기 black-legged tick다.

매개체 감염 질병은 감염된 숙주나 매개체를 통제하면 막을 수 있다. 그러므로 웨스트 나일 바이러스가 우려된다면, 보건 공무원은 모기 박멸 특별 프로그램을 시작해야 한다.

하지만 생태학적 배경 지식이 있는 일부 사람들은 대대적으로 모기와 진드기를 제거하는 프로그램에 반대한다. 모기는 많은 동물들의 먹이가 되기 때문에 모기가 박멸되는 것까지도 생태계에 해로울 수 있다. 레이첼 카슨의 시절로 거슬러 올라가 보면, 모기에 사용한 살충제 효과가 너무 좋아서 광범위하게 사용되자, 새와 나비, 벌과 같은 수분 매개체들이 죽게 되어 농사가 잘되지 않았다.

야외생태학

야외 조사와 실험은 생태학에서 아주 중요하다. 생물이 다른 생물 및 환경과 어떻게 상호 작용하는지를 알기 위해 생태학자들은 개체, 개체군, 군집, 생태계에서의 공간과 시간에 따른 변화를 연구한다. 과학자들은 자연에서 일어나는 것을 관찰하지만, 일반적으로 모든 구성요소들이 어떻게 작용하는지를 더 잘 이해하기 위해서 군집이나 생태계를 다양한 관점에서 조작하기도 한다. 예를 들어, 최근에 미국 토지관리국U.S. Bureau of Land Management은 와이오밍 주에서, 초식 동물가축과 야생의 방목과 관리를 위해 불을 지르는 것과 같은 두 종류의 교란이 식생 군락, 특히 쑥과 야생 생물의 서식지 이용에 어떤 영향을 미치는지를 평가하기 위해 야외 조사를 실시했다.

이 연구를 시작하기 위해 정부는 몇 가지 고전적인 야외생태학 기법을 도입했다. 첫 번째 기법은 선상법transect이다. 이 방법은 관찰자가 정해진 길을 따라가며 뇌조sage grouse의 배설물과 같은 발견물들을 기록하는 것이다.

두 번째 기법은 점 계산법point count이다. 이 방법은 관찰자가 정해진 위치에서 변인을 세는 것이다. 예를 들어, 25마리의 가축이 풀을 뜯고 있는 언덕과 50마리의 가축이 있는 언덕에서 어느 쪽에 명금songbird이 더 많이 나타나는가를 관찰하는 것이다. 세 번째 기법은 생포법live trapping이

다. 이 방법은 일정한 간격으로 덫을 설치하여 이 덫에 잡힌 작은 포유류의 수를 이곳에 서식하는 작은 포유류 개체군의 지표로 보는 것이다.

네 번째 고전적인 생태학 조사 기법은 표지–재포획법mark-recapture이다. 이 방법은, 어느 한 시간에 어느 특정 장소에 사는 수많은 개체들을 표지해 둔 후, 같은 장소를 다른 시간에 재방문하는 것이다. 이동성이 있는 동물의 경우, 과학자는 처음에 표지해 둔 동물이 두 번째 채집에서 얼마나 많이 포획되는가를 보고 실제 개체군의 크기를 추정할 수 있다. 이동성이 적은 동식물의 경우, 개체의 수명, 건강 상태 및 다른 변인을 측

위 관리를 위해 불을 지르는 것은 식물 군집에 예상치 못한 영향을 주기도 한다.
가운데 메릴랜드 주 퀸앤 카운티(Queen Anne County)에 위치한 염습지는 작물을 심을 수 있는 곳이 되었다. 사진에 보이는 막대기들을 통해, 식생 조사를 위해 선상법이 사용되고 있음을 알 수 있다. 선상법은 과학자들이 생태계를 조사하기 위해 채택하는 네 가지의 고전적인 야외생태학 기법 중 하나다.
아래 소방관이 유타 주의 고지대 사막에서 불을 지른 곳을 지켜보고 있다.

정할 수 있다. 표지-재포획법은 표지자가 그 동물에 대한 원래의 위치와 그 동물이 누군가에 의해 재포획된 새로운 위치에 대한 정보를 알려 주면, 그 동물의 이동 패턴을 측정하는 데에도 이용될 수 있다. 연어 개체군은 표지-재포획법으로 연구될 수 있다. 예를 들어, 수질이나 댐 관리가 매년 회귀하는 연어의 숫자에 얼마나 영향을 미치는지 알고자 할 때 사용한다.

생태학자들은 이와 같은 조사를 통해 자연의 패턴을 상세히 보고한다. 그들은 관찰된 패턴의 기본 과정을 이해하기 위해서 생태계의 일부를 조작하면서 실험을 수행한다. 자주 사용되는 생태학적 개념인 핵심 포식자 keystone predator는 워싱턴 대학의 로버트 페인 박사가 포식자인 불가사리를 제거한 해안선 코스와 보통의 불가사리 수가 유지된 해안선 코스의 군집 구성을 비교하기 위해 실시한 일련의 실험에서 유래되었다.

미국 워싱턴 주 리븐워스 국립어류부화장(Leavenworth National Fish Hatchery)에서 치누크연어(Chinook salmon)의 꼬리표를 제거하고 있다. 연구자들은 이 연어를 추적해서 얻은 정보를 이용해, 토착 연어류의 건강 상태를 평가한다. 이와 같은 연구를 표지-재포획법이라고 하며, 고전적인 생태학 조사 기법 중 하나다.

메소코즘 이따금씩 생태학자들은 통제된 상태에서 군집과 생태계를 연구하기 위해 실제 생물이 포함된 소규모 생태계를 만들어 사용한다. 야외나 실험실에 만들어진 '세계'가 온실이나 천정이 없는 울타리와 같이 중간 크기 정도가 되면 메소코즘mesocosm이라 부르고, 접시나 작은 어항과 같이 작다면 마이크로코즘microcosm이라 부른다.

마이크로코즘과 메소코즘을 이용하면, 특히 상호 작용하는 미생물들로 구성된 복잡한 생태계를 실험실에서 연구할 수 있다. 생물 다양성이 생태계 기능에 어떤 영향을 주는가와 같은 복잡한 연구 주제를 대규모로 연구하는 것 또한 메소코즘이나 마이크로코즘을 이용해 연구할 수 있다.

과학자들은 살충제나 산업 폐기물 같은 오염 물질이 강어귀에 미치는 영향을 검증하기 위해 커다란 유리 수족관 같은 메소코즘을 이용할 수 있다. 일반 실험실에서는 개별 종에 미치는 영향을 볼 수 있지만, 메소코즘에서는 생물 군집에 미치는 영향을 볼 수 있다. 메소코즘에서는 오염 물질이 달팽이, 세균, 물고기 등 각각에 대해 안전한지를 물어보는 대신에, 전체 생물에게 어떻게 영향을 미치는지에 대해 질문한다. 예를 들어, 오염 물질이 달팽이에 유해하더라도, 만약 달팽이보다 달팽이 포식자에게 더 유해하다면, 오염 물질이 있어도 달팽이 개체군은 증가할 것이다.

과학자들은 동일한 메소코즘을 여러 개 설치하고 통제된 양의 오염 물질을 추가하여, 비가 온 뒤 독성 물질이 흘러 들어가는 것과 같은 현실 상황을 가정한 모의실험을 할 수 있다. 또한 생물 다양성이 생태계 기능에 미치는 영향을 연구할 때에도 각 탱크의 생물 다양성을 세밀하게 조절함으로써 메소코즘을 사용할 수 있다. 토양과 토양 미생물은 마이크로코즘을 이용한 연구 주제다. 실험실에서는 흙을 쉽게 연구할 수 있지만, 관찰자가 땅을 훼손하지 않고 온전히 흙을 들여다볼 수 없기 때문에 자연 상태에서는 흙을 관찰하기가 다소 어렵다.

사우스다코타 주에 있는 강우 시뮬레이터는 메소코즘의 한 예로, 생태학자들은 이를 통해 물의 흐름과 토양 샘플을 평가할 수 있다.

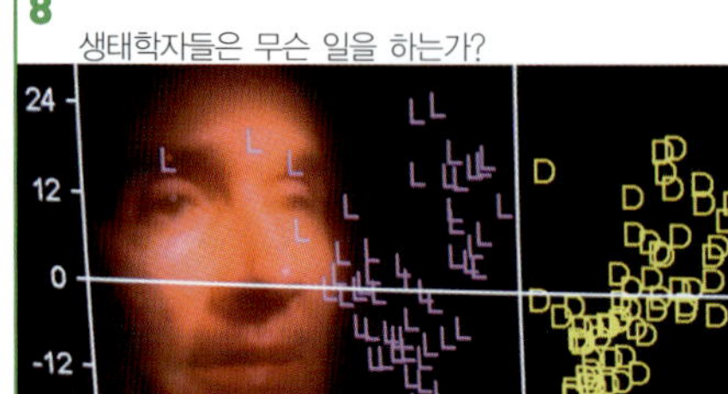

모델링 작업과 분자

야외 연구는 생태학자들에게 유용할지는 몰라도 노동 집약적인 방법이다. 실험실 연구나 원거리 감지 기술과 관련된 실험들로부터는 다른 종류의 정보를 얻을 수 있다.

시간과 예산을 들이지 않고 빠른 시간 내에 몇 가지 아이디어만 검증하면 되거나, 생태계가 변인도 복잡하고 너무 커서 야외에서 조사하기가 어려울 때, 과학자들은 수학적 모델을 이용해 연구를 한다.

모델은 본질적으로 생태계의 단편들이 어떻게 서로 관련되는가를 기술하는 일련의 방정식들이다. 예를 들어 과학자들은 모델을 통해 가뭄이나 화재, 초식 동물들의 먹이 공급 실패와 같은 여러 가지 변인들에 대한 다양한 시나리오를 상상할 수 있고, 생태계가 어떻게 반작용을 하는지 검증할 수 있다.

예를 들어, 아시아 긴뿔딱정벌레 Asian longhorn beetle의 미국 북동부 삼림으로의 침입을 연구하는 과학자들은 이 곤충의 생활사와 분산 방법 및 이들의 침입으로 인해 단풍나무, 느릅나무, 포플러 나무들이 어떻게 영향을 받았는지를 탐색하기 위해 모델을 고안해 냈다. 과학자들은 이 모델을 통해 딱정벌레들의 급증을 막고 그 유충이 성숙하기 전에 그들이 침입한 나무들을 제거함으로써 딱정벌레의 침입을 제한하는 계획을 세울 수 있었다.

분자 기법 개체군이 갈라져 개별 종이 되거나 성공적으로 번식하도록 하는 어떤 특징들을 획득할 때, 과학자들은 분자생태학을 통해 언제 어디서 이와 같은 일이 발생했는지를 알 수 있다.

DNA 분석법이 개발되기 전에는 주로 화석이나 생물의 분포와 특징을 관찰하여 생물의 역사를 밝혔었다. 오늘날의 생태학자들은 DNA '지문법 fingerprinting'을 통해 크고 작은 진화의 단계를 밝혀, 보다 정확하게

위 한 과학자가 수학적 모델을 이용해 쌀 표본 조직을 분석하고 있다.
아래 과학자가 아시아 긴뿔딱정벌레 유충이 내는 소리를 녹음하고 있다. 이 유충들은 자신들이 기생하는 버드나무 안에서 먹이를 얻고 있다. 딱정벌레의 감염을 연구하는 과학자들은 딱정벌레의 확산을 막는 전략을 개발하기 위해 정보를 수집하는 모델들을 고안해 왔다.

생물의 계통수를 추적한다.

그리고 한 계절에 많은 수컷과 짝짓기를 하는 암컷 모래도마뱀sand lizard이 건강한 새끼를 낳고, 한 수꿩장 끼의 첩으로 보이는 암꿩 까투리들이 대부분 그 수꿩에게 충실하지 않음을 밝힌 것과 같은 현대의 행동 연구에도 DNA 연구가 이용된다.

최근 과학자들은 동물의 배설물에서 DNA를 추출하여 증폭시키는 기술을 개발했다. 과학자들은 소화관에서 벗겨져 나온 피부 세포로부터 신뢰할 만한 고품질의 DNA를 얻을 수 있다는 것을 발견했다. 예를 들어, 코끼리의 배설물에서 추출한 DNA를 통해, 이미 인도코끼리 개체군으로 알려진 것이 실제로는 브라마푸트라강Brahmaputra River으로 인해 격리된 두 개의 다른 종으로 구성된 것이라는 사실을 밝혀내기도 했다.

수학적 모델과 같이, 배설물로부터 DNA를 얻는 기술은 DNA를 채취하기 위해 코끼리를 잡아서 진정제를 투여하고 혈액 표본을 얻는 과정을 생략할 수 있어서, 생태학자들이 야외에서 하는 작업을 간편하게 했다. 이 기법은 특히 희귀하거나 잡기 어렵거나 난폭한 동물을 연구하는 데 유용하다.

원거리 감지 기법 원거리 감지 기구로는 인공위성, 수중음파탐지기, 지진계가 있다. 부모들이 다른 방에서 자고 있는 아기가 잠에서 깨어났는지를 확인할 때 쓰는 베이비 모니터도 이와 유사한 기구다. 원거리 감지 기법으로 연구할 수 있는 주제는 토지 이용 형태, 산림 보호, 폭풍 피해 파악 등에 이르기까지 다양하다. 2005년 12월의 인도양 쓰나미 사건과 같은 대규모 자연재해 이후, 인공위성 사진은 생태학적 피해를 평가하는 데 자주 쓰이고 있다.

과학자들은 인공위성으로 찍은 사진을 통해 식생의 생산성과 기후 변화와 같은 대규모 생태학 연구나 지도 작성을 보다 쉽게 할 수 있다. 그리고 어느 정도 식생의 세부사항을 밝힐 수도 있다.

위 최근에 DNA 샘플을 이용해 두 종의 인도코끼리가 있다는 것을 밝혀냈다.
아래 뉴멕시코 주의 조나다 분지(Jornada Basin)에 위치한 장기 생태학 연구 네트워크 (Long-Term Ecological Research Network)의 연구자들이 세계 기후 변화와 사막 생태계 및 사막화의 위협을 연구하기 위해서 기후 측정 장비를 초기 상태로 돌리고 있다.

국제 협약

환경 문제는 국경을 초월할 수 있고, 어느 나라에도 속하지 않는 해양이나 대기와 같은 지구의 공동 구역에 영향을 줄 수 있다. 한 국가에 적용되는 법으로는 해양 어업 규정과 기후 변화와 같은 국제적인 문제를 통제할 수가 없다.

따라서 오늘날 많은 세계적 환경 위협 문제들은 국제 협정으로 다루고 있는 실정이다. 국제 협정은 상당히 복잡하다. 모든 조약은 서로 다른 정치·경제적 이해관계를 가지고 협상 테이블에 나온, 세계 각국의 수백 명의 사람들이 협상하여 만든다.

국제 환경 조약이 기초를 두고 있는 과학은 UN United Nations과 같은 국제기구로부터 자주 평가를 받는다.

오존층 보호 1987년에 체결된, 오존층 훼손 물질에 관한 몬트리올 의정서Montreal Protocol로 인해 냉장고 생산 과정에 큰 변화가 일어났으며, 에어로졸 스프레이 깡통이 차츰 사라지게 되었다.

지구 대기 상층부에 위치한 오존층은 유해한 자외선으로부터 지구를 보호해 준다. 1980년대에 과학자들은 주로 인공 물질인 클로로플루오르카본chlorofluorocarbon, CFCs과 일부 다른 산업 물질로 인해 오존층이 점점 얇아진다는 사실을 발견했다.

오존층을 측정하는 세계 기상 기구World Meteorological Organization는 점차 얇아지는 오존층의 위험에 대해 다음과 같이 경고했다. "피부암과 홍수, 사람들 사이의 전염병이 증가할 것이며, 특정 곡물의 생산량은 감소하고, 많은 제조 물질들이 빨리 약해지며, 생태계는 불안정해질 것이다."

그리고 수년 안에 과학적 증거와 정치적 의지가 모아져, 100여 개가 넘는 국가들이 대체할 수 없는 경우를 제외하고는 오존층에 유해한 화학 물질의 사용을 금지하기로 합의했다.

위 1974년에, 에어로졸 스프레이에 오존층을 파괴하는 CFCs가 포함되어 있다는 것이 발견되었다.
아래 미국 뉴욕에 위치한 UN 본부. UN은 환경을 돌보는 데 있어 국가 간 협력을 도모하기 위해서 1972년 인간 환경 회의(Conference on the Human Environment)를 창설했다.

어 업 지구상의 많은 주요 식량 어족이 남획과 서식지 파괴 및 다른 어종 어획

위 왼쪽부터 시계 방향으로 어류 남획은 캐나다에서 심각한 문제다. 온실가스를 배출하는 인간의 생산 활동이 기후 변화의 원인인 것으로 나타났다. 1997년 교토 세계 기후 회의 당시, 미국 앨 고어(Al Gore) 부통령과 일본 총리 하시모토 류타로(Hashimoto Ryutaro). 장기화된 가뭄으로 식물이 말라 있다.

지라도 가능한 한 많은 물고기들을 잡으려고 한다.

일부 과학자들은, 해양 어종을 보호하는 최선의 방법은 어획이 금지된 대규모 해양 공원이나 예비 해양을 설정하여 해양 생태계와 어류 개체군이 회복될 수 있는 기회를 갖는 것이라고 믿고 있다.

기후 변화 국제 협약이 다루는 다른 이슈들처럼 기후 변화도 국경을 초월한 문제이며, 어느 한 국가가 통제할 수 없다.

기후과학자들은 지구가 위험한 수준으로까지 더워진 변화의 일부 원인이 인간의 활동에 있다고 생각한다. 화석 연료로 인한 온실가스 배출이 가장 큰 문제이며, 이는 인류의 가장 많은 조치가 필요한 문제이기도 하다.

시의 의도치 않은 어획으로 고갈되고 있다. 참다랑어나 황새치와 같은 큰 어류들의 개체 수 감소폭이 가장 크다.

기술 발달과 인구 증가로 인해, 많은 종류의 어류가 번식하는 속도보다 잡히는 속도가 더 빨라지게 되었다. 산업적으로 이루어지는 어획 작업에는 해저 생태계를 파괴하는 기술들이 자주 사용된다.

해양의 대부분은 공해이기 때문에, 국제 협약이야말로 어업을 규제하는 주요 수단이 될 수 있다. 지금까지 양국 간이자간 혹은 여러 국가 간다자간에 수백 개의 조약이 이루어졌다. 그러나 안타깝게도 시행이 어렵고, 많은 경우에 있어서 각 어선들은 경제적 목적을 우선시해서 규칙을 어길

1997년, 160여 개국 이상의 대표자들이 일본 교토에서 만나, 지구 온난화를 일으키는 온실가스의 배출을 제한하는 국제적 합의에 도달했다. 비록 미국과 호주는 결국 의정서를 비준하지 않기로 했지만, 많은 나라들이 교토 의정서 Kyoto Protocol가 국제적인 힘을 갖는다고 생각했다.

CHAPTER 9

극한 상황에서의 생존

왼쪽 식물들은 물리적·행동적 적응을 통해 사막 지역에서 살아 간다. 일부 식물들은 수분을 저장하여 보관하거나, 먼 곳에 있는 물을 이용하기 위해 뿌리를 길게 내린다. 또 어떤 생물들은 가장 건조한 시기에 휴면 상태로 있다가, 수분이 충분해지면 생명력을 회복한다.

위 펭귄은 남극의 추운 불모지에 적합한 동물이다.

아래 남극대구(Antarctic codfish)는 남극의 차가운 바다에서 많이 발견되는 어류이다. 이 물고기는 혈액에 주변 해수 온도보다 어는점을 낮춰 주는 당단백질이 채워져 있기 때문에, 추위를 잘 견딜 수 있다.

생물은 지구의 가장 건조한 사막이나 깊은 바닷속에도 존재한다. 과학자들은 극심한 건조 상태, 극한의 추위, 소금기가 높은 환경 및 다른 환경적 도전에서 동식물들이 생존하는 기작mechanism을 이해하기 위해 노력하고 있다. 최근 몇 년 동안, 이전에는 아무 생물도 있지 않을 것이라고 생각했던 곳에서 과학자들은 생물을 발견했다. 가장 놀라운 발견은 수압이 엄청나게 높고 햇빛이 닿지도 않는 심해의 열수 분출공hydrothermal vent에 활발한 생태계가 밀집해 있다는 것이었다. 햇빛과 산소는 생명체의 필수 조건이라고 믿어져 왔지만, 이 발견은 더 이상 그렇지 않다는 것을 보여 주었다.

생물에서 발생하는 빛을 이용해 광합성이 일어나고는 있지만, 대부분의 미생물은 화학 합성chemosynthesis이라는 다른 과정을 통해서 에너지를 생산한다. 우리가 연구에 사용하는 기기가 좋을수록, 지각 맨틀의 깊은 곳에서 더 많은 생물들을 발견할 수 있을 것이다. 생존하기 어려운 환경을 이겨 낸 일부 생물들은 수십억 년 전에 있었던 생물과 유사할지도 모른다. 그때의 지구 대기는 산소가 없고 화학적 조성이 오늘날과 매우 달랐다. 지구의 극한 환경에 있는 생물들을 통해 우리는 생물이 살아가는 데 필요한 기본 조건을 이해하고, 또 언젠가 다른 행성에서도 생명체를 발견할 수 있는 단서를 얻을 수 있다.

아타카마 사막과 고산 기후

칠레 북부에 있는 아타카마 사막Atacama Desert은 세계에서 가장 건조한 사막이다. 이곳은 페루 국경에서 남쪽으로 966 km 정도 뻗어 있다. 이곳의, 해안가와 가까운 지역에서는 안개가 적은 강우량을 보충한다. 선인장과 양치류 같은 식물은 안개에서 수분을 얻는 데 적응해 왔다. 최근에는 사람들도 공기에서 수분을 모으기 위해 안개 잡이 그물을 설치하기 시작했다.

150년 전부터 기록된 문서들을 보아도, 아타카마 사막의 중심부에는 비가 내린 적이 없다. 이 사막은 그 어떤 선인장이나 곤충, 도마뱀, 조류algae도 살 수 없는 곳으로, 지구에서 몇 안 되는 완벽한 사막 중 하나다. 아타카마의 중심 지역은 화성 표면과 별다를 바가 없어 보인다. 화성과 동일하게 붉은 모래, 작은 바위가 여기저기에 깔려 있고, 어디를 보아도 메마른 경관에서는 생물이 전혀 없어 보인다.

화성과 같이 생물이 전혀 없어 보이는 완벽한 사막 지역의 가장자리에서 그 경계를 지나면, 소량의 수분이 모이고 생물들은 다시 살아갈 수 있다. 바위 아래는 공기 중 소량의 수증기가 그늘에서 응결되어 그대로 머물러 있는 곳으로, 그나마 생물이 살 수 있는 틈이다. 이곳 바위 아래에 있는 초록 세상의 계층을 관찰해 보면, 남세균사실상 조류(algae)는 아니지만 남조류라고도 불림을 발견할 수 있다.

남극의 추운 사막이든 아타카마와 같은 뜨거운 사막이든 세계의 여러

위 동물의 뼈가 아타카마 사막에 널려 있다.
아래 아타카마 사막의 중심부에 있는 죽음의 계곡(The Valley of Death)은 지구에서 가장 건조한 곳이다. 이곳은 생물 또한 존재하지 못하는 곳일 것이다.
아래 안쪽 그림 엽록소의 농도를 알아보기 위해 아타카마의 바위에 낀 작은 지의류를 적외선 촬영했다.

칠레 북부 지역에 966 km가량 뻗어 있는 아타카마 사막은 바다와 안데스 산맥 사이에 위치해 있다. 산맥의 끝자락은 보통 기후가 건조하다. 태평양의 고기압단이 서쪽에서 오는 수분을 막고, 안데스 산맥은 동쪽에서 오는 폭풍을 차단한다. 이곳의 연간 강우량은 평균 1.3 cm 정도에 불과하다. 사막의 일부 중앙 지역은 단 한 번도 비가 내리지 않아 거대한 황무지가 되었다.

기후가 따뜻해지면, 북미산양과 같은 종은 더 높은 지대로 이동할 것이다.

산의 기후 변화

고지대의 극한 환경이 보이는 특징 중 하나는 낮은 기온이다. 이러한 기후가 따뜻해지면, 고지대는 저지대의 생물들에게 적합한 환경이 된다. 캐나다의 래브라도에서 코스타리카에 이르기까지, 많은 종들이 이전에 극심하게 추웠던 장소에까지 영역을 넓히는 양상을 보였다. 기후가 따뜻해지면 동식물들은 고지대로 이동한다. 씨앗이 산의 더 높은 지역에서 뿌리를 내리게 되면서 수목 한계선은 더 올라간다. 이런 확장은 산꼭대기에서 진화해 온 다양하고 독특한 생태계에 위협이 된다. 산꼭대기 환경이 운무림이든 고산 툰드라든, 이곳에 사는 생물들은 저지대의 식물들이 올라오게 되면 더 이상 갈 곳이 없어진다.

사막에서는 꼭 석영이 아니더라도 반투명한 바위 밑에서 조류나 세균이 서식한다. 이런 바위 아래에서는 소량의 수분이 응결되고 광합성을 할 수 있는 충분한 빛이 통과된다. 생물들이 살 수 없는 경계 지역을 연구하는 과학자들이나 화성의 생물 존재 여부를 연구하는 과학자들은 단서들을 찾기 위해 아타카마 사막을 주목해 왔다.

고산 지대의 생물 기후는 고도에 따라 급속하게 변하기 때문에, 산꼭대기에서 볼 수 있는 식물은 경사면 아래의 식물과는 상당히 다르다. 고도가 높아짐에 따라, 숲이 우거진 경사면은 불과 수백 미터 내에서 점차 짧고 억센 식생과, 지의류가 덮인 암석들이 있는 고산 지대 툰드라alpine tundra로 변한다. 산꼭대기에 있는 종들은 저지대에 있는 종이 더 작고 더 억세게 된 것도 있지만, 보통은 저지대의 생물과 완전히 다르다.

일반적으로 고산 지대는 성장할 수 있는 기간이 짧고, 토양이 열악하며, 강우량이 적고, 바람이 강하고, 산소가 희박하고, 유해한 자외선에 비교적 쉽게 노출되는 환경이다. 높은 고도에 있는 생물들은 상대적으로 부족하고 곤란한 이런 조건들에 적응해야만 한다. 다행히 성공적으로 적응한 생물들은 비교적 경쟁 없이 이 까다로운 조건에서 살아갈 수 있다. 이것이 일본에서든 미국 유타 주에서든 높은 고도에서 마지막으로 살아남은 굽은 소나무가 수백 년 동안 자랄 수 있는 이유다.

만약 경쟁이 시작된다면 고산 종들은 다시 궁지에 몰리게 된다. 다른

환경에서 사는 많은 생물들은 가뭄이나 포식자 같은 주기적인 난제가 오면 그를 피해 이주하지만, 고산에 사는 동식물들은 생활 조건이 열악해져도 피해 갈 곳이 없다.

높은 고도에서 살고 있는 동물과 새들은 물질대사의 차이뿐만 아니라, 비교적 대기 중의 산소가 희박하고 물이 부족한 조건에도 적응해야만 한다.

숲이 급작스럽게 툰드라 지역으로 변하는 고도에서 수목 한계선 생태계는 수목이 자랄 수 는 한계를 나타낸다.

남극: 얼어 있는 사막

미국보다 면적이 넓은 남극 대륙에 지구 담수의 70 %가량이 모여 있다. 이 담수의 대부분은 일 년 내내 얼어 있고, 남극 표면의 2-4 % 정도만이 일 년 중에 몇 번 녹는다.

여름 기간에 지표를 드러내는 곳은 대부분, 바위로 이루어진 해안선 지역이다. 때문에 소수의 식물들만이 이 대륙에서 살아갈 수 있다. 남극은 강우량이 적거나 흐르는 표면수가 거의 없기 때문에, 엄밀히 말하면 지구상에서 가장 건조한 지역 중 하나인 '사막'이라 할 수 있다. 펭귄, 물개, 새를 포함한 대부분의 남극 동물들은 식량을 얻기 위해서 대륙 해안가에 있는 물에 의존할 수밖에 없다.

돌에 사는 생물 남극에 사는 식물 및 소수의 작은 곤충과 벌레들은 극한의 추위와 건조 상태에 적응

위 남극의 데이비스 기지 (Davis Station) 근처에서 떠오르는 달
아래 바다사자는 남극의 몇 안 되는 최상위 포식자 중 하나다. 크릴은 남극의 단순한 먹이 그물에서 주식이 되는 생물이다.

해야만 한다. 또한 남극 대륙에서는 지의류와 우산이끼, 곰팡이 그리고 빙하가 녹은 곳에서는 이끼, 조류 등도 자라고 있다.

좀새풀 hair grass과 진주초 pearlwort, 이 두 종류의 꽃식물만이 남미 끝자락의 파타고니아를 향해 뻗어 있는, 남극에서 가장 따뜻한 남극 반도와 섬들에서 자생하고 있다.

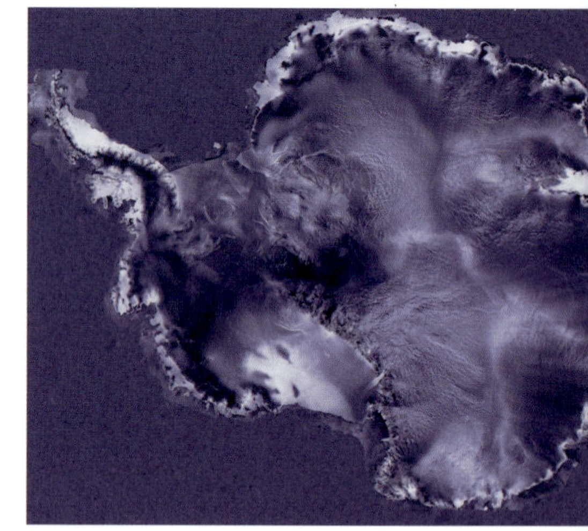

남극의 인공위성 사진

일부 남극 생물은 양분을 얻기 위해서 바위에 난 작은 구멍에 집단 서식한다. 굵은 입자의 사암에는 따뜻한 계절 동안 광합성을 하기에 충분한 빛과 수분이 들어오기 때문에, 조류, 곰팡이, 지의류들은 돌 안쪽에서 아주 천천히 자랄 수 있다.

에너지 효율 남극 동물의 해양 먹이 그물은 비교적 간단하다. 물개에서 오징어, 신천옹 albatross에서 고래에 이르기까지 동물들은 우리가 예상하는 것만큼 서로를 잡아먹지 않고, 새우 같이 생긴 크릴을 먹는다. 크릴은 이 지역 먹이 그물의 주식이 되는 생물이다. 가재를 잡아먹는 물개까지도 물속에서 크릴을 걸러 내는 이빨이 발달되어 있다.

해양 식물성 플랑크톤이 증가하여 엄청난 수의 크릴이 자라게 되는 따뜻한 계절에는 남극 해양 생태계의 생산성이 증가한다. 이때는 물고기에

서부터 육지에 서식하는 동물에 이르기까지, 남극 근해에 살고 있는 생물의 수가 놀라울 정도로 많아진다. 이것은 남극의 생태계가 효율적이기 때문인데, 많은 동물들이 먹이 사슬의 맨 아래 단계에 있는 것까지 먹기 때문에 포식 단계에서 에너지가 그다지 많이 손실되지 않는다. 이 먹이 사슬에서 맨 위에 있는 육식 동물은 범고래와 도둑갈매기 그리고 펭귄을 먹고 사는 레오파드 바다표범loopard seal이다. 대부분의 다른 동물들은 크릴을 먹기 때문에, 이토록 열악한 환경에서도 수염고래와 같이 덩치 큰 몇몇을 포함한 많은 동물 개체군이 유지될 수 있는 것이다.

육지 동물들 남극 대륙의 육지에서 일 년 내내 먹이를 얻는 동물들은 몇 안 되며 그들은 모두 몸집이 작다. 날개 없는 파리, 진드기 그리고 톡토기springtail라 불리는 벼룩처럼 생긴 생물 등이 그에 속한다. 남극 얼음 위에서 볼 수 있는 물개와 새들, 그곳에서 한 번에 몇 개월을 보내는 펭귄들도 먹이가 풍부한 근해에서 먹이를 얻는다.

황제펭귄은 알을 부화시킬 수 있는 내륙의 땅을 찾기 위해 값비싼 대가를 치른다. 펭귄은 새끼가 온전히 성장하기에 충분할 정도로 얼음이 두꺼운 장소에 도달할 때까지 대략 80 km를 걸어간다.

암컷이 알을 낳고 수컷이 알을 품고, 이후 태어난 새끼들을 돌보기 위해 내륙에 있는 동안, 황제펭귄은 전적으로 자신의 몸에 비축된 식량에너지에 의존한다. 번식기를 끝내고 다시 해안가로 식량을 찾아 나설 때는 체중의 30 % 정도가 감소하기도 한다.

남극의 펭귄, 고래, 물개들은 체내에 두터운 지방층을 형성해 단열을 한다. 추운 바다에서 살아가기 위해서 남극의 많은 물고기들의 혈액에 부동제 역할을 하는 당단백질이 가득 채워져 있는 것에 비하면, 이들의 적응 방식은 상당히 간단하다고 볼 수 있다.

위 남극 해안가에 있는 펭귄들. 황제펭귄은 알을 부화시키는 장소로 내륙을 선호한다. 때문에 번식기가 끝나면 펭귄들은 해안 식량원을 찾아 80 km의 여정을 떠나야 한다.
아래 소수의 식물들만이, 얼어 있는 남극의 건조한 환경에서 자랄 수 있다.

얼음 위의 생활

얼음이나 눈에서 평생을 살 수 있는 생물은 소수에 불과하지만, 조류algae는 수백 종이 남극에서 번성한다. 어떤 종은 내륙의 극히 건조한 환경에 적응하고, 또 어떤 종은 얼어 있는 물 밑 환경뿐 아니라 소금기를 견뎌 가며 바다의 얼음 밑에서 살아간다.

춥고, 영양분이 부족하며, 태양빛이 내리쬐는 남극의 환경에서 벌레, 벼룩, 진드기 및 여러 생물들이 먹이 그물을 구성하며, 그중 만년설과 군빙pack ice에서 살아가는 조류가 먹이 그물의 가장 기초를 이룬다. 눈에 사는 조류snow algae와 얼음에 사는 조류ice algae는 서로 다르지만, 둘 다 붉거나 푸르거나 오렌지색을 띨 수 있다. 몇 종의 조류는 지의류 군집에서 산다.

조류는 해양 먹이 사슬의 토대를 이루는 단세포 식물성 플랑크톤에서부터 켈프와 같은 거대한 바닷말에 이르기까지 종류가 매우 다양하다. 이러한 조류는 새로운 지형에 처음으로 이주하는 생물이기도 하며, 생물이 생존할 수 있는 한계가 되는 곳에 마지막까지 살 수 있는 종이기도 하다.

과학자들은 눈과 얼음에 적응한 생물들을 통해, 기증받은 장기를 오랫동안 생생하게 보존하는 방법에서부터 다른 행성에 생물이 있다면 가정할 수 있는 모습까지, 여러 물음에 대한 단서들을 얻을 수 있다.

얼음 밑 호수 남극 얼음의 수 킬로미터 아래에는 호수가 있다. 가장 큰 것은 보스토크 호수Lake Vostok인데, 3.2 km 이상 두꺼운 빙하 아래에 위치해 있다. 보스토크 호수는 지질학적 단층을 따라 위치해 있으며, 바로 위 빙하의 압력과 단층 아래에서 발생하는 열 때문에 액체 상태로 유지될 수 있다. 보스토크 호수는 약 50만 년 동안 지구 대기와 차단되어 있

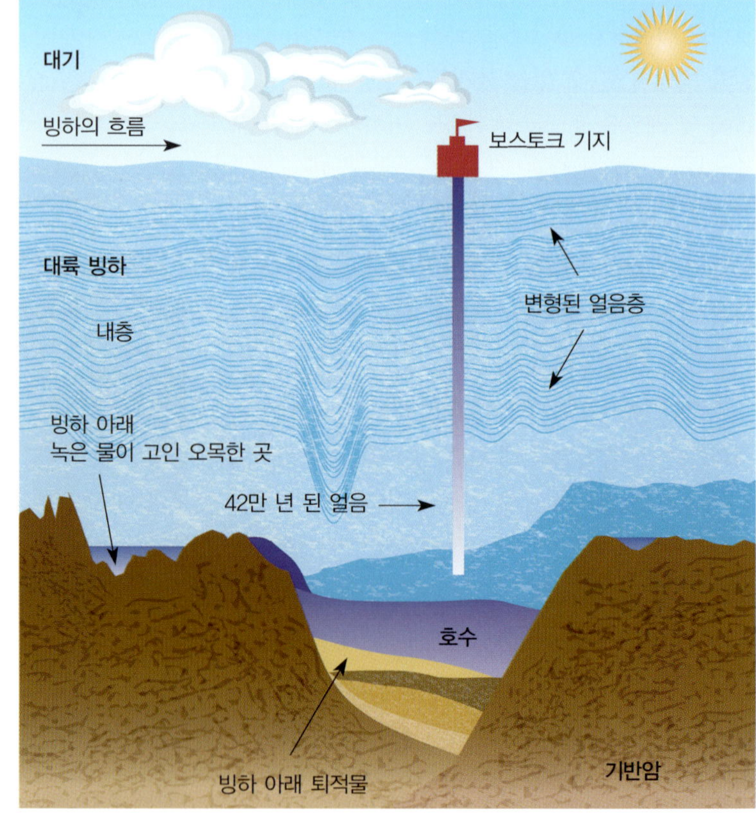

위 한 과학자가 남극 보스토크 호수 기지 근처를 거닐고 있다.
아래 보스토크 호수 계(system). 미생물학자들은 42만 년 된 빙하 중심부에서 채취한 표본에서 세균, 화분, 해양 규조류를 발견했다.

었던 것으로 보인다.

3.2 km가량 깊이의 보스토크 호수 표면 근처에서 얼음 표본을 채취한 결과, 호수에서 유래된 것으로 추측되는 미생물이 발견되었다. 과학자들은 빙하 밑 호수에서 물 표본을 채취하고, 현대 세계로부터 오염되지 않은 상태에서 고대 생물을 검사하는 기술을 개발하기 위해 노력하고 있다.

보스토크 호수는 때때로 얼음으로 구성되어 있을 것으로 추측되는 목성의 위성 유로파Europa와 비교된다. 남극 표면 수천 미터 아래에 있는 빙하 중심부에서 미생물이 발견되었기 때문에 과학자들은 유로파의 얼음 밑에도 생물이 존재하지 않을까 의문을 갖게 되었다.

메탄 얼음 벌레

메탄 얼음은 고압과 저온의 생산물로, 깊은 해양 바닥에서 볼 수 있다. 대부분의 메탄 얼음은 해양 침전물 밑에 있지만, 때로는 스며 나와서 딱딱한 더미를 이루기도 한다. 1997년에 과학자들은 이러한 메탄 더미에서 메탄 얼음 벌레를 처음으로 발견했다.

이전에 생물이 살아가는 데 필수 조건이라고 여겨졌던 산소나 햇빛이 없는 환경에서, 2.5-5 cm 길이의 벌레들이 번성하고 있었다. 메탄 얼음 벌레는 일본과 멕시코 만에서도 발견되었다. 메탄 얼음의 함몰된 작은 구렁에서 방을 짓고 사는 메탄 얼음 벌레는 화학 합성 조류와 세균을 먹고 사는 것으로 추측되지만, 메탄 자체를 섭취할 가능성도 있다.

빙하 얼음 벌레

워싱턴 주에서 알래스카에 이르는 북미 북서부 지역의 빙하들은 그 환경이 상당히 거칠다. 남극만큼 심하지는 않지만, 그래도 생물이 살기에는 적합하지 않다.

그렇지만 수십억 마리의 작은 벌레들이 이 빙하에서 살고 있다. 밤에는 조류 같은 먹이를 먹기 위해 이들 대부분이 표면 위로 나온다. 일부 빙하에는 1제곱미터당 수천 마리의 벌레들이 산다. 짙은 갈색을 띠며 지렁

위 보스토크 호수 기지 근처에 있는 과학자들

아래 알래스카의 글레이셔 만(Glacier Bay)에 있는 존스홉킨스 빙하(Johns Hopkins glacier). 수십억 마리의 작은 벌레들이 워싱턴 주에서 알래스카에 이르는 북미 북서부 빙하에 서식한다. 이 벌레는 작고 갈색을 띠며 지렁이와 비슷하게 생겼고, 밤에는 조류를 섭취하기 위해 밖으로 나온다.

이와 비슷하게 생긴 이 작은 벌레는 물의 어는점 근처에서 가장 활발하고 개체 수가 많다. 영하 7 ℃에서는 생존하지 못하지만 이들의 물질대사는 기온이 낮아질수록 빨라진다. 그리고 4 ℃ 이상에서는 세포막이 분해되기 시작한다.

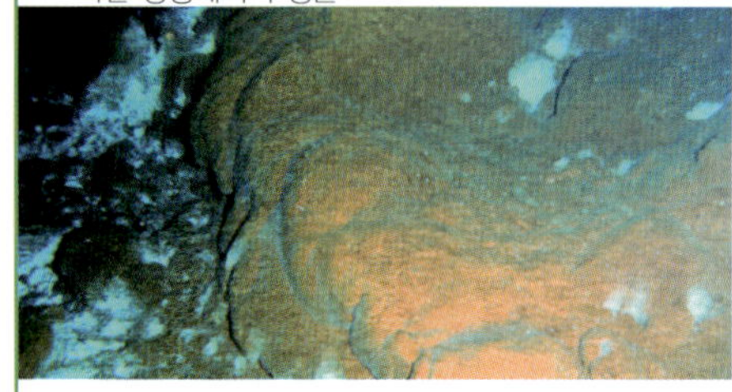

열수 분출공

과거 과학자들은 심해 바닥에는 생물이 거의 존재하지 못할 것이라고 생각했었다. 그리고 그 생각은 수세기 동안 반대의 증거들이 계속 있었음에도 불구하고 꾸준히 유지되었다. 햇빛은 대략 300 m밖에 통과하지 못하기 때문에 과학자들은 해양의 상부는 '유기체organic' 층이고, 그 밑에는 위에서 떨어지는 소량의 먹이를 먹고 사는 부식 동물scavenger만이 살 것이라고 생각했다.

1970년대에 신기술이 개발되어 로봇이 심해 바닥을 탐사할 수 있게 되었을 때, 과학자들은 햇빛과는 상관없이 살아가는 풍부한 생물 군집을 보고 충격을 받았다.

로봇 탐사 기구의 하얀 빛에 비치는 새우 떼와 대형거미게giant spider crab, 하늘거리며 주름들이 흔들리는 거대관벌레giant tube worm는 해양 윗부분에서 표류하여 떨어지는 유기물로는 살아갈 수 없었을 것이다.

뜨거운 물이 굴뚝 모양의 형성물에서 뿜어져 나오는 열수 분출공hydrothermal vent 근처에 심해 생물이 가장 풍부하다. 이곳의 물은 지구의 판구조 사이에 있는 틈에서 과열된다. 이 물은 황화수소와 다른 무기 염류를 함유하기 때문에 매연과 같이 검은색을 띠기도 한다. 이 검은 물을 분출하는 굴뚝을 '블랙 스모커black smokers' 라고 부른다. '화이트 스모커

위 열수 분출공에서 분출된 황색 철산화물이 바위층을 덮고 있다.
아래 왼쪽 붉은 아가미를 가진 거대관벌레
아래 오른쪽 열수 분출공은 지구의 지각 판이 천천히 분리되고 용암이 아래에서부터 분출되는 곳에서 형성된다.

white smokers' 라고 알려진 다른 굴뚝은 화학 반응과 온도로 인해 하얗게 된 물을 뿜어낸다.

분출공 생물 열수 분출공 생물 군집에서 가장 높은 단계에 있는 포식자는 길이 약 1 m에 달하는 문어 종류로, 이들은 가재, 조개, 홍합을 잡아먹는다. 또 다른 최종 포식자는 0.6 m 길이의, 뱀장어 같이 생긴 물고기다.

관벌레의 너비는 10 cm, 길이는 2 m이며, 빨간 털 모양의 구조는 아가미 역할을 한다. 이 생물은 분출공 주변 생태계 생물의 특징을 대표한다. 관벌레는 입이나 위가 없다. 그 대신 공생 관계에 있는 세균이 관 속에 가득 들어 있는데, 이들은 분출공에서 나오는 이산화탄소와 황화수소를 이용해 당을 만들고 주변 물에서 산소를 얻는다.

관벌레들처럼 조개와 홍합도 공생 관계에 있는 세균에 의존하는데, 이들 세균은 분출공에서 분출되는 액체의 화학 물질로부터 당을 만들 수 있다.

몇몇 가재 종은 열수 분출공 근처에서 살면서, 부식 동물에서부터 난폭한 포식자에 이르는 지위를 차지하고 있다. 부식 동물들 중에는 민들레dandelions라고 불리는 해파리처럼 생긴 군체도 있다.

미생물을 먹고 사는 새우는 분출공 주변에 빽빽이 떼를 지어 산다. 세균과 고세균을 포함한 분출공의 미생물들은 생물의 가장 고대의 형태를 띠고 있다. 이 미생물들은 분출공에서 나오는 이산화탄소와 화학 물질 및 에너지를 이용하여 화학 합성을 통해 당을 만든다. 분출공의 미생물들은 위층에 있는 해양 생물인 식물성 플랑크톤과 마찬가지로, 이 군집의 먹이 사슬의 토대를 이루고 있다.

열수 분출공 근처에 서식하는 생물은 햇빛이나 광합성에 의존하지 않고 화학 합성에 의존한다. 화학 합성은 어떤 미생물이 에너지를 얻기 위해 분출공 물에 있는 화학 물질을 이용하는 과정이다. 이들은 차례로 전체 먹이 사슬의 토대를 구성한다.

화학 합성 열수 분출공이 발견되기 전까지는 햇빛으로부터 에너지를 얻는 것이 생물의 기본 조건이라고 생각했다. 그래서 햇빛 없이도 살아가는 생물 군집을 발견했을 때 과학자들이 처음 가진 의문은 '이 생태계의 에너지원은 도대체 무엇일까?' 라는 것이었다. 정답은 화학 합성chemosynthesis이었다. 화학 합성이란 미생물이 무기물로부터 유기물을 만드는 과정이다. 화학 합성은 전환을 위한 에너지로 화학 에너지를 사용한다. 화학 에너지는 광합성의 에너지원인 빛과는 현저하게 다르다.

일반적으로 화학 합성의 원료는 황화수소, 이산화탄소 및 메탄이다. 많은 과학자들은 생물이 저산소, 고열의 환경에서 유래되었다고 믿기 때문에, 화학 합성이야말로 초기 생물을 탄생시킨 것이라고 생각한다.

생물 부양

우주에서 어떻게 생물들이 존재하는지를 연구하는 우주생물학자들에게 지구 극한의 환경에 살고 있는 생물은 언제나 신비로운 주제다. 이 과학자들이 갖는 첫 번째 질문은 '화학 물질, 온도, 에너지원과 같은 것이 생물이 존재하기 위한 기본 조건인가?' 라는 것이다. 과학자들이 태양에너지와 전혀 상관없이 살아가는 심해 생물 군집을 발견한 것은 우주생물학자들의 상상력을 자극했다. 지구 곳곳에 대한 계속된 탐사로, 성공적으로 생명을 유지시켜 주는 환경 유형에 대한 이해가 높아졌다.

극한의 환경에 사는 미생물 현미경적 단세포 생물로 형태와 종류가 다양한 미생물은 비록 육안으로는 볼 수 없어도 우리 주변에 가장 흔히 있

위 사해에 형성된 소금
아래 왼쪽 위에서부터 시계 방향으로 케냐 리프트 계곡의 염기성 호수에는 수백만 마리 홍학의 주요 먹이가 되는 작은 생물들이 살고 있다. 남극의 맥머도 만(McMurdo Sound)에 있는 바다 얼음. 고염분인 이스라엘 사해의 물. 지구에서 가장 건조한 지역인 아타카마 사막의 중심 지역.
생태학자들은 생물을 유지시킬 수 있는 극한의 환경을 발견한 것에 대해 놀라워한다. 그들은 '생물이 존재하기 위한 기본 조건들은 무엇인가?' 라는 질문을 던진다. 미생물들은 거친 자연환경에서도 발견되었다.

는 생물이다. 가장 흔한 미생물은 때로는 지구의 가장 극한의 환경에 사는 유일한 생물이기도 하다. 과학자들은 원시적인 미생물이 다른 행성에서도 발견될 수 있는 생물과 가장 유사할 것이라고 믿고 있다.

최근 몇 년간 미생물은 얼어 있거나 끓고 있는 환경, 무無산소 상태 그리고 산성이 매우 강한 환경에서도 발견되었다. 하지만 최근까지도 이러한 환경에서는 생물이 생존할 수 없다고 생각되었다.

소다호와 케냐 리프트 계곡Rift Valley의 염기성 온천과 같은, 염기성이 강한 지역에 사는 미생물들은 수백만 마리 홍학의 주된 먹이다. 이곳의 물은 pH가 10에 달할 만큼 염기성이 강하지만, 미생물 덕분에 홍학들이 이 호수를 부화 장소로 이용한다. 홍학은 미생물을 섭취하기도 하고 그들에게 영양분을 제공하기도 한다.

화학 합성이 발견된 후, 과학자들은 모든 종류의 물질들이 화학 합성에 사용될 수 있다는 것을 알게 되었다. 이 발견으로 인해 생물이 생존할 수 있는 장소가 늘어났다. 예를 들어 미생물은 황을 함유한 일본의 화산 지역에서도 발견되었다. 이들 생물은 황을 에너지원으로 하여, 화학 합성을 통해 에너지를 생성했을 것으로 생각된다.

'사해Dead Sea'라는 이름은 과거 과학자들이 이 지역의 염분 함유량이 높아서 생물이 생존하지 못할 것이라고 생각하여 명명한 것이다. 그러나 새로운 연구를 통해 사해가 염분이 높은 환경에서만 서식하는 호염성 세균halobacteria의 서식지라는 것이 밝혀졌다. 호염성 생물인 호염성 세균 종류는 염분으로 인한 DNA의 손상을 회복시킬 수 있는 전문 기술을 가지고 있어서 아주 흥미롭다.

맨틀에 사는 미생물

식물이나 곤충이 생존할 수 있는 가장 높은 온도는 약 50 ℃이고, 일부 곰팡이가 62 ℃에서 살아갈 수 있다. 그러나 고세균 archaea이라 불리는 일부 단세포 생물은 121 ℃에서도 살 수 있다.

지구 표면으로부터 7 km 정도 아래에서 맨틀 암석인 화강암과 현무암에 묻혀 살아가는 미생물이 발견되었다. 이러한 생물을 암석 내부에 서식한다는 의미로 암석균endolith이라고 부른다.

많은 암석균이 살고 있는 곳의 유기물은 석유 저장고를 구성하는 탄소 화합물과 같은 것인데, 이 저장고는 한때 지구 표면에서 서식하던 생물이 지구의 맨틀 속으로 들어가 만들어진 것이다.

다른 미생물들은 산소 없이도 생존하며 수소로 물질대사를 한다. 이것은 지구 대기가 대부분 수소였던 시절에 살았던 초기 미생물들과 밀접한

와이오밍 주 옐로스톤 국립공원의 올드페이스풀 간헐천(Old Faithful geyser). 지금은 세균들이 지하 몇 킬로미터 깊이에 있는 바위의 미세한 틈과, 간헐천이나 뜨거운 유황 웅덩이에서도 살고 있다는 것이 알려져 있다.

관련이 있을 것으로 생각된다. 이후 지구 대기는 광합성에 의해 산소가 풍부한 곳으로 바뀌어 산소 호흡 생물이 살아갈 수 있게 되었다.

극한의 환경에 대한 연구

만약 극한의 환경에 사는 미생물이 도전적인 것처럼 보인다면, 이 미생물에 대한 생물학과 생태학을 공부하는 것 자체가 도전적인 과제일 것이다. 이런 생물을 배양하기 위해서나 그들의 도전성을 재현하기 위해서 실험실에 극한의 자연환경을 재현하는 것은 매우 어렵고 많은 비용이 드는 일이다.

과학자들은 미생물들이 어떻게 극한의 환경에서 살아가고, 자신들의 DNA를 고치고, 화학 물질로 대사 작용을 하는지를 이해하여, 열악한 환경에서도 생존하고 적응할 수 있는 인간의 능력을 증가시키는 방법을 배울 수 있기를 희망한다.

극단의 다양성

남극 혹은 북극의 얼음이나 심해 바닥은 생물이 살기 어려운 장소다. 동식물에 대해서만 생각하면 이러한 지역은 종 다양성이 아주 낮을 수밖에 없다. 과학자들은 이제야 겨우 미생물의 다양성을 깨닫기 시작했다. 열대우림 지역은 환경 스펙트럼상에서 보았을 때, 남극이나 북극과 같은 극한의 환경 반대편 끝에 위치한 또 다른 극단의 환경이다.

지구 대륙 면적의 3 %도 안 되는 열대우림은 생물 다양성이 풍부해서, 지구상에 알려진 종들 중 약 40 %가 이곳에 서식한다. 유럽 전체에서 321종 정도의 나비가 발견된 것에 비해, 중미와 남미에서는 7,500여 종 이상이 발견되었다.

왜 일부 자연환경이 이와 같은 풍부한 다양성을 갖게 되었을까? 생태학자들은 열대우림 지역이 세계의 나머지 지역에 비해 생물 다양성이 풍부한 이유를 찾기 위해 활발히 연구하고 있다. 여기에는 여러 이론들이 제시되고 있다.

생산성 열대우림은 거의 일정한 따뜻한 기온과 풍부한 햇빛, 강우량에 의해 만들어졌다. 이러한 조건 아래, 식물들은 매년 효율적으로 성장하고, 울창하고 빽빽한 푸른 나무숲을 이뤄 많은 동물들을 부양할 수 있다. 일부 과학자들은 몇 가지 이유로 열대우림이 세계에서 생물 다양성이 가장 높다고 생각한다. 이들은, 열대우림은 한 번도 빙하로 덮인 일이 없어서, 따뜻한 기후가 생리적 기능을 높여 주어서, 또는 계절의 변화가 없는 기후에서는 한 세대의 기간이 더 짧아져서 생물 다양성이 높을 것이라고 생각한다.

우림 지역에서는 세균, 곰팡이, 곤충을 포함한 찌꺼기 섭식자의 무리들이 생산성에 필요한 영양분을 매우 효율적으로 재순환시킨다. 열대우림의 토양에는 영양분이 적다. 이는 이 생태계에 있는 거의 모든 영양분이 항상 생물량biomass으로 순환되기 때문이다.

생태적 지위가 다른 생물 심한 경쟁은 생물의 분화를 가져와 결국 더 많은 종을 탄생시킬 수 있다. 생산성이 높은 열대우림 생태계에서는 한 종의 새가 한 종의 나무에서만 서식하거나, 오직 수관 혹은 나무 꼭대기 부분에만 둥지를 틀 수 있다. 또 먹이가 풍부하여 많은

위 7,500여 종이 넘는 나비가 중미와 남미에서 발견되었다.
아래 코스타리카의 카라라 생물 보호 지역(Carara Biological Reserve)에서는 식물종이 부족 상태에 이르는 경우가 없다. 풍부한 생물 다양성이야말로 열대우림의 가장 주요한 특징이다.

포식자들이 살고, 나뭇잎이 항상 있어 초식 동물이 살기에 충분했을 것이다.

열대우림 지역은 한 종만이 우점종이 되지 못하게 경쟁함으로써 풍부한 다양성을 갖게 되었을 것이다. 열대우림 지역의 종 분화는 아주 복잡한 공생 관계를 만들어 냈다. 이것은 더 많은 생태적 지위가 만들어지도록 더 많은 분화를 일으켰을 것이다.

수관 구조 열대우림은 하나의 생태계로 보이지만, 사실상 층 위에 다른 층이 있는, 분리된 다른 생태계로 존재한다. 우림은 크게 수관canopy, 상층overstory, 하층understory, 관목층shrub, 토양층ground level의 5개의 층으로 나눌 수 있다. 각 층에는 곤충, 식물, 새, 양서류 그리고 그 어디에서도 살지 않는 생물들이 서식하는 별개의 군집이 존재한다.

그중 수관은 일정한 햇빛과, 나무나 식물들이 빨리 수분을 잃어버리는 매우 활발한 표면 증산 작용evapotranspiration, 풍부한 강우량, 태양의 각도 등 여러 요인에 의해 풍부한 다양성이 유지된다. 열대우림에 있는 종의 약 90 %가 수관에 사는 것으로 추정된다. 하지만 이곳은 땅에 거주하는 과학자들이 접근하기가 어려워서 충분히 연구되지 못했다.

숲 피난처 해수면이 낮아지고 열대 지역이 비교적 건조해진 과거 빙하기 동안에, 열대우림 서식지는 오랜 기간 섬이나 피난처로 고립되었을 것이라는 주장이 있다. 지리적 고립은 이전과 다른 자연환경 속에서 새로운 종의 진화를 촉진시켰을 것이다. 이미 생물 다양성이 높은 상태에서 열대우림의 피난처는 이에 맞먹는 종 분화가 폭발적으로 일어났을 것이다.

위 왼쪽 작은 앵무새가 브라질 아마존 열대우림의 나뭇가지에 앉아 있다.
위 오른쪽 콜롬비아 코코스 섬(Isla Cocos)의 나무에서 자라는 이끼와 착생 식물
아래 콜롬비아 코코스 섬의 열대우림 덤불이 지주근과 착생 식물들로 덮여 있다.
열대우림은 크게 수관, 상층, 하층, 관목층, 토양층의 5개층으로 나눌 수 있다. 이곳에는 곤충, 식물, 새, 양서류와 이곳만의 독특한 생물들이 서식하는 별개의 군집이 존재한다.

생물의 변종

왼쪽 봄철 개화기의 아몬드 나무 과수원. 북미에서 꿀벌 수가 감소하여 캘리포니아 아몬드 농장들은 다른 수분 매개자를 찾고 있다.
나비의 무지갯빛 날개(위), 일부 영장류의 바나나 선호(아래)는 10억 년이 넘는 진화의 시간 동안 어떻게 종과 아종이 독특한 적응을 해 왔는지를 보여 주는 예다.
지구상의 다양한 생물의 운명은 점점 더 인간의 손에 좌우되게 되었다.

10억 년에 달하는 진화의 역사 속에서 지구의 생물들은 조밀한 네트워크로 진화해 왔다. 각각의 종은 상호 의존하고, 무지갯빛 날개나 바나나를 좋아하는 등의 독특한 특성을 보존시켜 지역 환경에 적응하여 아종으로 진화했다. 종은 맞춤 양복처럼 지구에 맞춰, 군집과 생태계를 구성해 갔다. 그리고 지난 1만 년에서 1만 5,000여 년이라는 짧은 진화의 시간 동안, 인간은 지구 생태계의 많은 부분에 지대한 영향을 미치기 시작했다.

수많은 종들의 운명은 지금 우리의 손에 달려 있다. 때로는 인간이 세상에서 가장 중요한 존재 같아 보일 수 있다. 하지만 우리는 우리 주변에 다른 많은 종들이 존재할 수 있도록 관심을 가져야 한다. 왜 그래야 할까? 실질적으로 꿀을 얻을 수 있는 벌은 4종에 불과한데, 왜 우리는 전 세계적으로 존재하는 2만여 종의 벌들을 보호해야 할까? 이에 대한 답은, 북미에서 꿀벌이 감소한 이후, 이를 대신할 아몬드 수분 매개자를 찾고 있는 캘리포니아 주의 아몬드 재배 농부들에게서 찾을 수 있다.

오랜 기간에 걸쳐 형성된 생물 다양성은 그 엄청난 변이로 인해 인간과 지구 생태계 모두에게 더욱 가치가 있는 것이다.

생물 다양성 보존

생물 다양성biodiversity은 지구상의 생물들을 넓게 분류해 놓은 것이라 할 수 있다. 여기에는 종 내의 유전적 다양성, 지구상에 있는 풍요도 또는 전체 종의 수, 생물들이 서로 복잡하게 얽여 있는 생태계 그물망 등이 있다.

생물 다양성은 대체적으로 빠른 인구 증가와, 서식지와 생태계에 미치는 인간의 압력 때문에 모든 수준에서 위험한 상태다. 유전적 다양성과 생태계는 야생 동물들과 그들의 서식지가 도로와 농장, 마을에 의해 분리되어 고립됨으로써 시련을 겪고 있다.

인간은 이미 알려진 140만 종의 생물 중 하나에 불과하지만, 우리는 매년 이용 가능한 세계 담수량의 50 %와 식물의 20 %를 소비하고 있다. 이와 같은 인간의 생활로 인해, 공룡 시대 이후 그 어느 때보다 많은 종들이 위기에 처해 있다.

환경보존생물학자 스튜어트 핌Stuart Pimm은 "생물은 놀라운 속도로 멸종하게 될 것이다."라고 경고한 바 있다. "일상적으로 우리는 차례대로 하나씩 천연자원을 파괴해 왔다."라고도 말했다. 핌 박사는 지난 세기 동안 생물들이 예상보다 100-1,000배 정도 빠르게 멸종해 왔다고, 화석 기록을 참고해 말한다. 지금 정말로 대규모 멸종이 진행 중이라면, 이것은 인간이라는 단 한 종에 의해 일어나는 첫 번째 멸종이 될 것이다.

왜 생물 다양성이 중요한가?

생물의 다양성이 왜 중요한지는 여러 측면에서 볼 수 있다. 첫째는 실용적인 측면이다. 지구 생태계는 해충 조절에서부터 토양에 공기를 불어넣는 것까지, 인류에게 필수적인 서비스를 제공해 주는데, 이 서비스의 핵심은 그 어떤 것으로도 대체 불가능한 생물 다양성이다.

두 번째는 신중성이다. 유전적 다양성은 재앙에 가까운 홍수나 개체군 감소 및 종들이 살아가며 겪을 수 있는 여러 고난과 같은 피할 수 없는 상황에서 생물들이 생존할 수 있도록 보완backup을 해 준다.

세 번째는 심미적이며 정신적이기까지 한 측면이다. 도마뱀붙이와 재규어 같은 동물들이 사라지고, 북극 지방에서는 북극곰이 돌아다니지 않

위 캐나다의 로키 산맥은 수많은 생물종에게 깨끗한 환경을 제공한다.

가운데 네바다 주의 라스베이거스는 20세기 전반에는 비교적 잘 알려지지 않은 사막이었다. 그러나 지난 20년 동안 이 도시의 인구는 150만 명으로 폭발적으로 증가했다. 다른 인구 밀집 지역들처럼 이곳 역시 빠르게 성장하면서 지역의 생물 다양성과 천연자원에 엄청난 압박을 주었다. 도시에 필요한 물을 공급하면서 근처의 생태계는 물론 멀리 떨어진 생태계에까지 영향을 미쳤다.

아래 흰코뿔소(white rhino)의 기원은 수백만 년 전으로 거슬러 올라간다. 그러나 지난 15-20여 년 동안 사냥되면서 멸종 위기의 수준에까지 이르렀다.

으며, 캘리포니아콘도르가 더 이상 캘리포니아 빅서Big Sur에 살지 않으며, 에콰도르의 우림이 모두 사라져 가축들의 방목지가 된다면, 지구는 더 열악한 곳이 될 것이다. 모든 생물들은 연관되어 있어서, 다양성의 손실로 인한 결과는 예측하기 어렵고, 결과가 나타난 뒤에는 되돌릴 수가 없다. 마지막 대규모 멸종이 있은 후, 수백만 년이 걸려 종들이 진화하고 생물 다양성이 회복되었다. 이 세월은 장구한 지질학적 차원에서는 중요하지 않을 수 있지만, 우리 인간의 다음 몇 세대들에게는 아주 중요한 문제다.

핵심 분포 지역 지구상의 생물 분포는 매우 고르지 않다. 북극 툰드라와 같은 지역에서는 극소수의 생물들만이 살아간다. 반면, 인도네시아, 아마존, 하와이와 같은 열대우림 지역은 종의 밀도가 가장 높은 지역이다.

붉은어깨검정새red-winged blackbird와 같은 소수 일반 종을 제외하고는, 육지에 사는 생물들의 대부분은 좁은 범위에서 산다. 육지에 사는 생물의 절반은 육상 식물이고 5분의 2가량은 척추동물이다. 이들의 서식 지역을 다 합쳐도 지구 표면적의 극히 일부밖에 되지 않는다. 이러한 지역을 '생물 다양성 핵심 분포 지역biodiversity hot spot' 이라고 부른다.

핵심 분포 지역은 지구 육지의 약 12 %를 차지했으나, 인간이 이곳을 벌목 및 건설 등으로 훼손하면서 오늘날에는 지구 육지 표면의 2.3 %까지 줄어들었다.

보존 전략 생물 다양성 핵심 분포 지역을 보존하는 것은 향후 수십 년 안에 생물이 감소하는 것을 막는 데 있어 아주 중요하다. 이를 위해서는 멸종 위기의 생물이 살고 있는 지역이나 그 근처에 거주하는 가난한 사람들이 그 지역을 훼손하거나 파괴하지 않으면서 돈을 벌 수 있는 직업을 갖도록 해야 한다. 자연 보호 예산을, 이 민감한 지역에서 주민들을 내보내는 데 쓰기보다 일자리를 창출하고 그들이 지역 생태계를 소중하게 여기도록 토지 관리 방법을 가르치는 데 사용해야 한다. 동시에 선진국 국민들은 지구의 기후와 생태계에 장기적인 손해를 초래하고 있는 자신들의 행위와 정책을 바꾸어야 한다. 생태계는 건설, 농업, 벌목, 채광 및 그 외의 인간의 활동으로 위협을 받고 있는데, 이 생태계를 보전하는 것은 생물종을 보존하는 것만큼이나 중요하다. 더 적은 양의 깨끗한 화석 연료를 태움으로써 탄소 배출량을 줄이는 것이 자연 보호 전략의 첫걸음이 될 수 있다.

비영리기구인 국제 환경 보존 기구(Conservation International)의 임무는 '지구의 살아 있는 자연 유산을 보존' 하는 것이다. 이 기구는 세계의 34개 지역을 생물 다양성 핵심 분포 지역으로 규정했다. 지도에서 볼 수 있듯이, 지구 표면의 이 좁은 지역들에서 다수의 식물과 육상 척추동물이 살아간다.

안정성과 회복

종 다양성이 있어서 생태계가 스트레스로부터 빨리 회복될 수 있는 것인지도 모른다. 생태학자들은 많은 종으로 구성된 생태계가 적은 종으로 구성된 생태계보다 교란으로부터 더 빨리 회복되는 것을 관찰했다. 이러한 개념은 투자 포트폴리오를 다양화하는 것과 유사하다. 즉, 여러 주식에 분산 투자를 하면 모든 것을 잃을 위험성이 크게 줄어드는 것과 같은 것이다.

종의 풀pool이 크다는 것은 결국 더 많은 생물이 성공적으로 생존하는 방법을 찾는다는 것을 의미하고, 이는 나아가 회복성과 다양성 간에 상관관계가 있다는 말이 된다.

그리고 한 생태계 안에서 다른 많은 생물들이 침식 작용으로부터 보호하는 것이나 질소를 고정하는 것 같은 똑같거나 비슷한 기본 기능을 한다면, 교란이 일어났을 때 서로를 보완해 줄 수 있다.

교란 작용과 다양성

나무가 쓰러질 때마다 숲에는 작은 구멍이 생긴다. 숲을 가로질러 화재가 발생할 때마다 새로운 길이 생기고, 덕분에 새 묘목은 햇빛을 받을 수 있게 된다. 산사태가 일어나면 언덕에서 식물들은 쓸려 나간다. 이와 같은 교란 작용은 기존의 질서를 거칠게 짓밟지만, 새로운 생물이 들어오고 새로운 관계가 개발되도록 기회를 창출한다.

교란 작용은 인위적일 수도 있고, 또 갑작스럽게 일어나기보다는 천천히 일어날 수도 있다. 그리고 규모가 미약할 수도 있고, 해로울 수도 있다. 대수층에서 물을 지나치게 빼내면, 주변에 있는 물은 물론, 흙 속에 있는 물도 끌어와서 흙에 너무 많은 염분이 남게 될 수 있다. 농경지 유수 또한 하류의 영양분 균형을 바꿀 수 있다. 토지를 개간하고 집을 짓는 것 모두 지역 생태계를 급격히 변화시킬 수 있다.

자연적 혹은 인위적 교란 작용이 급진적이지 않으면서 적당한 수준에서 일어나면, 생태계는 발전되고 더 많은 다양성을 가질 수 있다.

침 입

침입종은 비토착 생물로, 새로 이주해 온 환경에 나쁜 영향을 미칠 수 있다. 침입종은 오늘날 전 세계적으로 자연적 다양성에 문제가 되

위 캐나다 앨버타 주 에드먼턴(Edmonton) 근처에 있는 로키 산맥에 산불이 발생했다. 나무들이 사라지면, 새로운 식물이 뿌리를 내리고 새로운 동물들이 이주해 올 수 있는 길이 마련되기도 한다. 이와 같은 생태계 교란 활동은 생태계의 회복력과 안정성에 기여한다. 왜냐하면 종의 풀이 보다 크면 성공적으로 살아남을 수 있는 종들이 많아지기 때문이다.
아래 폐수 처리 공장은 인공적인 오염의 영향을 최소화하기 위해 건설된다. 그러나 지하수, 강, 개울에 농경지 유수와 같은 폐수가 유입되어도 하류의 영양분 균형은 쉽게 변한다.

고 있다. 지구 생태계가 수백만 년에 걸쳐 진화하면서 종들은 다른 지역의 종들과 서로 반응하며 관계를 발전시켰다. 종들의 개체군 크기와 범위는 이와 같은 관계에 영향을 받는다. 기온과 강우량의 변화, 다른 종과의 경쟁, 포식자, 질병 등은 반응과 적응을 유발하는 위협 요인들이다.

세계적으로 이동이 쉬워진 시대에, 계속 들어온 동식물의 침입종으로 인해 토착 식물들은 균형을 잃게 되었다. 새로운 장소에 들어온 침입종들은 포식자도 없고 경쟁도 거의 없어서 세력을 얻을 수 있기 때문이다.

침입종은 지역 생태계를 바꾼다. 침입성 잡초인 부처꽃purple loosestrife이 가득한 들판은 늪지대의 새, 철새, 건초를 먹는 동물들에게 토착 풀이 자라는 들판보다 유용하지 못하다. 대만흰개미에서부터 칡덩굴, 부레옥잠에 이르기까지 침입종은 거의 모든 지역에 살고 있다. 지금은 오히려 외래종으로 느껴지기까지 하는 '토착 생물'을 번성시키기 위해서 점차 많은 단체들이 조직되고 있다.

증폭 효과 토착 생물을 멸종 위기로까지 몰고 가는, 생물 다양성의 감소는 침입종이 남긴 유산 중 하나다.

먹이 사슬에서 침입과 교란은 증폭 효과cascading effect가 있는 것으로 알려져 있다. 미국 중서부 지역의 농부들이 프레리도그를 대부분 몰살했을 때, 초원 생태계에서는 증폭 효과가 일어났다. 초원의 흙이 더 이상 프레리도그의 구멍을 통해 산소를 공급받지 못하고, 풀줄기가 프레리도그의 이빨로 손질이 안 되자, 풀들이 변하기 시작했다. 그리고 초원에 살고 있던 곤충들도 줄어드는 목초지와 살충제 때문에 살 수 없게 되었다. 이 곤충들을 먹이로 하던 새들도 떠나갔다.

자연보존생물학conservation biology은 야생 혹은 토착 생물 다양성을 보존하기 위해 노력하는 학문이다.

나일퍼치(Nile Perch)는 대식 포식자다. 1960년대에 이 물고기는 아프리카 탄자니아의 빅토리아 호수에 실험용으로 처음 도입되었는데, 그 결과 이 호수의 토착 어류가 거의 멸종되었다. 이 물고기는 현재 이 지역의 주요 수출품이다.

대만흰개미(왼쪽)는 미국으로 간 침입종이다. 이들은 살아 있는 식물과 나무에 기생한다(오른쪽). 미국 농무부는 흰개미의 수와 군체를 줄이는 캠페인을 시작했다.

단일 경작 및 사육

생물 다양성의 반대는 단일 경작 및 사육mono-culture이다. 단일 경작 및 사육은 한 번에 단 한 종의 동물이나 식물 종을 키우고 수확하는 것을 말한다. 단일 경작 및 사육의 예로는 면화 농장, 오렌지 과수원, 돼지 농장 등이 있다.

단일 경작 및 사육은 농부들에게 상업적 이득을 준다. 즉, 농부들은 이를 통해 '규모의 경제'를 할 수 있다. 예를 들어, 한 종의 곡물을 대규모로 재배하고 수확하고 분류하고 판매하면, 생산 비용이 낮아진다. 이와 같은 농업은 대량 생산 공장과 유사하기 때문에, 때로는 기업 농업 industrial agriculture이라고도 불린다.

그렇지만 단일 경작 및 사육은 상황이 열악해질 때 건강한 생태계가 번성하거나 적응할 수 있는 여지가 거의 없다. 예를 들어, 한 번에 단 하나의 품종만을 재배하면 그 곡물은 질병이나 해충에 약해진다. 기업 농부들은 흔히 질병이나 해충의 피해를 막기 위해 많은 양의 살충제를 사용하지만, 살충제는 이로운 벌레들까지도 죽인다.

동식물을 모두 기르는 작은 농장에서는 동물의 분뇨가 농작물들의 비료로 사용될 수 있고, 또 일부 재배 식물은 동물들의 먹이가 될 수 있다. 그러나 소나 돼지 한 종만을 키우는 대규모 축사에서 분뇨는 처리 비용이 비싼 골칫덩이일 뿐만 아니라 오염의 근원이 되기도 한다.

감자 기근 단일 경작으로 인한 역사상 가장 유명한 재앙으로 아일랜드 감자 기근이 있다. 1845년 9월, 곰팡이가 아일랜드 들판에 있는 감자들

위 농부가 곡물을 수확하고 있다. 대규모 농업을 하는 대부분의 농부들은 경제적 이득 때문에 단일 품종 재배를 선호한다.
아래 왼쪽 농부들이 해마다 같은 작물을 재배하면, 그 곡물은 질병에 걸리기 쉬워진다.
아래 오른쪽 마름병에 걸린 감자. 19세기 아일랜드 감자 기근의 원인은 곰팡이였다. 당시 아일랜드 전역에서 자라던 감자들은 같은 종인 데다가 곰팡이에 대한 저항력이 없었다.

을 습격했다. 그 이전 60여 년 동안 아일랜드는 인구가 200만 명에서 800만 명으로 급격히 증가해, 이 한 작물에 의존하게 되었다. 아일랜드 감자는 유전적 다양성이 거의 없는 데다, 곰팡이에 대한 저항력이 없었다. 이에 따라 감자는 빠르게 썩어가기 시작했다.

그 후 4년 동안, 아일랜드 인의 4분의 1이 굶어 죽거나 고향을 떠났다. 인류 사회와 주변 자연환경은 밀접하게 얽혀 있다. 아일랜드 감자는 증가하는 인구를 먹여 살리기 위해 제한된 땅에서 집약적으로 재배되었기 때문에 질병에 약했다. 또한 영국의 정책과 영국에서 산업 생산품이 증가함에 따라 고향의 일자리가 부족해졌기 때문에 사람들도 취약했다. 마름병blight이 강타했을 때 감자가 질병에 걸린 것처럼, 많은 아일랜드 사람들도 적응을 할 수 없었다.

숲과 종이 제지 회사들은 제지 공장의 수요를 맞추기 위해 단일 경작으로 나무를 심고 재배한다. 일반적으로 경작되는 나무는 빠르게 자라는 로블롤리 소나무 loblolly pine다.

안타깝게도 조림지는 생물학적으로는 열악한 곳이어서 자연 삼림처럼 생태학적으로 중요한 역할을 하지 못한다. 방목되는 동물들에게 충분한 먹이를 주지도 못하고, 새나 작은 포유류에게 충분한 서식지를 제공하지도 못한다. 다 자란 나무를 깨끗하게 벌목하고 다음 조림을 위해 조림지를 불태울 때, 곰팡이, 애벌레, 개미, 흰개미 등과 같이 죽은 생물을 분해하거나 재순환을 담당하는 생물들도 함께 죽는다. 또한 제초제와 살충제 살포로 인해 다른 식물들과 곤충의 성장이 저해된다.

많은 과학자들은 자연 삼림의 생태학적 가치 때문에 나무의 단일 경작을 지속 가능한 벌목으로 바꿀 것을 권유한다. 지속 가능한 벌목을 하게 되면, 기업들이 자연 삼림에서 적당한 나무를 선택하여 벌목하기 때문에 생태계를 보호할 수 있다.

베이징 북서부의 옌칭 현(Yangqing County)에서 농부들이 경사면에 나무를 심고 있다. 나무를 심으면 변두리 지역의 침식이 더뎌지지만, 그렇지 않고 변두리가 침식되면 중심 수도 지역에 심각한 모래 폭풍 현상이 일어날 수 있다.

'단일 경작 및 사육' 대 '생물 다양성'

생물 다양성이 보존되도록 농장을 관리하는 것이 단일 경작을 하는 것보다 훨씬 이익이 될 수 있다. 중국 정부는 남부에서 침식된 토양을 회복하기 위해서 농부들이 나무를 심도록 독려했다. 농부들은 나무가 12년 동안 자란 후에야 목재를 벌목할 수 있음을 알았다. 일부 농부들은 목재를 얻기 위해 12년을 기다리기보다 나무 주변에 버섯과 토착 식물을 심고, 닭을 키우고, 채소를 심고, 또한 꿀을 얻기 위해 벌을 키우면 2년 안에도 이익을 낼 수 있다는 것을 알게 되었다. 농부들은 단기간 수입도 얻었기 때문에, 귀하고 단단한 목재용 나무 묘목도 심을 수 있었다. 단단한 목재는 성장 시간이 길지만, 나중에 더 많은 돈을 벌 수 있다. 창의적으로 생각한 결과, 이 농부들은 자신들의 삶의 질을 향상시키고, 동시에 지역의 생물 다양성도 복구할 수 있었다.

빨리 자라는 로블로리 소나무는 미국 남부에서 가장 많이 경작되는 나무다. 이 나무는 목재(lumber)나 종이 재료로 쓰이지만, 그 조림지는 자연 삼림처럼 다양한 동식물군을 부양하지 못한다.

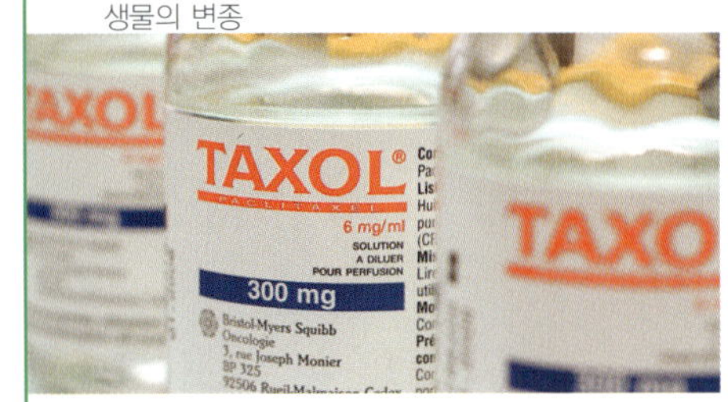

생물 다양성과 약제

우림 지역의 식물들은 어떤 치료 성분을 가지고 있을까? 이런 식물들은 방목지를 만들기 위해 숲을 벌목하기 전에 발견될 수 있을까? 과학자들은 의학적 가치를 발견하지 못한 많은 식물들이 아직도 우림과 그 외 지역들에 있다고 생각한다. 세계 보건 기구WHO에 의하면, 현대 의약품의 4분의 1은 전통 약제에 처음 쓰인 식물들로 만들어졌다고 한다.

야생 식물에서 개발된 치료제는 말라리아, 당뇨병, 심장병, HIV/에이즈, 암, 진통제, 기관지 질병에 쓰이고 있다.

태평양주목pacific yew은 예전에 서양인들이 벌목 작업을 할 때는 쓸모없는 쓰레기로 불태워졌지만, 최근에 이 나무껍질에서 종양을 감소시키는 파클리탁솔paclitaxol이라는 물질이 발견되었다.

오랫동안 의료적 가치를 지녔다고 알려져 왔던 일부 식물들이 오늘에 이르러 실험실에서 분석되고 있다. 예를 들어, 버드나무 껍질은 수세기 동안 진통을 완화시켜 주는 데 사용되었지만, 현대에 이르러서야 아스피린의 가장 효과적인 재료인 살리실산salicylic acid을 함유하고 있다는 것이 밝혀졌다.

사진에 보이는 작은 상록수인 태평양주목(*Texus brefifolia*)은 오리건 주에서 자란다. 이 나무에서 얻은 물질로 택솔(위 사진)을 생산한다. 택솔은 난소암, 유방암, 폐암의 화학 요법 치료제로 쓰인다.

'*Santalum album*'이라는 인도산 식물은 백단향(sandalwood)으로 더 잘 알려져 있다. 이 식물은 향수, 향, 전통 약품에 널리 사용되면서 멸종 위기 식물 리스트에 오르게 되었다.

멸종 위기의 약 현재는 브라질에서 잠비아에 이르는 나라들에서 약용 식물들이 잘 알려져 있지만, 이미 오래전부터 약용 식물을 많이 사용해 온 나라는 중국과 인도다. 세계 야생생물 기금WWF은 인도의 3,000년 된 아유르베다Ayurvedic 약에 사용된 33종의 허브를 '심각한 멸종 위기'에, 다른 17종을 '멸종 위협' 상황에 있다고 규정했다. 이 분류에는 아프리카마elephant-foot, 자단red sandalwood, 개불알꽃lady's slipper orchid이 포함되어 있다.

수천 년 동안 인도와 티베트에서 전통 치료제로 쓰인 약초는 인구 증가로 위협을 받는 곳에서 서식한다. 벌목, 도시화, 야생 식물의 과잉 수확으로 인해 생물학적 재산이 위태롭게 되었다.

위협받는 허브 중국과 인도에서만 전통적인 약용 식물들이 위협받는 것은 아니다.

첫 번째 말라리아 치료약인 퀴닌quinine을 채취할 수 있는 에콰도르산 기나나무cinchona는 과잉 수확으로부터 보호해야 한다. 연지수선poet's narcissus이라고도 불리는 아도니스pheasant's eye 허브는 유럽 동부에서 자라며 심장병 치료에 사용되는데, 이 역시 보호해야 한다.

약용 식물들은 대부분 야생에서 얻는다. 이들 중에는 히드라스티스goldenseal, 인삼, 에키네시아echinacea, 아메리카은행American ginkgo과 같이 미국에서도 흔하게 자라는 것들도 포함되어 있다.

일부 약제는 농장을 만들기 위해 벌목되는 우림에서 얻는다. 열대우림에서는 식물이 아닌 것에서도 약제를 얻는데, 항생제와 몇몇 약들은 토양 미생물과 뱀의 독, 독성을 지닌 개구리로 만든다.

효능 있는 약초 치료법에 대한 수요가 증가함에 따라, 약용 식물을 보존하기 위해 약초 식물원에서의 재배를 늘리고 있다.

식물에 대한 지식 모으기 영원히 사라질 위기에 있는 많은 자연 경관에는 생태학자들이 조사하지 못하거나 잠재적인 의학적 가치를 현대의 기술로 검증받지 못한 식물들이 포함되어 있다. 때문에 식물에 대한 지식을 대대로 전해 들어 알고 있는 사람들이 사망하게 되면, 수세기 동안 쌓인 지식의 보고도 사라지게 된다. 이에 따라 세계 보건 기구, 미국 국립 보건원, 식물원과 같은 기관들은 약초와 약에 대한 전통 지식을 가진 사람들을 인터뷰하고, 우림과 다른 야생지의 식물을 조사하고, 약초에 대해 알려진 정보들은 소멸되기 전에 연구·기록되고 발전될 수 있도록 현대의 의학 연구소로 넘기는 작업을 시작했다.

홍콩의 약국에서는 전통 치료약을 판매한다. 중국에서 약의 역사는 기원전 1766년까지 거슬러 올라간다.

생태계의 기능

뉴욕의 멋진 펜트하우스에서 살고 있는, 가장 화려한 도시 거주자들조차도 가장 근본적인 면에서는 자연의 기능에 의존할 수밖에 없다. 대부분의 사람들이 인공적인 환경에서 살고 있어서, 그 어떤 사람이나 동식물도 자연 세계 없이는 생존할 수 없을 정도로 자연 세계와 밀접한 관련이 있다는 사실을 잊어버리기 쉽다.

사람들은 자연계에 의존해 살아가는데, 자연계는 우리가 들이마시는 산소와 마시는 물을 생산하고, 오염된 공기와 물을 정화하고, 작물, 숲, 정원에서 수분 활동을 하고 해충을 조절하며, 쓰레기도 분해하고, 모든 물건의 원료들도 생산한다. 자연은 완전 무료로 이 모든 기능들을 제공하고 있다. 이 모든 것을 종합해 보면, 생물이 지구상에 살아갈 수 있도록 해 주는 자연의 선물은 바로 생태계의 기능이다.

식량 공급과 부양 UN 밀레니엄 생태계 평가United Nations Millennium Ecosystem Assessment는 생태계의 기능을 크게 네 가지 범주로 분류했다. 첫 번째는 공급 기능이다. 사람들은 자연환경으로부터 여러 생산품을 얻는다. 이 커다란 범주에는 곡물, 가축, 물고기 등의 식량과 의복을 만드는 섬유, 연료, 담수가 포함된다.

두 번째 범주는 조절 기능이다. 자연계는 산소와 이산화탄소의 균형을 유지하고, 생물이 살기에 알맞은 수준으로 지구의 기온을 유지시키며, 홍수, 허리케인, 침식과 같은 자연재해로부터 보호해 주고, 질병의 전파도 막아 준다.

세 번째는 '비물질적 이득'이라고도 정의할 수 있는 문화적 기능이다. 예로는, 영혼을 풍성하게 하는 것과 심미적 경험, 영감, 문화적 유산, 재충전의 기회, 사회 발전 방향에 미치는 자연환경의 영향 등이 있다.

위 수분 작용과 씨 퍼뜨리기는 광합성과 토양 형성과 마찬가지로 생태계의 부양 기능에 속한다.
아래 펜실베이니아 주 이스턴(Easton)에서 일어난 홍수와 같이 자연재해가 항상 자연계에 의해 조절되는 것은 아니다. 인공 배수 시설조차도 종종 폭우에 속수무책일 때가 있다.

자연계는 회복력이 있지만, 남획과 같은 인간 활동 후에도 항상 회복력을 발휘하는 것은 아니다.

1837년과 1842년 사이에 만들어진 크로톤 저수댐(Croton Reservoir Dam)은 뉴욕 시 거주자들에게 물을 공급하기 위해 건설한 시스템의 한 부분이었다. 이 저장 시스템은 몇 세기 동안 도시의 필요를 채울 수 있을 것이라 생각되었으나 곧 불충분하다는 것이 밝혀졌다.

네 번째 분류는 부양 기능으로, 앞의 기능들의 기초가 되는 필수적인 것들이다. 예로는, 식량 생산을 돕는 광합성, 영양분의 순환을 위한 화학적 · 생물학적 과정, 수분 작용과 씨 퍼뜨리기, 토양 형성을 돕는 분해 동물의 작업 등이 있다.

뉴욕이 마시는 음용수

미국 뉴욕 시의 물은 북부 지방 시골의 분수령에서 공급된다. 1990년대까지 뉴욕 음용수의 수질은 북부 지역의 건설 개발과 농업 배출물의 영향을 받았다. 뉴욕 시는 두 가지 선택권이 있었는데, 인공 여과 시설을 설치하든가, 그 유역의 자연 여과 기능을 보존하는 것이었다. 토지를 구입하고, 농부들에게 자금을 지원해 민감한 특성을 보존하게 하고, 토지 관리를 통해 수질을 향상시키려면, 총 2억 5,000만–3억 달러 정도가 들었다. 여과 시설을 짓는 비용은 20억–80억 달러이고, 추가로 매년 정비하는 데에 100만 달러가 들었다. 따라서 이 경우에는 경제학적으로 더 나은 생태학적 방법을 선택하는 것이 나았다.

자연계에 가해지는 압박 사람들은 농장을 개간하기 위해 강물을 사용하고, 바다에서는 번식 속도보다 빠르게 어류를 포획하고, 습지였던 곳은 메워 집을 짓는 등, 생태계에 여러 영향들을 미치고 있다. 물론 인간만이 생태계를 변화시키는 것은 아니다. 비버가 하천을 막아 연못을 만드는 것도 생태계를 바꾸는 것이다. 생태계가 변하면 자연계가 제공할 수 있는 기능도 변한다.

아무리 엄청난 비용을 들인다 해도 생태계가 무제한 부양 기능을 제공하지는 않는다. 인간만이 생태계의 기능에 영향을 끼치는 것은 아니지만, 급증하는 인구로 인해 자연계는 능력의 한계를 시험받고 있다.

자연계는 회복력이 있다. 많은 교란들을 견딜 수 있고 다시 회복될 수 있다. 그러나 최근에 많은 물고기 개체군이 급감하고, 온실가스 배출이 지표면의 온도를 더 높이고 있다. 이 두 가지 징후는 우리가 크게 주의를 기울여야 할 지표들이다.

기능으로서의 생물 다양성 생물 다양성은 자연의 부양 기능 중 하나다. 생물 다양성을 통해 자연계는 안정되고, 질병, 빙하, 화재와 같은 자연적으로 일어나는 교란을 견딜 수 있는 회복력을 얻는다. 오늘날 지구 환경에 존재하는 유전적 · 생태학적 다양성은 10억 년에 걸친 진화로 만들어졌다. 생물 다양성은 생태계의 다른 기능들처럼 이러한 어마어마한 이득을 무료로 제공한다.

우리는 생물 다양성을 단순히 자연의 놀랍고 멋진 상상의 연출이 아니라, 영겁의 시간 동안 우리 생명체를 생존시켜 잘 유지될 수 있게 하는 안전망으로 인식해야 한다. 이를 가르치는 것은 우리 스스로에게 달려 있다.

가치 이상의 가치

생태계를 경제적 가치로 환산해 본다면 사람들은 생태계를 더 귀하게 여길까? 이러한 의문을 과학적으로 검토하기 위해 경제학자들은 생태계의 기능들에 대해 경제적 가치를 매겨 보았다. 예를 들어, 우림 근처에 사는 사람들에게 산림을 베지 않으면 그에 상응하는 대가를 제공하겠다고 제안했다. 산림의 생물 다양성과 대기 중의 탄소를 제거하는 기능은 어느 정도의 경제적 가치가 있을까? 산림의 보존으로 얻는 이익은 농부가 이를 개간하여 농사를 지어 얻을 수 있는 수익보다 더 많아야 한다.

경제학자들이 계산한 결과, 코스타리카의 이전 우림 지역의 경우 10,000 m²를 농장으로 만들어 운영하면 매년 125달러를 벌 수 있다. 하지만 보존된 숲 10,000 m²가 매년 공기 중에서 7,000−20,000 kg의 탄소를 제거하는 가치는 400달러에 달한다. 그러나 안타깝게도 이것은 학문적인 계산일 뿐이다. 그 누구도 생물 다양성을 보존하는 농부와 탄소를 제거하는 우림의 기능에 대해 돈을 지불하지 않기 때문이다.

위 미국과 같은 부유한 나라의 국민들은 가난한 나라의 사람들보다 식량과 에너지, 기타 자원들을 더 많이 소비한다. **아래** 코스타리카와 같은 나라에 사는 가난한 농부들에게는 자연환경보다는 생존의 문제가 더 큰 관심의 대상이다.

환경 공평성 아이러니하게도, 부와 빈곤 모두가 생태계 기능을 제공하는 자연환경의 능력에 압박을 가하고 있다. 미국과 같은 부유한 나라들은 빈곤한 나라들보다 더 많은 음식과 에너지와 물을 사용하는 등, 1인당 훨씬 더 많은 기능의 혜택을 받는다. 만약 세계 모든 사람들이 미국인들 수준으로 자원을 소비했다면, 지금처럼 자원은 충분히 남아 있지 않았을 것이다. 그렇지만 부유한 사람들은 적어도 자신들 눈앞의 환경은 보기 좋게 유지할 여유가 되기 때문에, 당장에 자연계에 가하는 압박이 분명하게 보이지 않는다.

빈곤한 나라에 사는 사람들은 선택할 여지도 없이 생존을 위해서라면 인접한 주변 환경을 훼손할 수밖에 없다고 생각하는 것이 보통이다. 농장과 땔감을 마련하기 위해 가까운 숲을 베어 내고, 판매나 먹을거리를 해결하기 위해 야생 동물, 심지어는 멸종 위기의 동물을 죽이는 것이 분명히 그들의 환경을 파괴하는 행위이지만, 식탁에 고기를 올려놓을 다른 방법이 없기 때문에 사람들은 이 같은 일을 계속할 수밖에 없다.

미국에서조차도 가난한 사람들은 오염과 다른 환경 문제로 생긴 건강 문제와 경제적 부담을 안고 있다. 환경 공평성 운동environmental justice movement은 이 같은 가난한 이웃의 문제를 해결하는 데 필요한 돈과 관심을 모으기 위해 노력한다.

청지기 직분 자연주의자 E.O. 윌슨은, 모든 사회는 경제적 부, 문화적 부, 생물학적 부와 같은 세 종류의 부를 소유한다고 보았다. 경제적 부는 우리 사회가 일반적으로 측정하는 방법이다. 문화적 부는 예를 들어, 미술, 의복, 결혼 예식 등과 같은 다양한 방법으로 표현될 수 있다. 생물학적 부는, 사람들이 인식한다 하더라도, 배경 중에서도 대수롭지 않은 것으로 치부된다.

윌슨은 단지 경제적 부로 가치를 판단하는 것은 현명하지 못하다고 주장한다. 사람들은 우리와 우리 자손들의 삶과 다른 종의 삶이 대지의 생물학적 부가 돌봐 주는 것에 직접적으로 의존하고 있다는 것을 인식해야 한다.

일부 사람들은, 지구의 생물과 경관은 결코 대체될 수 없는 것으로서 가격을 매길 수 없기 때문에, 생태계를 금전적으로 평가하는 것은 핵심에서 벗어나는 것이라고 믿는다. 그들은 달러 표시보다는 청지기 개념이 좋은 지침이 될 것이라고 말한다. 청지기 개념은 미래 세대를 위해 지구를 돌봐야 한다는 것이다. 즉, '청지기'가 함축하는 것은 우리 각자는 단지 지구라는 행성의 일시적인 승객일 뿐이고, 우리는 이로쿼이 족 헌법에서 말하는 것처럼 우리의 행동이 미래 세대에 미치는 영향을 잊지 말아야 하는 책무가 있음을 이해해야 한다는 것이다.

나뭇가지에서 아몬드가 자라고 있다. 캘리포니아의 농부들은 한때 자연의 당연한 순리로 여겼던 아몬드의 수분을 위해 매년 1억 달러를 지출하고 있다.

아몬드의 수분

사람들은 생태계가 제공하는 엄청난 이득에 의존하면서도, 대개 흔한 공짜 물건 쓰듯 당연하게 생각하면서 과소평가한다. 캘리포니아의 아몬드 재배업자들은 한때 야생 꿀벌에 의존해 작물들을 수분시킬 수 있었지만, 질병으로 인해 야생 꿀벌의 개체 수가 감소하는 일이 발생했다. 거기다 서식지 손실 및 살충제 사용과 함께, 북미 토착종이 아닌 꿀벌들이 토종 수분 매개자들을 감소시키는 데 한몫 거들었다. 이렇게 꿀벌 개체군이 감소한다는 것은 그 역할을 해야 할 토착 수분 매개자가 없어지고 있다는 것을 뜻한다. 현재 캘리포니아의 아몬드 재배업자들은 아몬드를 수분시키기 위해서 벌집을 빌리는 데 매년 1억 달러를 지출하고 있다. 미국 전역적으로는 수분 매개자 개체군의 감소로 인해 57억–83억 달러 상당의 곡물이 손실되고 있는 것으로 추정되고 있다.

미국 농무부의 자연보호전문가들이 탄광물 여과기가 있는 펜실베이니아 서머싯 카운티(Somerset County)의 한 연못에서 수질 조사를 하고 있다. 이 프로젝트는 국가 자원을 보호하려는 미 연방 정부의 한 활동이다.

계통과 계통수

생물학적 다양성 혹은 생물 다양성을 가장 광범위하게 정의하면, '지구상의 생물의 다양성'이라 할 수 있다. 그러나 이 다양성을 표현하는 방법에는 상당히 많은 방법들이 있다. 하나는 유전적 다양성의 수준이다. '한 종 안에서, 같은 유전자에 얼마나 많은 변이가 있을까?' 와 같은 것이다. 유전적 다양성은 질병이나 가뭄 등과 같은 곤경에 부딪치더라도 한 종의 모든 구성원이 한꺼번에 소멸되지 않도록 해 주는 안전을 위한 중요한 방책이라 할 수 있다.

두 번째 단계는 종 다양성으로, 지구상에 있는 서로 다른 종들의 총수를 말한다. 만약 당신이 아프리카의 야생 생물을 생각할 때 기린, 코끼리, 누wildebeest, 얼룩말, 흰개미, 코뿔새, 바오밥나무를 떠올린다면, 종 다양성 입장에서 생각한 것이다.

생물 다양성을 보는 세 번째 방법은 생태계 다양성의 관점으로 보는 것이다. 지구상의 생물은 생태계의 상호 작용 과정을 통하지 않고서는 살아갈 수가 없다. 생태계는 개체, 군집 그리고 생존을 위해 상호 의존하는 다른 종들의 개체군으로 구성된 생물 요인뿐 아니라, 흙, 물, 영양분, 기후와 같은 무생물 요인도 포함한다.

생물 분류 생물학자들은 18세기에 스웨덴의 자연주의자 카롤루스 린네Carolus Linnaeus가 창시한 체계에 따라 생물을 분류한다. 종은 린네의 분류 체계에서 최종 단위다. 분류학taxonomy이라고 부르는 종의 분류는 위계 구조를 갖는데, 가장 큰 범주는 영역domain이다. 진핵 생물의 영역은 구성 세포가 핵막으로 둘러싸인 핵을 가지고 있는 모든 생물을 포함한다. 이는 모든 고등 생물이 포함된다는 것을 의미한다.

전통적으로 생물은 그들의 공통 조상과의 진화적 관계인 계통phylogeny에 따라 분류되어 왔다. 어떻게 계통수의 갈래가 진화되어 왔는지를 과학적으로 결정하는 것은 전문가들에게도 어려울 수 있다. 어떻게 그리고 어떤 기준을 통해 분류할 것인지를 연구하는 학문을 계통분류학systematics이라고 한다.

다음은 대머리독수리의 분류학적 구분 단계다.

영역領域, domain: 진핵 생물Eukaryota

계界, kingdom: 동물계Animalia

문門, phylum: 척색동물문Chordata

강綱, class: 조강Aves

위 조수 웅덩이(tidepool)는 수많은 생물들의 서식지다.
아래 펠리카니데(Pelecanidae)과에 속한 모든 새들처럼 갈색 펠리컨(*Pelecanus occidentalis*)은 완전한 물갈퀴를 가지고 있다. 각 발에는 모두 네 개의 발가락이 있는데, 뒷발가락까지 포함하여 모든 발가락이 물갈퀴로 연결되어 있다.

목目, order: 매목Falconiformes

과科, family: 수리과Accipitridae

속屬, genus: *Haliaeetus*

종種, species: *H. leucocephalus*

또 다른 분류법은 기능적으로 분류하는 것인데, 군집이나 생태계에서의 위치에 따라 생물을 구성한다. 예를 들어, 조간대 군집에서 기능적 그룹은, 해양과 달리 조수 웅덩이에서 사는 생물뿐만 아니라 조류algae, 바닥 소비자, 유영성 생물을 포함할 수도 있다. 기능적 그룹에 대한 연구는 그들이 어떻게 분포하며, 어떻게 자원을 나누고, 먹이 그물, 영양분 재순환 등과 같은 생태계 과정에 어떻게 적응했는지에 대한 것이다. 기능적 그룹은 물리적인 특징에 근거하든, 행동과 서식지에 기초하든, 아니면 기타 특징에 근거하든 그들의 생태계에서의 위치에 따라 구성된다.

계통수는 최근의 기술적 진보로 체계적이고 명확해졌다. 특히 아주 작은 것에 주목한 미세생물학 분야와, DNA 염기 배열 해독기술에서 발전이 이루어진 유전과학이 큰 공헌을 했다. 이와 같은 기술들로 인해 알려지지 않았던 계통수의 많은 가지들이 발견되었고, 계통수의 주요 갈래이

지만 이전에는 알려져 있지 않던 문門도 발견되었다.

1980년대에는 분류법의 발전으로 생물학자들이 계통수의 뿌리에 대한 기본적인 관점을 다섯 개의 계kingdom에서, 고세균, 세균, 진핵 생물의 세 영역으로 재정립했다. 고세균과 세균은 모두 단세포 생물체로 세포핵이 없다. 얼마 전까지만 해도 이들은 '원핵생물prokaryotes'이라는 이름으로 하나로 묶여 있었지만, 고세균에 대한 생화학적 특성과 유전학에 대한 이해가 증진되어, 과학자들은 고세균이 완전히 다른 집단이라는 것을 알게 되었다.

생물의 다양성 보존

부족한 자원을 어디에 집중할지를 결정해야 할 때, 자연 보호 단체는 어느 단계의 생물 다양성이 가장 도움이 필요한지를 결정해야 한다. 자이언트판다giant panda는 *Ailuropoda*속의 가장 마지막 단계의 구성원이다. 그렇다면 *Grus*속에서 유일하게 남은 왜가리wooping crane보다 이들을 구하는 것이 더 가치 있는 일일까?

자연 보호 단체는 한 종이나, 특정한 한 장소에 있는 모든 종 또는 하나의 생태계 기능을 구성하는 모든 것들을 구하는 데 초점을 맞출 것이다. 분류와 계통수는 정보를 체계화하고 이와 같은 결정들을 의미 있게 내리는 데 있어 중요한 역할을 한다.

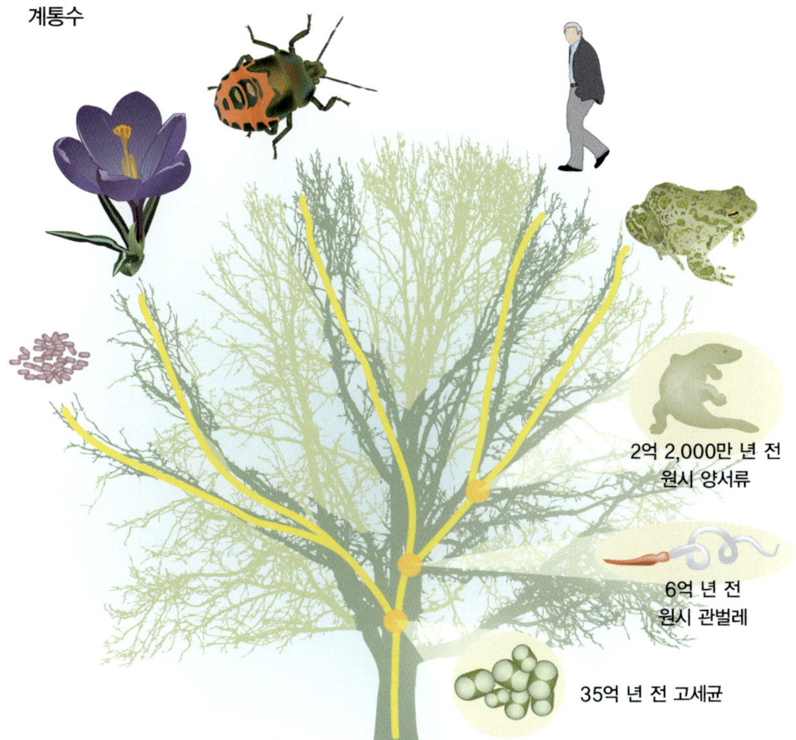

계통수

모든 생물은 계통수의 가지를 따라 유전자 전달에 의해 연결되어 있다. 생물은 나뭇잎처럼 계통수의 바깥 끝가지에 위치해 있다. 이들의 진화 역사는 단세포 고세균, 원시 관벌레, 원시 양서류와 같은 조상들의 연속으로 간략하게 나타낼 수 있다. 그리고 이 조상들은 위계적으로 현재 생존하고 있는 생물들의 하위 집단으로 나뉜다. 예를 들어, 하위 집단은 그림(시계 방향)처럼 막대균(rod bacteria), 꽃, 곤충, 사람, 개구리 등과 같은 것이다.

알려지지 않은 바다

에너지 흐름, 개체군의 크기와 분포, 군집의 기능, 생태계 등은 살아 있는 생물과 그 주변의 생물 및 무생물 환경의 관계 연구에 이용되는 기본 개념들이다. 이들은 육지생태학을 연구하기 위해 개발되었다. 이 원리를 해양에 적용하면, 해양생태학에 많은 미지의 영역이 있다는 것을 알 수 있다. 예를 들어 과학자들은 해양의 많은 종들을 다 동정˙하지 못하고 있다. 해양 생물들의 생활사와 생태학적 요구 역시 알려지지 않은 채로 남아 있다.

떠 있는 세계 플랑크톤은 물에서 수동적으로 표류하는, 현미경적인 동물 혹은 식물이다. 조류와 규조류 같은 식물성 플랑크톤은 광합성을 통해 에너지를 생산하며, 대다수의 해양 생물들을 먹여 살리는 바다의 주된 생산자다.

동물성 플랑크톤은 동물로, 식물성 플랑크톤을 먹으며, 바다 먹이 사슬에서 1차 소비자다. 이들 중 일부는 산호나 조개 같은 해양 생물들의 유충 단계인 것도 있다. 모든 플랑크톤은 탄소나 다른 영양분을 순환시키는 데 중요한 역할을 한다.

1970년대 후반에 와서야 과학자들은 지구상 생물들의 세 영역 중 하나인, 단세포 생물인 고세균을 확인했다. 고세균은 원핵생물, 즉 세포핵이 없는 가장 초기의 지구 생물이다.

최근 연구자들은 미생물학의 전문 기술을 이용하여, 해양 생물을 지배하는 미생물에 대해 더 많이 알게 되었다. 예를 들어 로제오박터 Roseobacter과에 속하는 아주 평범한 미생물을 연구한 결과, 이 세균이 에너지를 생산하기 위해 유기 탄소뿐 아니라 황과 일산화탄소도 사용할 수 있다는 사실을 발견했다. 이 발견으로 황과 질소, 탄소를 포함한 영양분이 바다에서 어떻게 순환하는지를 더 알게 되었다. 이렇게 새로운 발견이 계속된다는 것은 얼마나 많은 것들이 여전히 모르는 채로 남아 있는지를 반증하고 있는 것이다.

위 물의 흐름은 플랑크톤의 이동 경로를 보여 준다. 플랑크톤은 바다 표면에 살며, 헤엄을 거의 치지 않는다.

아래 이러한 심해의 해구는 해수면으로부터 3 km 이상 떨어진 곳에 위치해 있다. 과학자들은 이제야 이 지역이 관벌레와 같은 생물을 부양할 능력이 있다는 것을 알게 되었다.

퍼지는 판들 최근 몇 년간의 해양 조사를 통해 해양생태학에 관한 놀랄 만한 사실들이 밝혀졌다. 1950년대에 이르러서야 과학자들은 대서양 한가운데서 해령을 발견했다. 이를 통해, 지구 맨틀의 용암이 대륙판의 딱딱한 지각 사이에서 계속 분출한다는, 해양의 무생물적 환경에 대한 기본적인 사실이 확인되었다. 이 발견은 지구의 지각이 녹은 암석 위를 떠다니는 딱딱한 조각그림 맞추기 판과 같다는 판구조 이론을 뒷받침해 주었다.

판구조로 인해 해양생태학 지식이 많이 추가되었다. 예를 들어, 대륙판이 만나는 곳에서의 화산 활동은 심해 생태계에 열과 영양분을 제공한다. 판의 접합면에 있는 지구의 맨틀에서 새로운 물질이 배출되고 기존 물질은 재순환하여 맨틀 속으로 되돌아가기 때문에, 바다 밑바닥은 대부분의 육지 암석보다 상당히 새로운 것이다.

모호한 경계 육지의 생태학적 연구에서 가장 기본 단위인 생태계는 뚜렷한 물리적 경계가 없는 해양에서는 명확하게 정의하기가 어렵다. 그렇기 때문에 단지 군집과 생태계를 이해하는 것, 즉 그들 부분의 기능과 전체로서의 환경에 관한 역할을 아는 것만으로, 해양을 관리하고 인간에 의해 회복 불가능한 바다가 되지 않도록 바람직하고 면밀한 결정을 이끌어 낼 수 있다고 생각한다면, 큰 오산이다.

생물의 상호 작용, 물리적 특징 그리고 해안 바다 식물 습지, 산호초, 갈조류 숲과 같은 더 지역화된 계가 인간에게 주는 이익을 보다 잘 이해하는 것이 인간 활동과 해양 환경의 균형을 목표로 하는 환경 정책을 이끌어내는 데 도움이 될 것이다.

위 산호초의 생물 다양성은 우림의 생물 다양성에 견줄 수 있다.
아래 염습지는 주기적으로 밀물에 덮이는 풀밭이다. 염습지는 강과 바다가 만나는 곳에 있고, 곤충, 갑각류 및 다른 종류의 풀들이 이곳에서 살아간다.

• 동정 : 생물의 분류학상의 소속이나 명칭을 바르게 정하는 것(옮긴이)

CHAPTER 11

인간의 유산

인간은 지구를 변화시켰다. 하지만 세균과 곤충도 지구를 변화시켰다. 인간은 지구상에서 유일한 존재가 아니다. 만일 우리 인간이 아직도 2,000년 전처럼 3억 명 정도라면, 지구의 자원을 다 써 버릴 수도 없을 것이고, 또 다른 한편으로 지구가 부양할 수 있는 능력을 훼손하지도 않을 것이다. 인간이 소모하는 음식, 연료, 토지, 물 및 기타 자원들 중 몇 가지는 대체할 수 없고, 인간이 이것들을 소모하는 양은 인구가 증가하는 속도보다 훨씬 더 빠르게 증가하고 있다. 대부분의 사람들은 여전히 생존을 위해 건강한 생태계가 꼭 필요하다는 것을 깨닫지 못하고 있다. 생태학의 한 가지 실질적인 혜택은 사람들이 지구 자원의 한계와 그 한계를 넘어서지 않는 방법을 이해하도록 도와준다는 것이다.

환경학이나 보존생물학과는 다른 생태학은 '순수' 과학으로서, 생물의 분포와 풍부도의 기초가 되는 패턴과 과정을 이해하는 데 초점을 둔다. 그러나 지구에 대한 인간의 영향력이 커지자, 생태학을 윤리적 틀 안에서 자연과학과 사회과학 그리고 기타 과학들과 통합하여, 보존생물학과 환경과학 같은 응용 분야를 만들어 냈다. 이 책의 마지막 두 장은 환경과학의 더 넓은 분야에 초점을 맞추고 있다.

왼쪽 1936년 미국 오클라호마 주 시마론 카운티(Cimarron County)에서 한 농부가 아들들과 함께 먼지 폭풍을 맞으며 걷고 있다. 과도한 경작과 목초 사용 때문에 대평원(Great Plains)에서 토착 풀들이 사라졌고, 수년간 가뭄이 겹쳐 이 지역의 많은 부분이 사막이 되었다. 이 사막은 '더스트 볼(Dust Bowl)'이라 불리며, 이곳에서는 모래 폭풍이 일어난다.

위 1800년대 말 워싱턴 주에서는 벌목 작업에 전력을 기울였다. 이 당시 대부분의 벌목 산업은 산림의 넓은 지역을 깨끗하게 제거하는 방법을 사용했다. 이로 인해 많은 산림지가 파괴되었다.

아래 뉴욕 시 센트럴 파크(Central Park)는 도시계획자들이 녹지 공간 보존의 필요성을 인지하여 1858년에 조성하기 시작했다.

초기 영향

창spear의 개발에서부터 돌과 청동으로 만든 도구에 이르기까지, 인간은 주변 환경에 영향을 주는 공학 기술과 장비를 사용해 왔다.

인간이 주변 세계에 큰 영향을 미치게 한 기술의 진보에는 농업의 발전과 동물의 사육도 포함된다. 인간의 사회 조직은 정착과 동시에 성장했다.

관개와 도시의 성장으로, 정부에 대한 개념이 보다 복잡해지고, 기능이 분리되고, 사유 재산이 더 큰 규모로 축적되었다. 자원과 물질을 소유하기 위한 충돌은 세력 확대의 시대를 이끌었다. 지도 제작, 배의 제조, 수학 그리고 천문 관측은 인간이 자신들만의 이익을 위해 지구의 정교한 환경을 조정할 수 있는 길을 열었다.

인류 역사에는 환경 위기로 혼란에 빠진 문명에 대한 이야기들이 간간이 등장한다. 마야 문명의 갑작스러운 종말은 계속된 가뭄으로 일어난 것일는지도 모른다. 14세기 중반, 유럽의 흑사병Black Plague은 유럽 인구의 약 3분의 1에 해당하는 2,500만 명의 사람들을 죽음으로 몰아넣었는데, 흑사병 이전 몇십 년간의 나쁜 날씨가 농작물 재배를 망치고 기근으로 허덕이게 하여 상황을 더욱 악화시켰을 수 있다.

성장의 영향 지구의 일부 지역에 인간이 출현함으로써 마스토돈과 매머드, 검치호랑이, 땅나무늘보, 큰수사슴stag moose*, 자이언트비버와 같은

위 이스터 섬은 사람이 살고 있는 가장 가까운 곳에서 수천 킬로미터 떨어진 곳에 있다. 첫 거주자들은 기원전 약 400년에 도착한 폴리네시아 인(Polynesian)이었을 가능성이 높다.

아래 왼쪽 망원경을 사용하는 16세기의 천문학자 코페르니쿠스(Copernicus). 기술의 진보로 인간은 환경에 더 큰 영향을 미치게 되었다.

아래 오른쪽 멕시코의 유카탄(Yucatan) 반도에 있는 마야 도시 치첸이트사(Chichén Itzá)의 유적. 마야 문명은 그 지역에 계속된 가뭄 때문에 몰락했을 수도 있다.

많은 거대 포유동물들이 멸종했다. 거대 포유동물은 '메가파우나megafauna' 라고도 불리는데, 라틴 어로 '큰 동물들' 을 뜻한다. 이들의 멸종 원인 중 하나는 인간의 사냥이고, 다른 하나는 초기 인류 이주자로부터 전파된 질병이나 기후 변화를 들 수 있다.

환경에 미치는 인간의 영향은 농업이 확산되면서 더욱 커졌다. 유럽, 아시아 및 북미에서 많은 대지가 개간되었다. 미국 샬럿츠빌Charlottesville의 버지니아 대학에서 기상과학자로 있는 윌리엄 루디먼William Ruddiman은 8,000년 전 대기에 있던 이산화탄소의 증가는 농업의 발달과 관련이 있다고 생각한다.

반면, 다른 과학자들은 그 순서가 반대였다고 생각한다. 마지막 빙하기 후반에 따뜻해진 온도로 인해 대기 중으로 배출된 이산화탄소가 증가하여, 인류 최초의 농작물이 된 곡물의 진화가 일어났다는 것이다.

순서가 어찌되었든, 농업과 가축 사육은 인간 개체군이 성장할 수 있는 많은 칼로리를 제공했다. 이 과정에서 인간은 야생 식물과 생태계의 가치를 가벼이 여겼다.

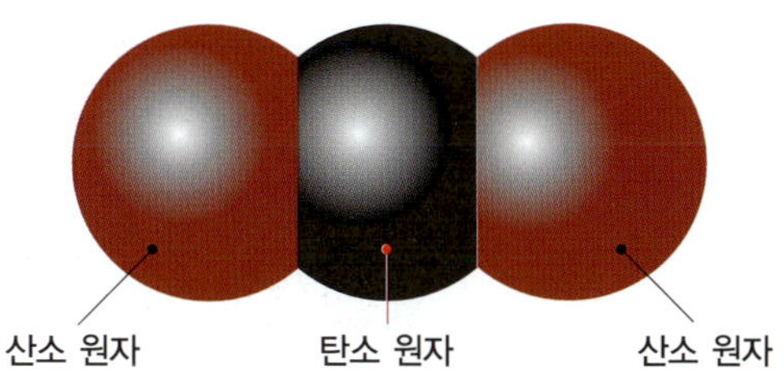

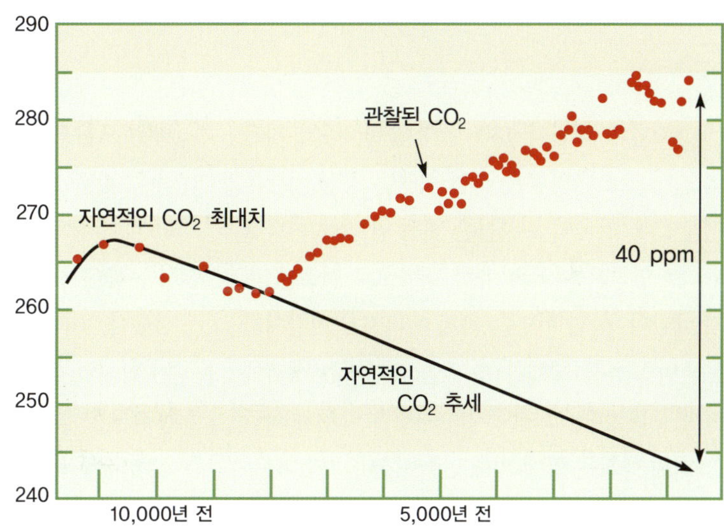

이 그래프는 ppm으로 측정한, 지난 8,000년 동안의 이산화탄소량의 실질적 증가를 인간의 간섭이 없을 때와 대비하여 보여 준다. 일부 과학자들은 벌목을 포함한 인간의 농업 활동으로 인해 이산화탄소가 증가했다고 믿는다.

제 한 인구가 증가함에 따라 지구의 자연환경에 미치는 인간의 영향도 커졌다. 남태평양의 이스터 섬Easter Island에서 아이슬란드에 이르기까지, 인간이 정착하기 전에는 숲이 우거졌던 땅이 집을 짓고, 배를 만들고, 농사를 짓기 위해 벌목하고, 취사 및 난방용 연료로 나무를 이용하면서, 이제는 나무를 찾아볼 수 없는 곳이 되어 버렸다.

소비할 수 있는 식량, 토양의 생산성, 질병 그리고 사람과 정보가 이동할 수 있는 속도 등이 인간 개체군을 제한하긴 했지만, 인간 개체군의 수와 인간이 지구에 미치는 영향은 꾸준히 증가했다. 세계 무역이 이루어지면서 해상로를 따라 동식물의 침입종이 옮겨졌고, 2,000년 전에 3억 명 정도로 추정되던 세계 인구는 산업 혁명이 시작하기 직전인 18세기 중반에는 거의 8억 명에 달했다.

동부 아시아의 토착 식물인 칡은 1876년에 북미로 들어왔다. 1930년대에 미국 토양보존국(U.S. Soil Conservation Service)은 침식 관리를 위해 번식력이 매우 강한 이 덩굴 식물의 재배를 권장했다. 그러나 1972년에 미국 농무부(U.S. Department of Agriculture)는 칡을 잡초로 규정했다. 칡은 나무 전체를 감싸 빛을 차단함으로써 나무를 죽일 수 있다.

• 큰수사슴(stag moose) : 오늘날의 말코손바닥사슴보다 몸집이 큰 사슴(옮긴이)

산업 혁명

1700년대 후반과 1800년대 초반, 증기 기관의 발명으로 탄력받은 산업 혁명은 공장 시대를 이끌었다. 영국의 도시들은 몇십 년 안에 변화했고, 그 영향은 미국과 유럽 대륙으로 빠르게 퍼져 나갔다. 산업 혁명은 기계 에너지가 인간이나 동물의 노동을 대체할 수 있을 것이라는 생각에서 비롯되었다. 그 에너지의 원천은 나무와 석탄을 태워 생기는 열에 의해 만들어진 증기였다.

석탄의 대량 연소로 일부 도시에서는 스모그가 발생했는데, 스모그로 인해 도시의 낮은 담요로 하늘을 가리기라도 한 것처럼 어두웠다고 한다. 공장들은 대기 중으로 매연을 내보냈고, 물에는 오물을 버렸다. 인구는 갈수록 도시로 밀집되고 거기에서 나오는 하수 때문에 강에서는 악취가 났다. 템스 강Thames의 가시도可視度는 명함 길이 정도인, 불과 몇 센티미터밖에 안 되었다고 한다.

농장에서는 쟁기질과 타작을 할 때, 사람의 손이 하던 일을 기계가 대신했다. 하지만 정원에서나 다양한 농작물을 재배하는 작은 농장들에서는 이러한 기계들을 사용하는 것이 효과적이지 않았다. 대규모로 단일 농작물을 경작하는 데에서는 기계를 사용하는 것이 더 경제적이었다.

미국에서는 뉴잉글랜드New England의 척박한 작은 구릉성 땅들을 최초의 이주민들이 와서 개간했는데, 그 땅에 산업 농사 장비를 쓰기 시작하자 비옥도가 떨어졌다. 19세기 중반에는 철도가 급속도로 뻗어 나가면서 식품 시장이 열려, 먼 곳에서 재배한 농작물이 거래되었다. 산업 농업이 시작되고 화석 연료로 움직이는 교통수단이 발달하면서, 미국 농업의 중심은 편평하고 비옥한 중서부 주들로 옮겨 갔다.

생활 상태 빈곤한 도시 거주민들의 비참한 현실은 그들의 지저분한 생활 환경에 반영되어 있었

위 증기의 이용은 동력 장치의 발전과 산업 혁명을 이끌었다.
아래 1800년대 영국 셰필드(Sheffield)의 오염된 모습. 19세기 중반, 철강 도시(Steel City)로 알려진 셰필드는 유럽 철강 생산량의 절반 가까이를 공급했다.

다. 그 빈곤상은 찰스 디킨스Charles Dickens의 소설에
아주 잘 나타나 있다.

기계의 등장으로 인간의 노동이 쓸모없게 되면서,
이전에 천을 짜고 바느질을 하는 등의 농촌의 일들이
공장으로 옮겨 갔고, 그에 따라 수많은 노동자들이
영국의 빈민굴로 들어갔다. 공장 노동자들은 공장 근
처의, 빽빽하게 들어찬 공동 주택 지역에서 생활했
다. 이 지역의 공기는 공장 굴뚝에서 나오는 검댕과
재로 가득했다.

쓰레기 처리는 뒷골목에 던지면 해결되었고, 이
쓰레기들은 방목된 돼지들이 해치웠다. 매일 도로에
서는 수십 마리의 짐마차를 끄는 말들이 죽었고, 죽
은 말들은 방치해 두면 수거하는 사람들이 가져갔다.

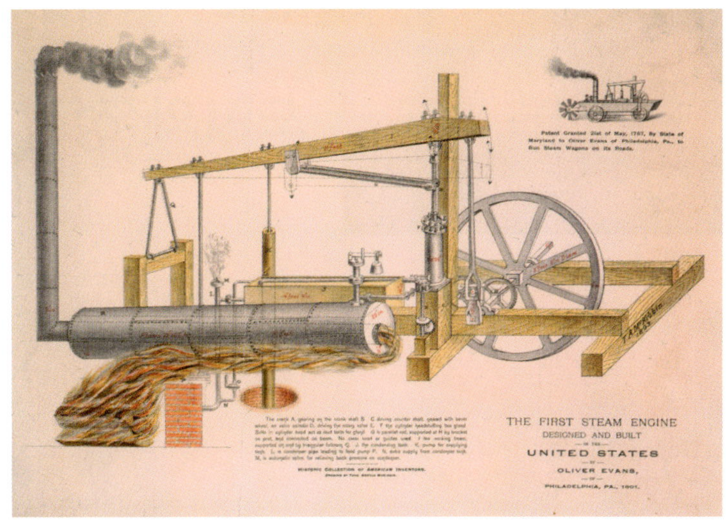

미국에서 처음으로 설계되고 제작된 증기 기관. 올리버 에번스(Oliver Evans)가 발명한 이 고
압력 기관으로 제분소가 자동화되면서, 제분 산업은 한 단계 더 발전했다.

인간에게 좋지 않은 이러한 환경은 질병을 유발하는 생물들에게는 좋은
것이었다. 빈약한 영양 상태, 좋지 않은 공기 질, 심각한 위생 불량 상태
에서, 비좁은 곳에서 빽빽이 살아가는 수많은 사람들은 여러 가지 질병
을 유발하는 미생물들에게 번식할 수 있는 환경을 제공했다.

장티푸스와 콜레라 같은 전염병이 정기적으로 발생했다. 1832년에 영
국에서 31,000명 이상이 콜레라의 창궐로 사망했다. 사람들은 이질, 폐
병, 결핵뿐 아니라 콜레라와 장티푸스도 더러운 물, 오염, 인구 과잉, 위
생 불량과 관련이 있다는 것을 이해했지만, 여전히
병균과 질병에 대해서는 확실히 알지 못했다.

혁명 이후 산업 생산으로, 이전에는 책, 가전제품은
물론이고 탈것과 같은 물건들을 소유할 능력이 없었
던 사람들도 이제는 많은 물건을 살 수 있게 되었다.
또 중산층이 크게 확대되고, 위생과 의학에서 과학적
진보도 이루어져, 지구상 대다수 사람들의 건강과 기
대 수명이 증진되었다.

대량 생산 기술과 기계들은 산업 혁명 초기보다
훨씬 효율적인 방향으로 발전했다. 더 깨끗한 에너지
생산과 제조 기술이 개발되었다. 1800년대 중반 이
후로는 공장 생산이 사람과 토양에 미치는 가장 명백
한 부정적인 영향들을 통제하는 법과 규제가 통과되

었다.

그러나 산업 혁명 이후, 아직도 많은 것들이
바뀌지 않고 있다. 가난한 사람들은 여전히 비위
생적인 환경에서 살고 있는 경우가 많고, 엄청난
인구 증가와 해로운 폐기물, 재생 불가능한 자원
의 남용 및 다른 많은 이유들로 인해 지구 생태
계의 파괴는 계속되고 있다.

뉴욕 시 멀베리 거리(Mulberry Street)의 한 아파트 안 생활 모습. 어머니와 아이들이 보인다.
이들은 20세기 초 도시 빈곤 노동자 가족의 전형적인 모습을 보여 준다.

도시의 성장

오늘날에는 세계 인구의 절반 이상이 도심부에 살고 있다. 전 세계적으로 도시들은 인구와 면적이 함께 성장하고 있다. UN은 2025년이면 적어도 12개 도시에 2,000만 명 이상이 거주하게 될 것이라고 예상하고 있다. 가장 빠르게 성장하는 도시들은 세계에서 가장 가난한 나라들에 있다.

도시생태학은 도시가 생태계와 생물 다양성에 미치는 영향과 생태계가 어떻게 그 도시와 거주민들에게 영향을 미치는지에 대해 연구한다. 도시 생태계가 어떻게 작동하는지를 이해하면, 도시들이 그 주변 환경, 즉 지역과 전 지구 환경에 주는 부담을 피하고 동시에 도시민들의 건강과 복지를 개선하는 데 도움을 얻을 수 있다.

치명적인 결과 도시들과 그 주변 환경 간에 건강하지 못한 상호 작용이 지속되면, 수로와 대기가 오염될 수 있고, 전염성 질병이 쉽게 발생할 수 있다.

자연 세계에 대한 이해가 부족하면 치명적인 결과가 나타날 수 있다. 베네수엘라의 카라카스 Caracas에서는 공사와 삼림 벌채로 표토가 드러난 가파른 언덕 중턱에 가난한 사람들이 무계획적으로 빈민굴을 세웠다. 1999년에 이 지역에 진흙 사태가 발생했고, 이로 인해 15,000명 이상이

위 산업공해는 도시 지역의 가장 큰 걱정거리 중 하나다.
아래 멕시코시티는 1,800만 명 이상이 거주하고 있는 도시로, 세계에서 인구 밀도가 가장 높은 도시 지역에 속한다.

사망했다.

미국 루이지애나 주 뉴올리언스에서는 장기간의 강 준설 작업과 수로 작업, 배수 공사와 지반 침하가 진행되면서 해안선에서 완충 작용이 사라졌고, 도시 지대는 해수면보다 낮아지게 되었다. 그리고 도로에 물이 들어오는 것을 막기 위해, 물의 흐름을 조절하던 자연 생태계의 역할을 제방과 펌프 같은 인공물 및 기계들로 대체했다. 결국 이러한 자연 생태계를 고려하지 않은 뉴올리언스 시는 허리케인 카트리나 Katrina가 강타했을 때 홍수의 대재앙 속에서 취약할 수밖에 없었다.

생태계 구성원들 많은 생태학자들은 인간 활동에서 멀리 떨어진 곳에 있는 야생 지역을 연구하는 데 집중해 왔다. 인간은 종종 지구의 생태학적 질서에 동참하는 존재라기보다는 자연계에 방해되는 요인으로 여겨질 때가 더 많았다.

최근에 이르러서야 과학자들은 이제 도시가 지구 생태계에 중요한 역할을 하고 있다는 사실을 깨닫기 시작했다. 도시 생태계 연구 목표 중 하나는, 도시가 그들이 이용하는 자원에 대해 책임지도록 돕는 것이다. 물이 환경을 통해 여과되는 속도는 그 환경의 생산성에 직접적인 영향을 미친다. 빗물은, 물을 흡수하고 여과하는 자연 환경의 흙이나 습지대를 통해

위 건물 부지의 안정성에 대한 지식 부족으로 1999년 베네수엘라 카라카스에서는 진흙 사태가 발생해 수천 명의 목숨을 앗아 갔다.
아래 허리케인 카트리나가 덮친 후, 허리케인으로 인한 제방 붕괴로 뉴올리언스의 나인스워드 (Ninth Ward)에 더 심각한 홍수가 발생했다. 시 당국은 루이지애나 지역의 물 흐름을 조절해 왔을 자연 생태계 시스템을 편한 대로 어느 정도 무시했었다.

흐를 때보다 현대 도시에 있는 포장도로나 주차장, 하수도 같은 단단하고 투과 구멍이 별로 없는 표면을 흐를 때 더 빨리 흐른다.

도시를 흐르는 물의 빠른 순환은 몇 가지 영향을 미친다. 하나는 비가 올 때 기름, 쓰레기, 오수가 가까운 수로로 집중적으로 흘러들어갈 수 있다는 것이다. 자연 생태계에서는 흙과 식물들이 독소를 여과하는 기능을 하며 생태계를 통과하는 속도를 늦추어 농도를 묽게 만든다.

도시들은 지역의 수자원에 대해 압박을 줄 수 있다. 애리조나 주와 남부 캘리포니아와 같이 건조한 지역들은 특히 이미 압박을 받고 있는 주변 대지로부터 많은 양의 물을 빨아들인다. 많은 도시에서는 처리되지 않은 오수와 공장에서 방출되는 물 그리고 다른 해로운 물질들이 농축되어 있는 오염수가 일상적으로 수로에 버려지고 있다.

점차로 많은 도시 계획자들이 빗물을 여과하고 과도한 물의 사용을 제한하는 쪽으로 조치를 취하고 있다. 중앙 분리대 지점과 인도 및 주차장에 나무와 잎이 무성한 식물을 많이 심도록 하는 것이 하나의 해결책이 될 수 있다. 강변에 공원을 만들거나 공장 부지들을 녹지 공간으로 조성하는 것 또한 쉽게 파괴될 수 있는 수변 지역을 보호하는 데 도움이 될 수 있다.

인간의 발자국

종속 영양 생물은 스스로 영양분을 생산하지 못하고 다른 생물에게 양분을 의존한다. 도시도 마찬가지다. 도시가 소비하는 에너지와 자원은 그것이 차지하고 있는 지역에서 생산되지 못하고 반드시 다른 곳에서 공급되어야 한다.

미국 로스앤젤레스 사람들이 입는 여름 원피스의 면직물은 이집트에서 재배되고 중국에서 바느질되었을 것이다. 우리가 겨울철에 먹는 과일들은 반대쪽 반구에서 왔을 가능성이 높다. 금속, 플라스틱, 콘크리트, 건물 난방용 석유는 생산품으로 완성되기 전에는 전 세계 곳곳의 자연에서 추출된 것이었다.

생태 발자국ecological footprint은 도시, 지역 혹은 나라 단위에서 사람들이 소비하는 물질을 추출, 생산, 처리하는 데 필요한 총 면적을 측정한 것이다. 발자국 자료로 소비의 생태적 영향을 대강 짐작할 수 있다.

발자국은 사회학자들과 경제학자들이 개발한 개념이다. 이 개념을 통해 특히 선진국 사람들이 현대 생활 방식을 유지하기 위해 얼마나 많은 자원을 사용하고 있는지를 알 수 있다. 경제학자들은 다음과 같은 물음을 던졌다. "만약 당신이 현대 생활 방식의 실제 비용을 모두 계산한다면, 이 같은 사용 패턴은 얼마나 오래 지속될 수 있을까?"

위 노천 구리 광산. 이런 종류의 광산이 자원이 바닥나 폐쇄될 때에는, 호수를 오염시키지 않도록 반드시 원상태로 복구해야 한다.
아래 왼쪽 아이다호 주의 옛 블랙버드 광산(Blackbird Mine) 현장. 코발트와 구리 채광 작업으로, 이곳의 흙은 비소 및 유독 물질에 오염되었다. 현재는 이 흙을 제거하기 위해 노력하고 있다.
아래 오른쪽 화물선이 워싱턴 주의 시애틀 항에서 곡물을 싣고 있다. 세계 곡물의 약 30–40%를 가축들이 소비하고 있다.

석유와 쇠고기 약 450 g의 쌀을 재배하기 위해서는 1,100 L가 조금 넘는 물이 필요하지만, 쇠고기 450 g을 얻으려면 약 7,500 L의 물이 필요하다. 저녁으로 햄버거를 먹으러 나온 가족이 소나, 곡물이 자라는 밭 혹은 곡물을 도시로 실어 나르는 트럭을 본 적이 없다면, 그들은 450 g의 곡물이나 쇠고기를 생산하는 데 드는 총 생태학적 비용을 가늠할 수 없을 것이다.

뉴욕 시민들은 매년 1조 2,000만 L의 석유를 소비한다. 이것은 미국이 매년 생산하는 석유의 절반에 해당하는 양이다. 또한 뉴욕 시민들은 매년 네바다 주의 면적과 비슷한 약 7,690 km^{2}에 달하는 땅에서 생산한 밀을 소비한다.

평균적인 미국인 한 사람이 남기는 생태 발자국은 약 97,000 m^{2}의 땅과 맞먹는다. 반면, 브라질과 태국에서는 한 사람당 20,000 m^2 이하였다. 미국인들은 물, 식량, 석유, 목재 등 모든 것을 더 많이 소비한다.

모든 사람들이 미국인들처럼 살아간다면, 우리는 생존을 위해 2.8배에 달하는 지구 자원이 필요할 것이다. 물론 이렇게 된다면 문제가 발생하겠지만, 다행히도 모든 미국인들이 그만큼 소비하지는 않는다. 하지만 개발도상국 사람들이 매년 더 편안하고 건강하게 살기 위해 더 많이 소비하고 있고, 또한 안타깝게도 인간뿐 아니라 다른 종들 역시 매년 지구가 생산하는 양보다 약간 더 많이 소비하고 있는 실정이다.

어떻게 해야 하나 북대서양 부근의 대구 어장에서 일어난 일처럼, 한때 번성했던 개체군의 뚜렷한 붕괴도 대중들의 관심을 끌지 못할 때가 있다. 발자국 모델이야말로 미국과 다른 부유한 나라의 국민들이 자신들의 생활 양식이 가져올 결과를 이해할 수 있는 하나의 방법을 제시한다. 발자국 모델은 회사와 개인, 정부로 하여금 적절한 동기를 가지고 행동하게 하여 지구가 수용할 수 있는 수준으로 소비를 이끄는 데 유용하게 사용될 수 있다.

수소 연료로 움직이는 혼다 FCX. 환경론자들은, 수소 에너지원은 오염 물질을 거의 생산하지 않지만 오존층을 파괴할 수도 있다고 주장한다. 가능한 보완 방법은 가솔린에 수소를 5 % 함유하는 것이다. 이렇게 하면 질소 산화물과 탄소 배출량을 상당히 줄일 수 있다.

우리의 생태 발자국을 줄일 수 있는 방법

- 지역에서 생산되는 제철 식품을 먹는다.
- 간소하게 살고, 적게 소비한다.
- 백열전구를 일부 혹은 모두 소형 형광등으로 교체한다.
- 구매한 종이 제품은 가능한 한 재활용되도록 한다.
- 에너지 효율성이 높은 자동차나 전자제품을 구매한다.
- 커튼, 선풍기, 스웨터 및 창문을 활용해 집 내부의 열을 조절한다.

보다 잘사는 나라의 국민들이 보다 큰 생태 발자국을 만드는 생활 방식으로 살면서 세계 자원의 상당한 몫을 집어 삼키고 있다. 뉴욕 시민들이 매년 소비하는 빵과 파스타는 약 7,690 km^{2}에서 자라는 밀의 양과 맞먹는다.

그린 빌딩

생태학적인 생각을 바탕으로 기술을 개발하고, 건물을 짓고, 도시 계획을 결정하면, 도시를 더욱 건강하고 지속 가능하게 만들 수 있다. 이러한 결정들은 사람이 만든 환경도 지구상의 모든 생물이 존재할 수 있도록 하는 자연계에 의존한다는 인식에서 비롯된 것이다. "우리는 모두 연결되어 있다."라는 말은 감정적인 서술이 아니라 생태학적인 이치다.

그린 빌딩은 공사 재료가 어디에서 왔고 완공 후 건물과 해당 프로젝트가 환경에 어떤 영향을 미치는지를 모두 고려한 건설 및 설계 방법으로 지어진다. 그린 빌딩은 자연 자원을 효율적으로 사용해, 운용비 면에서나 연료 사용량에 있어서 더 많은 이익을 준다.

현재, 자원 효율적인 건물을 만드는 제품과 기술들이 많이 있다. 단열 유리, 태양 에너지 패널, 자연 통풍 시스템 등이 그 예다. 미국에서는 연방 정부가 2010년까지 100만여 개의 태양 에너지 시스템을 건물과 가정에 설치하기 위해 노력하고 있다. 전문가들에 따르면, 그린 빌딩에 드는 비용과 에너지는 개별 제품을 사용할 때보다 프로젝트의 총체적인 설계와 디자인이 친환경적인 목표에 따라 실천되었을 때 최대로 절약될 수 있다고 한다.

위 일본 도쿄의 건물 6층에 있는 옥상 정원. 이른바 '그린 빌딩'은 세계적으로 보편화되고 있다.
아래 조지아 주 애틀랜타에 있는 친환경 옥상 정원. 건물이 자연 환경에 미치는 악영향을 줄이거나 없애기 위한 노력의 일환으로, 2001년에 미국 그린 빌딩 협회가 창립되었다.

생태학적 이익 그린 빌딩에서는 보다 두꺼운 단열재나 단열 유리, 더운 기후에서의 특수 태양 필터를 이용한 태양열 차단, 화석 에너지의 보조 에너지원으로 태양 에너지나 지열 에너지의 사용과 같은 여러 기술을 적용해, 냉난방에 쓰이는 화석 연료의 양을 줄일 수 있다.

그린 빌딩의 비용적 이점은 건물의 수명과 함께 지속된다. 친환경 건축가들은 보통 태양광이나 바람, 빗물, 지열과 같은 무료 생태계 서비스를 이용한다. 주택, 사무실, 생산 시설 등에 이르는 건물들은 대기로 배출되는 탄소량은 물론, 전기 및 수도 사용료와 운영비를 대폭 줄일 수 있도록 설계 및 건축될 수 있다.

부분 혹은 모든 공간이 식물로 덮인 그린 옥상은 대기의 질을 향상시키고, 냉난방비를 줄이고, 빗물을 걸러 준다. 넓고 평평한 옥상은 그린 옥상을 만드는 데 적합하다. 검은 타르 종이 대신에 흰색의 반사성 지붕 재료를 사용하면, 더운 기후에서는 냉방비와 에너지 소비량을 절약할 수 있다.

위 풍력 발전 기술을 개발한 NRG Systems는 새로운 본사를 설계할 때 태양 전지 패널과 냉각용 연못을 포함시켰다.

아래 오리건 주 포틀랜드에 있는 브루어리 블록스 복합건물(Brewery Blocks complex)의 재개발 공사에는 건설 폐기물의 90 %를 재활용하고 태양열 기술을 사용하는 등의 친환경적인 실천이 포함되어 있다.

물이 더 적게 드는 토착 식물로 조경을 하거나 관개에 쓸 빗물을 모으거나 건설 과정에서 침식을 막는 것 역시 건물을 더 친환경적으로 만들어 주는 아이디어들이다.

미국에서는 에너지 소비량의 절반을 빌딩이 사용하기 때문에 건축과 운영 기술 면에서 비교적 작은 변화를 주더라도 큰 환경적 이득과 비용 절감을 얻을 수 있다. 친환경 인증제도 LEED Leadership in Energy and Environmental Design를 감독하는 미국 그린 빌딩 협회 U.S. Green Building Council와 같은 기구는 건축업자와 건물 소유자들이 빌딩의 생태학적 영향을 줄이는 계획을 세울 수 있도록 도와준다.

친환경적으로 일하기 완공된 그린 빌딩에 입주한 사람들은 다양하고 간단한 행동들로 환경적 이득을 높일 수 있다. 이런 행동들에는 빈방의 불 끄기, 사용하지 않는 컴퓨터나 복사기 전원 끄기, 추운 겨울에는 실내 온도를 낮추고 옷을 여러 겹 껴입어 체온 유지하기 등이 있다. 따뜻한 계절에는 에어컨을 켜는 대신 창문을 열어 둘 수 있다. 기존의 많은 상업용 건물들은 그린 빌딩과 달리 창문이 열리지 않기 때문에 이 방법을 사용할 수 없다.

건설 기간 동안이나 건설 이후에 재활용을 하는 것도 에너지를 절약할 수 있는 중요한 방법이다. 건물 관리인과 입주민들은 재생 종이를 구입할 수도 있고, 직접 종이나 플라스틱, 전기제품을 재활용할 수도 있을 것이다.

토지 이용

예전에 숲이 우거졌던 자리에 주차장을 건설하면 그 땅은 이전처럼 공기나 물을 여과하지 못한다. 자연 생태계는 기후와 대기의 질, 해충 조절, 물의 흐름, 동식물의 건강과 관련된 많은 기능을 제공하기 때문에, 건물이 많아지면 이를 담당하는 생태계의 능력이 위협을 받는다.

세계 인구의 증가로, 자연계의 기능이 모두 제공되는, 식생으로 덮인 지구 표면이 줄어들고 있다. 그리고 식생은 그 형태 또한 매우 중요하다.

사람들의 토지 이용에 대한 결정은 건물에 관한 것일 수 있다. 습지가 아파트 단지로 변하면 습지에 서식하던 철새들은 새로운 서식지를 찾아 떠나야 한다. 또한 결정은 토지를 농업 용지로 바꾸거나, 숲을 뚫어 도로를 건설하거나, 개울둑에 잔디를 심기 위해 청소를 하는 것과도 관련될 수 있다. 그리고 생태학적으로 중요한 맹그로브 늪을 열대 새우 양식장으로 만드는 것 역시 토지 이용이 주요 쟁점이 된다. 태국에서는 맹그로브 늪의 거의 20 %가 열대 새우 양식장으로 바뀌는 변화를 겪었다.

사람들이 자연 생태계를 고려하지 않고 건물을 지으면, 야생 생물뿐 아니라 궁극적으로 인간의 건강에도 악영향을 미칠 수 있다. 현재 서식지의 감소가 생물 다양성에 가장 큰 위협을 가하고 최근에 일어난 생물 멸종의 80 % 정도가 이

위 호수 근처에 위치한 위락 지역의 주차장이 무계획적으로 뻗어나가 호숫가에까지 이르고 있다. 이러한 확산은 지역 생태계에 부정적인 영향을 줄 수 있다.
가운데 볼리비아의 열대림을 벌채하고 형성한 농경지
아래 미국 노스캐롤라이나 주의 보초도(barrier island. 방파제 역할을 하는 섬) 개발은 주변 강어귀와 인근 크로아탄 국유림(Croatan National Forest)에 위협을 주고 있다.

부유하지 못한 많은 사람들이 공장 지대 근처에서 살고 있다. 환경적 공평성을 지지하는 사람들은 이러한 지역의 주민들에게 관심을 집중하고 있다.

로 인해 발생된 것이라고 생각되기 때문에, 생태학자들은 토지 이용의 변화에 점점 더 지대한 관심을 기울이고 있다.

인구 밀도와 스프롤 현상 일부 생태학자들은 인구 밀도가 높은 대도시가 자연 생태계의 주요 방해 요인이지만, 자원 사용에 있어서는 대도시가 스프롤 현상sprawl • 이 있는 인구 저밀도 지역보다 더 낫다고 생각한다. 교외는 도시보다 나무와 녹색 공간이 많기는 하지만, 교외 지역의 무질서한 발전은 집약적인 도시 개발보다 생태계에 더 많은 손상을 입힌다.

스프롤 현상을 막기 위해서 환경론자들은 '스마트한 성장smart growth'을 독려한다. 스마트한 성장은 보다 적은 도로를 건설하고, 걷기와 자원의 효율적인 사용을 장려하는 방법들로 계획된다. 한 예로, 미국 새크라멘토의 '스마트한 성장' 개발 계획자들은 비교적 좁은 부지에 집들을 지어, 가게와 음식점, 학교 등은 모두 걸을 만한 위치에 두고 주위로는 토종 식물로 조성된 공원을 둘러싸는 형태의 마을을 조성했다.

환경적 공평성 보통 가난한 사람들은 그 사회에서 가장 오염되거나 열악한 지역의 한 귀퉁이에서 살아간다. 가난한 사람들이 사는 곳 근처에는 산업 시설이나 쓰레기 처리 시설, 오염, 불법 쓰레기 투기 등이 집중되기 쉽다. 어쩌면 환경법은 이러한 이웃들에게 덜 엄격하게 적용되고 있는지도 모른다.

가난한 사람들은 토지 이용 결정에 따른 건강상의 영향을 가장 크게 그것도 자주 받는다. 그들은 천식 발병 비율이 가장 높고, 여름철 땀띠로 인한 병원 방문이 가장 많으며, 주거 지역은 산책하거나 돌아다니기에 안전하지 않아서 비만이 되기도 한다.

환경적 공평성은 경제적 지위와 인종, 문화가 다른 사람들 사이의 공평성과 관련이 있다. 다시 말해, 환경적 손실과 이득이 어떻게 가난하거나 정치적으로 힘이 없는 사람들과 부자 사이에서 분배되는지에 관한 것이다. 잘사는 동네에 공원이 몰리고, 안전하게 놀 야외 공간조차 없는 가난한 동네에 쓰레기 중간집하장이 몰리는 것을 막는 것이다.

미국 남서부에 있는 가난한 지역 사회들은 물 사용에 대한 자신들의 권리를 주장해 왔다. 정부는 이전에, 주로 히스패닉 계나 인디언이 많은 이 지역의 가난한 주민들이 충분한 물 공급을 받지 못하는 것은 방치해 둔 채로, 공공 용수의 사용권을 먼 지역 사람들에게 판매했었다.

무허가 쓰레기 처리장. 가난한 사람들이 사는 곳은 보통 이와 같은 쓰레기들로 뒤덮여 있다. 이런 곳은 쓰레기 수거 같은 서비스가 제공되지 않는다.

• 스프롤 현상(sprawl) : 대도시의 교외가 무계획적이고 무질서하게 발전하는 현상(옮긴이)

자연과 도시

도시 지역에서도 자연계는 생태계가 어느 곳에서나 균형을 유지하여 생물이 살아갈 수 있도록 해 주는 생물 부양 기능을 지속적으로 제공한다. 생태계를 구성하는 흙, 기후 및 식생은 도시 및 그 주변 지역에서 작은 구획으로 나누어진다.

이러한 구획 중 일부는 식생이 부족하고 건물들이 빽빽이 들어설 것이며, 거주자들이 탐욕스럽게 자원을 사용해서 생태계의 기능이 적게 제공될 것이다. 다른 지역들은, 특히 도시 중심부에서 멀리 떨어질수록 보다 전원적이고 자연 기능들로 가득할 것이다. 이것은 사실상 오늘날 모든 도시들의 현실이다.

도시가 제공하는 생태계의 기능을 이해하기 위해서는 대도시 전체를 고려해 보는 것이 좋다. 볼티모어 메트로폴리탄 지역을 연구할 때는 분수령이 도시 경계를 훨씬 넘어 뻗어 있더라도 분수령을 기본 단위로 사용한다. 생태학자들은 볼티모어의 생물을 부양하는 데 필요한 에너지와 물질

위 뉴욕 시의 센트럴 파크는 거주자들과 야생 생물 모두에게 오아시스 같은 휴식처다. 면적이 3.4 km^{2}에 달하는 공원에는 약 26,000그루의 나무와 275종 이상의 새들이 있다.

아래 왼쪽 우주에서 본 볼티모어 메트로폴리탄 지역. 이 적외선 합성 사진에서 식생은 붉은색, 물은 푸른색, 도시 지역은 회색으로 표시되어 있다. 워싱턴 D.C.와 볼티모어를 둘러싸고 있는 도시의 스프롤 현상은 이 두 도시를 거의 하나의 거대 도시로 통합시켰다.

아래 오른쪽 샌프란시스코 만 지역은 다양한 동식물 종의 보고다.

을 알기 위해서 이 지역의 물과 흙, 식생 및 생물 다양성을 연구했다.

다른 곳과 마찬가지로 도시들에서도 식물이 있는 지역은 태양광을 흡수하고 에너지의 일부를 생물을 성장시키는 데 사용한다. 도시 생태계의 식생은 기온을 낮추거나 고르게 하는 데 도움을 줄 뿐만 아니라, 물을 더 유용하게 처리하고, 대기 오염 물질을 거르고, 산소를 대기 중으로 배출한다. 생태학자들은 이와 같은 이익들을 수치화할 수 있다.

종 다양성

도시의 생물 다양성은 비둘기, 쥐, 개미, 바퀴벌레, 곰팡이, 세균, 개, 고양이, 다람쥐, 나비, 모기 등과 같이 즉각적으로 떠올릴 수 있는 것보다 훨씬 더 다양하다.

삼나무 숲과 해안, 언덕이 있는 샌프란시스코와 같은 변이성 많은 도시를, 평원 한가운데 있는 시카고와 같은 동종성 강한 도시와 다양성 면에서 비교해 볼 때, 변이성 많은 도시가 토종 식물의 종 다양성이 더 크다. 비토착종의 다양성은 도시의 역사나, 해당 종이 사람들에 의해 도시로 들어온 후 정착하기까지 걸린 시간과 관련이 있다.

항구 도시의 경우, 물건과 사람들이 다른 지역으로부터 정기적으로 들어오는 곳에서 예상할 수 있는 것처럼, 외국에서 들어온 비토착종이 많이 있다. 도시의 종 다양성은 다른 지역과 마찬가지로 다음과 같은 규칙을 따른다. 더 따뜻하고 더 습윤한 곳에서 다양성이 높고, 파괴되지 않은 서식지가 넓을수록 다양성이 높으며, 높은 고도와 위도에서는 다양성이 낮다.

일반적으로 도시는 사람들에 의해 들어온 비토착종, 관상용 식물의 구

성 비율이 비교적 높다. 이런 도시 환경은, 그렇지 않았을 때보다 토착 동물종에게는 덜 호의적일 수 있다. 그러나 반대로, 도시에서는 지역 야생 생물에게 먹이나 서식지를 제공하는 토착 식물로 경관을 회복함으로써 토착 새와 다른 야생 생물의 회복 또한 유도할 수 있다.

쓰레기

산림에서 나비가 죽거나 나뭇가지가 떨어지면, 그 나비나 나뭇가지에 있던 영양분은 세균이나 곰팡이, 흰개미와 같은 찌꺼기 섭식자의 도움으로 재순환된다. 영양분은 자연 생태계에서 지속적으로 생물과 무생물 환경 사이에서 재순환된다.

도시에서는 엄청난 양의 음식 쓰레기와 버려진 포장지, 산업 폐기물들이 쓰레기 매립지로 모인다. 이런 쓰레기들은 가끔 찌꺼기 섭식자들에게도 달갑지 않아서, 사과 심 부분이나 절반 먹은 핫도그와 같은 유기물 쓰레기도 수십 년 동안 분해되지 않은 채로 매립되어 있을 수 있다. 부유한 국가와 개발도상국 어느 곳에 있는 도시든, 쓰레기 처리는 풀어야 할 과제다.

탄소 연소

탄소로 된 연료는 현대 문명을 탄생시킨 에너지를 제공했다. 석탄, 석유, 천연가스와 같은 탄소 연료의 이용으로 전 세계 수십억의 인류는 건강과 부를 급속도로 향상시킬 수 있는 발판을 마련했다. 미개발국 국민들에게 있어서도 더 나은 생활 방식은 여전히 탄소 연료를 연소시키는 행위의 증가와 밀접하게 결부되어 있다. 여기서 탄소 연료를 연소한다는 것은 사용할 전기를 만들어 내고, 차를 움직이고, 제품을 생산하는 것을 의미한다.

화석 연료가 환경에 유해하지 않다면, 인간은 화석 연료가 얼마나 꾸준히 공급될 수 있을까만 걱정하면 된다. 그러나 화석 연료의 연소는 공기와 물을 오염시키고, 또 지구 표면 온도의 걱정스러운 상승에도 영향을 주었다.

산업 혁명 동안 증기력을 얻기 위해 널리 사용된 석탄은 기계 에너지의 주된 동력원이었던 동물 노동력을 대체했다. 그 이후, 대기 중의 이산화탄소 농도가 30 %나 증가했다. 이는 거의 370 ppm으로, 이 수치는 지난 65만 년 동안 유례없는 높은 수준이다.

다른 메탄과 질소 산화물을 포함하고 있는, 소위 온실가스greenhouse gas라 불리는 것들도 역시 증가했다. 온실가스라는 이름은 이들 가스가 대기 중에 태양열을 가두어 온실과 같이 따뜻하게 하는 효과를 발생시키기 때문에 붙여졌다. 적절한 기온 범위 안에서 대기 상태를 유지하는 것은 지구에 사는 생물들에게 필수적이다. 그러나 기온이 생물들이 적응할 수 있는 범위를 벗어나면, 지구 생태계에 대재앙이 일어난다.

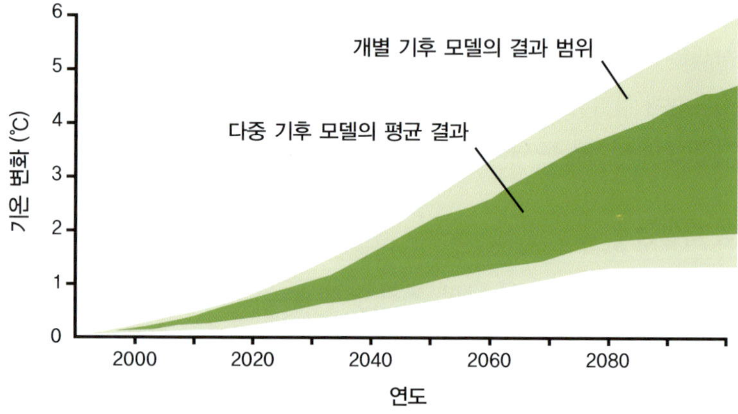

위 정유 공장의 가스 불길. 이것은 폐가스를 제거하기 위해 태워 내는 과정으로, 여기서 온실가스가 배출될 가능성이 크다.

가운데 과학자들은 향후 100년 동안 세계의 평균 표면 온도가 1.4–5.6 ℃ 오를 것으로 예상한다. 습도의 영향 때문에 이 예측의 폭이 넓어졌다.

아래 화석 연료 배출이 세계 기후 변화를 일으켰다. 알래스카의 배로 곶(Point Barrow)의 평균 기온은 1971년과 2002년 사이에 1.5 ℃나 올랐다.

풍력 발전 터빈은 풍력을 전기로 전환한다. 풍력은 화석 연료를 대체할 수 있는 에너지 중 하나다.

무경간 농법(밭을 갈지 않고 도랑에 씨를 심어 농사짓는 방법—옮긴이)에 사용되는 씨 뿌리는 기계는 콩을 심는 데에도 사용된다. 땅을 갈지 않고 이러한 방법으로 농작물을 심으면, 이산화탄소가 대기 중으로 배출되지 않고 토양에 갇히기 때문에, 세계적인 기후 변화를 늦추는 데 도움이 될 수 있다.

인간 활동으로 발생한 지구 기온 변화를 간혹 '인위적 강제력anthropogenic forcing' 이라고 부른다. 1970년대 이후 자연환경에서보다 인간으로부터 더 많은 CO_2가 배출되었다. 과학자들은 최근에 일어난 온난화의 정도가 인간이 대기 중에 배출한 탄소만으로도 모두 설명된다고 주장한다.

대기 보호 과학자들은, 지구 기온이 위험한 수준으로까지 상승하는 것을 막기 위해서는 CO_2 수치를 제한해야 한다고 생각한다.

포획과 저장하기

지구 온난화를 줄이기 위한 대부분의 노력들은 CO_2 배출량을 제한하는 데 초점을 맞추어 왔지만, 일부 과학자들은 대기 중에 존재하는 CO_2를 제거하는 방법을 연구해 왔다. 과학자들은 현실적으로 이 연구가 아주 중요하다고 말한다. 왜냐하면 탄소가 얼마나 지구에 유해한가와 상관없이, 인류 문명은 당분간 계속해서 탄소에 의존할 것이기 때문이다.

탄소를 저장하거나 차단하는 대표적인 두 가지 방법이 있다. 하나는, 더 많은 나무를 심고 현재 있는 산림을 더 이상 벌목하지 않음으로써 자연적인 탄소 저장량을 늘리는 것이다. 두 번째는 발전소, 제철소 그리고 아마 미래의 수소 생산 공장 등에서 생기는 CO_2를 바다나 폐광에 있는 저장소에 주입하는 것이다. 탄소를 포획하는 새로운 기술로는 거대 공기 여과기를 사용해 대기 중으로 배출되는 이산화탄소를 곧바로 포획하는 기술이 있다.

기후계는 복잡해서, 그 누구도 정확하게 CO_2 농도가 몇 ppm이 되어야 많은지를 말하기가 어렵다. 기후과학자 월리스 브뢰커Wallace Broecker는, 아무런 규제 없이 이산화탄소 수치가 증가하도록 내버려 두는 것은 잠자는 용을 건드리는 것과 같다고 표현했다. 그 용이 얼마나 분노할지는 예상할 수 없지만, 그 분노는 아주 위험하다고 그는 말했다.

대기 중 탄소는 두 가지 방법으로 통제할 수 있다. 한 가지는 에너지 효율성을 높여서 같은 일을 하더라도 더 적은 에너지를 소모하든가, 탄소를 연소하지 않는 에너지원을 사용하는 방법으로 대기 중에 더 적은 탄소를 배출하는 것이다. 또 다른 방법은 이미 대기 중에 있는 탄소를 제거하는 것이다. 현재로서 탄소 배출량을 줄일 수 있는 가장 실용적인 방법은 발전소나 자동차, 트럭에 공기 청정 기술을 사용하는 것이다.

가스 연비를 향상시키고, 지열과 풍력과 같은 대체 에너지의 양을 증대시키는 것도 도움이 될 것이다. 수소 연료 전지는 깨끗하지만, 수소를 생산하는 기술은 여전히 화석 연료에 의존하고 있다. 개인이 환경 보호에 참여하는 것도 중요하다. 실내에서 나갈 때는 불을 끄고, 재생 종이를 사용하고, 차를 운전하는 대신 자전거를 타는 것 모두가 탄소 배출을 억제하는 데 도움이 된다. 그러나 많은 환경보호론자들은 전력 생산자, 자동차 제조업자 및 기타 주요 산업 분야에 강력한 규제 법안과 인센티브를 제공하는 것이 향후 수십 년간 대기 중 탄소량을 극적으로 줄이고, 지구 온난화로 인한 최악의 문제들을 피하게 할 수 있다고 주장한다.

휴대폰의 가격

미국 한 곳에서만 매년 1,000만 대의 휴대폰이 버려진다. 휴대폰은 엄청난 전자제품 쓰레기의 한 부분을 차지한다. 전자제품 쓰레기에는 TV, 컴퓨터, 게임기, 호출기, 개인 디지털 휴대용 단말기 등이 있다. 이러한 전자제품 쓰레기는 기존 쓰레기의 총량보다 세 배나 빨리 증가했다.

전자기기에는 금, 백금, 은, 구리와 같은 귀금속이 들어 있다. 스위스의 한 연구에 따르면, 귀금속을 포함하고 있는 전자제품들의 무게는 쓰레기 총량에 비하면 비교적 적은 편이지만, 금 및 다른 귀금속의 농도는 자연 광석광물에서보다 소위 'e-쓰레기e-waste'에서 더 높다고 한다.

또한 전자제품 쓰레기에는 납, 수은, 카드뮴, 비소와 같은 독성이 있는 금속도 들어 있다. 기계를 재활용하거나 유해한 금속을 벗겨 내는 것과 같은 재활용 과정은 가난한 나라에서 이루어지는데, 규제가 잘 되지 않아 많은 유해 물질이 자연환경으로 흘러 들어간다.

위험한 쓰레기 미국의 환경보호청Environmental Protection Agency의 보고서에 의하면, 매년 미국에서는 4×10^{10} kg에 달하는 유해 쓰레기가 배출된다고 한다. 이들 쓰레기 중 일부는 절반 정도 차 있는 페인트 통이나 건전지다.

원료로부터 물건을 만들어 내는 제조 과정에서는 완제품에서 나오는 양보다 최고 100배가 넘는 쓰레기가 생성된다. 다시 휴대폰 이야기로 돌아와서, 금속 광산과 금속을 정제하는 공정, 플라스틱 케이스와 물건을 담는 상자 및 포장지를 만드는 공장을 상상해 보자. 제조 과정에서 생긴 많은 쓰레기들 역시 유독하다.

가장 위험한 쓰레기 중 하나는 원자력 산업에서 생산된 쓰레기다. 원자력 발전소에서 배출한 고농도의 방사능 폐기물은 수십만 년 동안 위험한 물질로 남기 때문에, 이 폐기물을 처분하는 것은 산업계의 오랜 골칫거리였다. 미국에서는 그 어떤 곳도 고농도 방사능 폐기물의

위 휴대폰은 세계 여러 공장에서 제련되는 금속과 플라스틱으로 만들어진다. 기기의 이러한 제조 과정에서도 유독한 쓰레기가 배출된다.

가운데 컴퓨터는 소위 e-쓰레기라는 것을 만들어 내는 전자제품이다.

아래 캘리포니아의 아이론 산 광산(Iron Mountain Mine)에서는 한때 철, 은, 금 및 기타 금속들이 생산되었었다. 이곳은 폐광된 후 주변 지역에 엄청난 환경적 문제를 일으켰다.

장기간 처리 장소로 승인되지 않았다.

환경보호청EPA은 "최종 쓰레기물의 처리뿐 아니라, 제조와 배급, 제품 사용의 모든 부분이 온실가스 배출로 이어진다." 그래서 대부분의 쓰레기가 유해하다고 밝혔다. 우리 각자는 처음부터 쓰레기를 적게 배출함으로써 쓰레기들이 미치는 악영향을 줄일 수 있다. 예를 들어, 재사용할 수 있는 제품을 구입하거나 재활용하는 것이다.

생산자의 책임 많은 나라에서 쓰레기를 줄이는 방법으로 생산자 책임제extended producer responsibility를 고려하거나 이미 실시하고 있다. 만약 제조업자들에게 자신들이 판매한 제품의 포장을 수거하라고 요구한다면, 그들은 제일 먼저 포장을 줄일까?

정부가 생산업자들에게 그들이 만든 제품의 포장에 대해 책임지라고 요구하는 근거는 돈이다. 정부는, 왜 TV를 담은 에어캡 포장재의 처리 비용을 시나 마을이 부담해야 하냐고 묻는다.

정부의 입장에서 보면, 생산자 책임제를 요구하는 법안의 일차 목표는 쓰레기를 처리하는 데 필요한 비용과 물리적 처리 책임을, 정부와 납세자로부터 포장을 한 생산자에게로 전환시키는 것이다.

위 에스토니아 실라마에(Sillamae)의 원자력 발전소는 수도에서 118 km밖에 떨어져 있지 않다. 이곳은 50년 동안 소련에 농축 우라늄을 공급했다. 소련은 약 12×10^{10} kg의 방사능 폐기물을 남겨둔 채 이 마을에서 철수했다. **아래** 네바다의 유카 산(Yucca Mountain)은 고농도의 방사능 폐기물을 저장하고 처리한 최초의 장소다.

CHAPTER 12

생태학과 미래

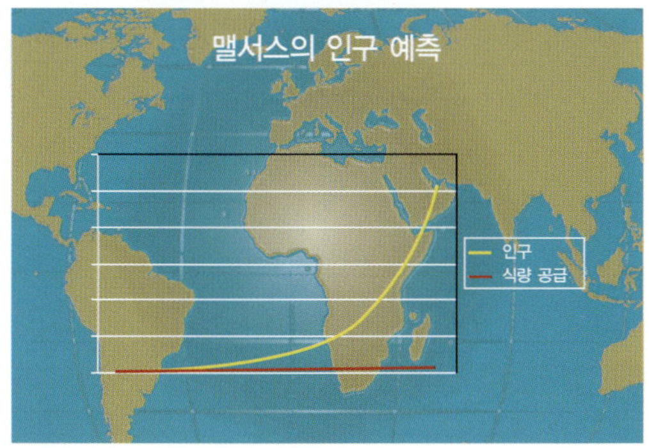

왼쪽 미국 유타 주의 천연기념물인 레인보우 브리지(Rainbow Bridge). 이 다리는 이 지역 원주민들이 신성시하는 것이므로, 방문자들은 그에 맞는 존중심을 가지고 이를 대해야 한다. 미국 국회의사당 건물보다 높고 거의 풋볼 경기장 길이만큼이나 뻗어 있는 이 자연물은 절로 경이로움을 느끼게 한다.

위 백색 벵골호랑이(White Bengal tiger)는 멸종 위기에 처해 있는 종이다. 동물 다양성의 감소는 많은 부정적인 영향을 낳는데, 큰 피해 중 하나가 바로, 그 자체로 아름답고 대체할 수 없는 동식물을 잃는 것이다.

아래 이 도표는 인구 폭발이 세계 식량 공급량을 앞지를 것이라는 토마스 맬서스의 예언을 나타내고 있다.

이상적으로라면 사람들은 인구가 계속 증가함에 따라 안전한 미래를 설계하기 위해서, 지구의 생명 유지 시스템에 대한 존경심을 가지고 과학과 기술을 이용하는 방법을 알아 낼 것이다.

이를 성공하기 위해서는 반드시 그 유지 시스템을 이해해야만 하고, 여전히 부분적으로 이해되고 있는 지구 생물 다양성과 생태학에 대해서도 더 많이 알아야 한다. 생태학자들은 우리가 지구상에 얼마나 많은 종이 살고 있는지보다 얼마나 많은 별이 우주에 있는지를 더 많이 안다고 말한다. 우리에겐 알아야 할 것들이 너무나 많다.

하지만 우리는 몇 가지는 안다. 인간이 환경 재해를 일으키지 않으면서 물과 육지 자원을 얼마나 더 사용할 수 있는지를 시험한다면, 그에 따른 가장 가혹한 대가는 빈곤한 사람들이 치르게 될 것이라는 점이다. 우리는, 생태계의 한계에 도전할 때 정확히 어디에 위험이 도사리고 있는지 알 수 없다. 과학자들은 사람들에게 세계 자원들이 어떻게 사용되는지에 대해 신중하고 사려 깊게 접근하라고 충고한다.

생태학자들은 황무지가 인류 희망의 핵심이라고 지적한다. 황무지는 기회와 자유의 정신이다. 우리는 어떤 세계에서 살기 원하며 또 어떤 세계를 우리 후손에게 물려주고 싶어하는가? 미래의 세계는 이 정신이 살아 있는 곳이기를 바란다.

과잉 인구

인구 증가가 식량 공급량을 넘어설 것이라고 토마스 맬서스Thomas Malthus가 예측한 이후, 수세기 동안 기술은 인구 증가보다 더 빨리 발전했다. 1950년대와 1960년대의 녹색 혁명Green Revolution 기간 동안, 농학자인 노먼 볼로그Norman Borlaug를 비롯한 사람들은 관개와 기계 사용, 비료 및 농약 사용을 늘리고, 새로운 품종의 밀과 옥수수, 쌀을 개발함으로써, 단위 면적당 식량 생산량이 증대되도록 도왔다.

녹색 혁명으로 멕시코, 인도, 중국 및 기타 나라들은 인구 증가에 따른 식량 문제를 어느 정도

금속 쟁기는 단위 면적당 생산량의 증가를 이끈 농업 기술의 진보를 보여 주는 한 예다.

해결할 수 있었으며, 지구가 부양할 수 있는 인구 수 또한 엄청나게 증가했다.

인구 전문가 조엘 코헨Joel Cohen에 따르면, 1700년에 인구는 약 6억 명이었고, 1927년에 와서는 세 배가 넘어 20억 명에 달했다. 1927년과 1974년 사이의 반세기 동안에는 인구가 다시 두 배 정도가 증가해 40억 명이 되었다. 그리고 녹색 혁명과 의학 발달에 힘입어, 1974년과 1999년 사이인 단 25년 만에 세계 인구는 또 다시 20억 명이 증가했다.

녹색 혁명의 성공은 인간에게 환경 수용력이 전혀 존재하지 않는 것이 아닌가라는 의문을 갖게 했다. 이는 아마도 기술의 발달로 우리가 계속

위 인도의 인구 밀도는 미국보다 높지만, 인도 사람들이 환경에 미치는 영향은 미국인들보다 작다.
아래 왼쪽 옥수수와 기타 곡류 같은 농작물들의 대량 생산은, 석유 화학 물질로 만든 비료와 농업 중장비의 사용으로 인해 환경에 해로운 영향을 미쳐, 더 큰 대가를 치르게 할 수 있다.
아래 오른쪽 20세기 중반에는 새로운 품종의 농산물들이 개발되었을 뿐 아니라 비료 사용량도 증가했다. 부유한 국가들은 식량 생산량의 증가로 이익을 얻고 있다.

중국 상하이의 인구는 1990년과 2000년 사이에 350만 명 가까이 늘었다.

해서 자연의 한계라고 생각했던 것을 넘어서고 있기 때문일 것이다. 그러나 농작물의 수확량이 늘어난 것은 기업형 농업과 석유 화학 물질로 만든 비료를 대량으로 사용한 결과였다. 이런 집약적인 농업 기술은 일시적으로는 토양 비옥도의 한계점과 자연의 영양물질 순환을 무시할 수 있지만, 환경에 해로운 영향을 계속 미치고 있다.

생태학자 데이비드 피민텔David Pimintel이 말한 것처럼, 향상된 기술은 더 효과적인 생산을 도울 수는 있어도 필요한 천연자원의 공급량 자체는 절대로 증가시킬 수 없을 것이다.

연령 구조

UN은 세계 인구가 현재의 약 63억 명 수준에서 2050년에는 약 90억 명에 이를 것으로 예측하고 있다. 선진국에서는 그 증가율이 더 낮을 것이다. 건강 관리가 개선되고, 유아 사망률이 낮아지고, 사람들이 더 교육받고, 경제적 안정이 이루어지면, 출생률은 대체로 떨어지는 경향이 있다.

연간 인구 증가율은 현재, 선진국에서는 약 0.25 %이고 가난한 나라에서는 1.45 %이다. 길어진 수명과 낮아진 출생률 때문에 선진국에서 노년층의 비율은 후진국보다 훨씬 높다. 다양한 연령 집단에 속해 있는 사람들의 상대적인 수를 인구의 '연령 구조age structure' 라고 한다.

후진국에서 선진국으로의 이주는 출생률보다 예측하기가 어렵다. 이 또한 연령 구조에 영향을 미친다. 작으면서 부유한 일부 석유수출국들에서는 이주자들이 인구의 절반 이상을 차지한다.

환경 영향

조엘 코헨은, 인구가 환경에 미치는 영향은 천연자원보다 다른 많은 것들에 의해 좌우된다고 지적한다. 이러한 것에는 개인이 소모하는 에너지와 공간, 사회·문화적 기대, 물건 수송에 필요한 산업 기반 및 정부가 포함된다.

전문가들은 사람이 얼마나 많아야 지나치게 많다고 할 수 있을지를 판단할 때에, 인구 증가가 환경에 미치는 영향을 조사한다. 예를 들어, 세계 인구의 약 3분의 1, 즉 23억의 인구가 현재 중국이나 인도에서 살고 있는데, 중국과 인도에 있는 사람들은 미국인들보다 훨씬 적게 차를 타고 일인당 전기 사용량도 훨씬 적다. 중국과 인도는 미국보다 인구 밀도가 높지만, 일인당 환경에 미치는 영향은 미국보다 작다.

하지만 이러한 경향은 중국과 인도 모두 경제가 발전하고 생활수준이 높아지면서 변하고 있다. 지구 온난화 전문가들은 이 두 국가들의 높아지는 생활수준, 바꿔 말하면 자동차와 발전소에서 배출되는 온실가스 때문에 현재의 지구 온난화가 급격한 증가 추세를 보일 수 있다고 판단하고 있다.

인구 밀도의 한계

열대우림 지역에서는 화전식 농사로 수천 년 동안 인구를 유지할 수 있었다. 인구 밀도가 낮은 상태로 유지될 때에는 이런 훼손이 있더라도 삼림은 회복될 수 있었다.

이와 비슷하게, 중앙아시아의 아랄 해Aral Sea 와 그곳으로 흘러들어가는 두 강은 거의 3,000년 동안 관개에 사용되어 왔다. 세기 초, 800만 명 미만의 사람들이 그 지역에 살았을 때에는 물의 공급량이 충분하여 그 인구가 관개를 하며 살아가는 데 지장이 없었다. 하지만 1997년에 대규모의 농업 계획이 진행되고 5,400만 명 이상의 사람들이 그 물로 살아가는 상황이 되었을 때는 한계를 넘어섰다.

전 세계적 시야　인구 전문가 폴 에를리히Paul Ehrlich에 따르면, 만일 중국과 인도의 모든 사람들이 미국 대륙에 살았다 해도 미국은 지금과 같이 영국이나 네덜란드보다 인구 밀도가 낮았을 것이라고 한다.

인구 밀도는 어떤 의미에서는 지역적인 문제다. 인구가 증가하면 생물의 서식지를 인간이 사용함으로써 그곳에 살던 조류와 양서류, 곤충, 동식물들을 내쫓아, 그 지역의 먹이 그물이 붕괴된다.

연구 결과, 인구가 증가하면 제한된 지역 내에

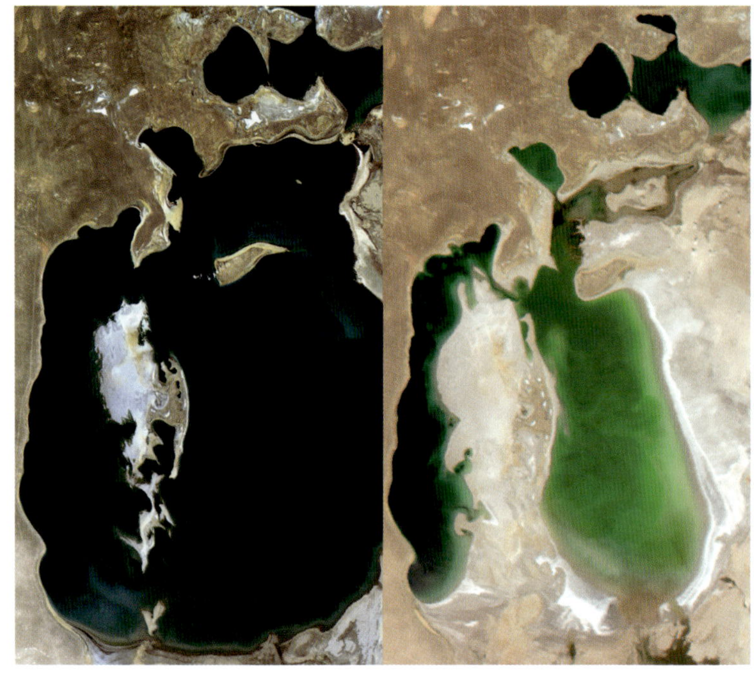

위 인구가 증가하면 같은 서식지에 있는 다른 동물종들은 살아가기가 어려워진다.
가운데 우주에서 찍은 이 사진들은 1989년(왼쪽)과 2003년(오른쪽)의 아랄 해를 보여 준다. 한때 지구에서 네 번째로 큰 호수였던 아랄 해는 호수에 물을 공급하던 강의 물길이 바뀌면서 급격하게 줄어들었다. 아무다리야 강과 시르다리야 강의 물은 목화 농장과 다른 농사의 관개에 이용되었다.

서는 인간이 육식 동물에서부터 토착 식물을 먹는 사는 초식 동물에 이르기까지 여러 집단에 압력을 가한다는 것이 밝혀졌다. 서식지를 잃는 것은 어떤 경우에 다른 종들에게 치명적일까?

에를리히는, 아프리카는 2.6 km²당 55명만이 거주하기 때문에 비교적 인구 밀도가 낮다고 한다. 이에 비해 러시아를 제외한 유럽은 2.6 km²당 261명, 일본은 놀랍게도 857명이 생활한다. 그러나 아프리카는 여전히 황량한 땅과 사막으로 변한 넓은 지역, 땔감 마련으로 사라진 숲이 많은

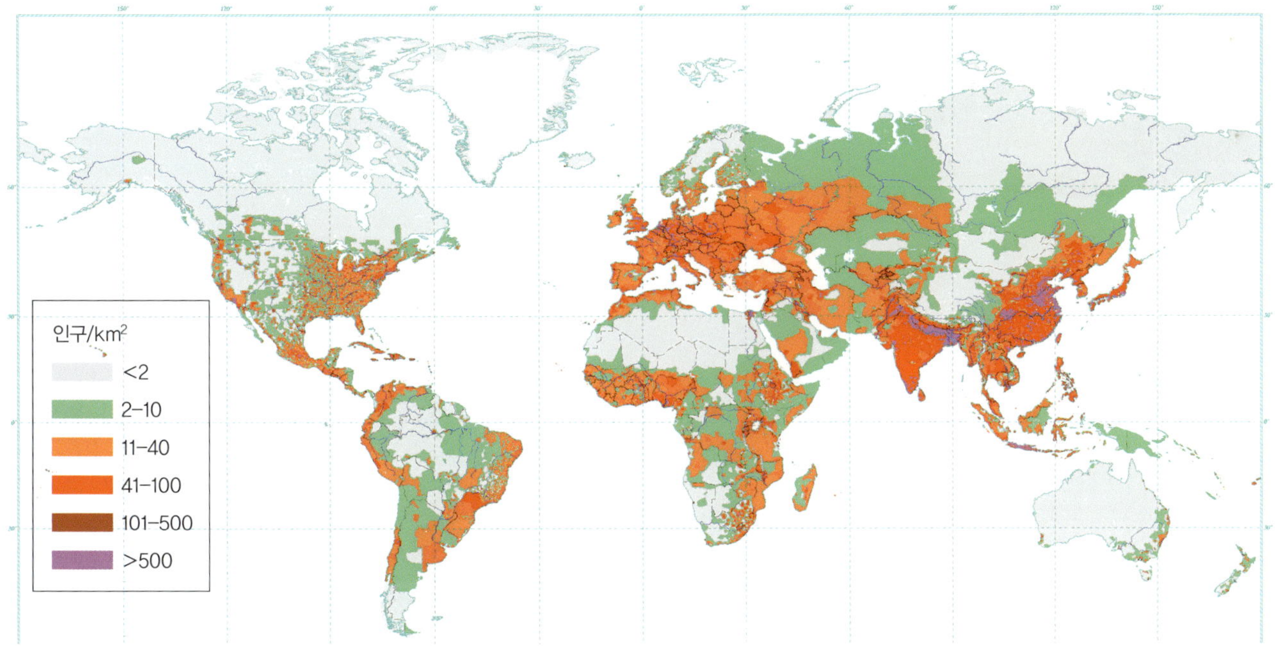

반면에, 일본과 유럽의 사람들은 대부분 좋은 환경에서 살아간다.

세계 인구의 밀도라는 것은 러시아워 때 도쿄에서 지하철을 타는 통근자들처럼 얼마나 많은 사람들이 좁은 공간에 밀집되어 있는가를 따지는 문제가 아니다. 어떤 면에서는, 도시 주위의 더 넓은 공간에는 다른 생물들이 살아갈 수 있게 하고 자연의 생명 유지계가 제대로 제 기능을 할 수 있도록, 많은 사람들이 좁은 공간에서 서로 가깝게 사는 것이 환경적으로 좋을 수도 있다.

인구 밀도의 진짜 문제는 세계적인 규모, 즉 지구가 대량 멸종과 환경 재해를 일으키지 않으면서 90억 혹은 그 이상의 인구를 지원할 만한 자원을 보유하고 있는가에 있다.

위 이 지도는 지난 10년의 세계 인구 밀도 상황을 보여 준다. 유럽과 아시아가 지구상 인구가 가장 밀집되어 있는 대륙이다. 지구의 균형을 유지할 수 있는 빈 공간이 충분하다면, 많은 사람들이 가까이 밀집되어 사는 것이 환경에 꼭 나쁘지만은 않다.
아래 일본 도쿄역에 들어선 고속열차. 세계에게 인구 밀도가 가장 높은 도시 중 하나인 도쿄에는 일본 전체 인구의 약 10 %인 1,200만여 명이 살고 있다.

생태학자들의 역할

결과적으로 인구 증가는 맬서스가 예측한 식량 공급량의 문제에 부딪히지는 않았다. 그러나 개구리와 물고기 개체군의 급감과 같은 생태계 스트레스와, 북극의 영구 동토층이 녹는 현상 및 해수면의 상승과 같은 기후 변화에 대한 최근의 증거는 인간이 지구의 한정된 자원이라는 또 다른 난관에 접근하고 있음을 나타내고 있다.

환경론자들은 이러한 자원 압박을 '생물 물리학적 현실 biophysical reality' 이라고 불러 왔다. 인간을 쓸어버릴 수 있는 대참사를 막기 위한 생태학자들의 역할은 지구의 생태 환경과 그것이 인간의 압박에 어떻게 반응하는지에 대해 명확한 정보를 수집하고 정책 입안자들과 끊임없이 소통하는 것이다. 그러면 적어도 이론상으로라도 그 정책 입안자들은 생태계를 파괴하기보다 유지하도록 의사 결정을 한다는 것이 어떤 의미인지를 알게 될 것이고, 생태계가 제공하는 기능에 대해서 정확하게 가치를 평가하게 될 것이다.

가난과 자연환경

에티오피아에서 가난이란, 농부가 더 이상 베어 낼 나무가 없을 때까지 땔감용 나무를 베어 내고, 분뇨를 거름이 아닌 취사용 땔감으로 사용하고, 가뭄의 타격을 받아 곡물들이 더 부족해지고, 만성 영양실조에 걸린 사람들이 질병과 죽음에 임박해지는 것을 뜻한다.

매년 전 세계 수백만 명의 가난한 사람들이 예방 가능한 질병과 영양실조로 목숨을 잃는다. 경제학자 제프리 삭스Jeffrey Sachs의 말을 빌리면, 이들은 살아 있기에는 너무나 가난하기 때문에 죽는다.

일부 사람들의 행태action로 인해 사막화와 침식이 진행되고, 수천 명을 죽이는 진흙 산사태가 일어난다. 지구상 가장 가난한 사람들, 즉 1달러가 못 되는 돈으로 하루를 살아가는 10억 명의 사람들은 바로 이웃한 자연환경의 훼손으로 미래에 치러야 할 대가를 염려하는 '사치스러운' 생각을 할 여유가 없다.

세계에서 가장 가난한 사람들의 대부분은 지구 생물의 약 4분의 1이 멸종 위기에 있는, 생물 다양성이 집중된 좁은 지역에 살고 있다.

재앙의 대가 자연재해와 빈곤 사이에는 밀접한 관계가 있다. 연구에 의하면, 부자들보다 가난한 사람들이 범람원이나 매립 습지, 강둑, 가파른 산비탈과 같은 위험한 지역에서 살 가능성이 훨씬 많다고 한다.

자연재해는 몇 년 동안 경제적 발전을 후퇴시킬 수도 있다. 경제적 발전이나 환경 복구에 투입하려 했던 예산이 긴급 구호에 쓰이기 때문이다.

재앙과 가난의 악순환의 고리에 갇힌 개발도상국은 교육, 의료, 깨끗한 물과 같은 기초적인 서비스 제공에만 매달릴 수밖에 없다. 자연환경을 파괴하지 않으면서 사람들이 돈을 벌 수 있는 경제 개발 프로그램을 실행하기가 어렵다.

미개발 국가들처럼 미국에서조차도 여전히 자

위 에티오피아는 아프리카에서 가장 가난한 국가에 속한다. 정치·경제적으로 불안정한 상황 때문에 지난 30년간 꾸준히 국제 기부 단체로부터 식량 지원을 받아 왔다. 에티오피아 인들이 생존하기 위해서는 수확량이나 강수량에 상관없이 매년 6개월분의 식량 지원이 필요하다.
아래 이 고군분투하는 농부에게는 8명의 자녀가 있다. 그는 생물 다양성이 집중된 서아프리카의 저지대 숲에서 살고 있다. 침팬지를 포함해 아프리카 포유류의 4분의 1 이상이 이곳에서 살고 있다. 이곳의 벌목, 채광, 사냥, 인구 증가는 산림에 엄청난 스트레스를 주고 있다.

연재해는 빈곤한 사람들에게 더 많은 부담을 지운다. 이들은 주로 경작 한계지에서 살고, 이들에게는 위험한 상황에서 빠져나올 수 있는 수단이 부족하며, 재앙이 일어난 후 회복할 재원이 거의 없다.

적십자는 2004년에 자연재해 손실이 갈수록 증가하는 주요 원인으로 자연환경 훼손과 기후 변화를 꼽았다.

바람직한 투자 여러 연구들은 자연환경에 투자하는 것이 전 세계 빈곤과 싸울 수 있는 바람직한 방법임을 보여 준다. UN은 자연환경 지속성

미국 농무부 소속 공학자들이 바싹 마른 개울 바닥의 흙을 조사하고 있다.

이 국제적 가난을 근절할 수 있는 필수적인 부분 이라고 밝힌 바 있으며, 자연환경 지속성을 국제 빈곤을 줄이는 데 필요한 우선순위로 꼽았다.

모든 지역에서 교육, 보건, 깨끗한 물, 관개에 대한 투자는 건강한 생태계의 중요성을 강화하 여 빈곤을 퇴치하는 데 도움을 줄 것이다. 빈곤 퇴치를 위한 개발의 투자에는 영향을 받을 지역 사람들이 포함되어야 한다. 그리고 자연환경 복 구와 보존은 모든 경제 개발 계획에 포함되어야 한다. 농업 투자는 새로운 품종의 곡물 개발뿐 아니라 생물 다양성과 토양 개선에서도 이루어 져야 한다. 우물, 교통, 도로 등에 대한 투자는 생태학적으로 환경을 파괴하지 않고 변화를 유 지할 수 있도록 기반 조성에 투자가 이루어져야 한다.

새 에너지원에 대한 투자는 개발도상국에서 경제적 성장을 위해 필수적이지만, 대기 중 탄소 수치는 제한되어야 한다. 태양광 오븐으로 요리 할 수 있는 마을에서는 땔감 마련을 위해 주변 산림을 베어 낼 필요가 없을 것이다.

위 2002년 8월, 코스타리카 경찰이 알토 로아이사(Alto Loaisa)라는 작은 농업 마을의 주민들을 대피시키고 있다. 이곳에서 일어난 진흙 산사태로 13채의 가옥이 매몰되고 6명이 실종되었다. **아래** 2002년에 남아프리카공화국의 요하네스버그에서 지속가능발전 세계정상회의(World Summit on Sustainable Development)가 열렸다. 요하네스버그는 제벤폰테인(Zevenfontein) 이라는 마을에서 불과 40 km 떨어진 곳에 있는데, 이 지역 인구의 85 %가 HIV에 양성 반응을 보였다.

환경친화적 개발

환경친화적 개발sustainable development이란, 미래 세대들의 요구를 충족시킬 수 있는 능력은 해치지 않으면서도 현재의 삶의 질을 높일 수 있는 개발을 말한다. 이것은, 석유와 같은 재생 불가능한 자원을 소모하고 나무나 대수층aquifer * 같은 재생 가능한 자원을 회복 속도보다 더 빨리 고갈시켜 빈곤한 미래를 맞게 하는 개발과는 많은 차이가 있다.

생태학적 관점에서 볼 때, 분수에 맞게 살 때에만 그 어떤 종류의 생물 개체군도 생존할 수 있다. 먹이인 지의류보다 빨리 번식했던 섬의 순록처럼, 개체군이 지속성의 역치를 벗어나면 생물이 멸종할 위험성이 커진다.

사람들도 개체군 생물학 원리에서는 예외가 아니다. 우리는 한 곳에서 다른 곳으로 물자를 수송하고 우리의 일상 환경을 변경함으로써 시간을 벌 수 있지만, 생존을 위해서는 여전히 광합성, 물의 순환 등과 같은 자연계의 기능에 의존하고 있다.

현대 기술의 도움으로 우리는 지구 자원의 한계를 넘는 것이 대재앙으로 이어질 수 있는 가능성에서 일시적으로 벗어났을 뿐이다. 그렇지만 우리가 환경을 파괴하지 않고 살아가는 것은 선택이 아닌 자연의 필요조건이라고 과학은 말한다.

위 2004년에 미국 폐 과학 협회(American Lung Association)로부터 미국에서 가장 오염된 도시로 선정된 바 있는 로스앤젤레스는 대기의 질을 향상시키기 위해 과감한 조치를 취하고 있다.
가운데 캘리포니아 주의 오언스 계곡(Owens Valley). 이곳은 한때 거대한 소금물 호수였지만, 1913년 로스앤젤레스 수로교(Los Angeles Aqueduct)를 통해 물을 다른 곳으로 돌리면서 메마르게 되었다.
아래 맹그로브 숲은 수백 년간 거친 폭풍과 끊임없이 변하는 기류를 잘 견뎌 냈지만, 현재는 세계에서 가장 위협받는 서식지에 속하게 되었다. 맹그로브는 오염 물질과 같은 환경적 스트레스를 받는 것은 물론이고, 새우 양식업에 이용되면서 놀라운 속도로 사라지고 있다.

비지속성 지속성이 파괴된 개발의 전형적인 예는 중앙아시아의 아랄 해 부근에서 진행된 개발이다. 아랄 해는 세계에서 가장 큰 내륙 호수 중 하나였다. 1960년경에 소련 정부의 계획자는 방대한 양의 물을 면화와 채소, 과일, 쌀을 재배하는 데 사용하도록 명령했다. 지난 40여 년간 이 지역의 인구는 700만 명에서 5,000만 명으로 증가한 반면, 아랄 해의 물은 절반 이상이 줄어들었다.

아랄 해의 물은 이전보다 세 배 이상 짜졌다. 토착 물고기의 4분의 3 이상이 멸종하자, 6만 명을 먹여 살리던 어업이 타격을 받았다. 그리고 줄어든 해변의 소금기 있는 먼지가 바람에 날려 밭에 떨어지면서 관개 농작물을 죽이기 시작했다.

아랄 해 주변의 기후도 바뀌었다. 여름은 더 더워지고, 겨울은 더 추워졌으며, 강우량은 줄어들었다. 작물의 수확량도 줄고, 공급되는 음용수도 오염되었다. 유아 사망률이 증가하고 간질병, 간염, 기관지 질병과 같은 건강 문제도 급증했다.

다행히 이러한 한계 상황을 감지했을 때 모든 자연환경 재해가 되돌릴 수 없는 상태는 아니었다. 8,600만 달러에 이르는 수질 복구 작업 덕분에, 최근 아랄 해의 수질 상태는 남아 있는 토착 물고기 4종이 생존할 수 있는 수준으로 다시 개선되기 시작했다.

지구의 자산 경제적 개발은 흔히 환경적인 웰빙과 충돌 관계에 있는 것처럼 보인다. 매연을 내뿜는 검은 공장은 산업 혁명의 상징이다. 현대 사회에서의 부富는 높아진 환경적 자각성보다는 SUV와 에어컨이 켜진 저택을 떠올리게 하는 것이 보통이다.

2003년 2월, 우주에서 본 오언스 호수. 한때 수백 제곱킬로미터에 이르는 대규모의 소금물 호수였던 오언스 호수는 현재 소량의 물만이 남아 있다. 게다가 소량으로 남아 있는 물은 호염성 세균 때문에 분홍색을 띤다. 분지를 덮는 소금기는 바람을 타고 주변 지역으로 날아가, 식물을 훼손시키고 주변에 거주하는 사람들에게 건강 문제를 일으킨다.

지구의 자산인 천연자원은 여전히 과소평가 받고 있으며 경제적인 입장에서는 가치가 없는 것으로까지 여겨지고 있다. 기업형 농업, 오래된 산림의 벌목, 변두리 지역에 있는 연방 정부 땅에서의 가축 방목과 같은 토지 훼손 활동에 정부 차원의 보조금까지 지원되고 있다.

개발 결정은 이 귀중한 자산을 훼손시킨다 할지라도 경제적인 이유 때문에 실행된다. UN은 환경을 보존하는 것이 경제적으로도 의미가 있다는 것을 증명하기 위해 밀레니엄 생태계 평가 Millenium Ecosystem Assessment를 실시했다. 그 결과, 열대 맹그로브가 잘 보존되어 폭풍 완충 지대 및 오염 물질 여과기, 해양 생물의 생육 환경으로서의 역할을 잘 감당했을 경우, 10,000 m²당 약 1,000달러의 가치가 있다고 평가했다. 새우 양식을 위해 맹그로브를 없앴을 때는 이전 맹그로브 해안이 10,000 m²당 겨우 200달러에 불과했다.

완충 지대, 여과기, 물고기 생육지의 역할을 담당하는 캐나다의 습지도 대략 6,000달러의 가치를 지니고 있었다. 반면, 집약농업용으로 쓰인 같은 땅은 단지 3,000달러에 불과했다.

캐나다의 습지 보호 구역은 철새들에게 안전한 서식지를 제공한다.

• 대수층(aquifer) : 지하수가 있는 지층(옮긴이)

생태학적 윤리

윤리는 옳은 행동과 그른 행동을 가르치는 도덕적 기준이다. 윤리 규칙의 한 예로 생태학자 알도 레오폴드의 격언이 있다. "생물 군집의 완전integrity, 안정성, 아름다움을 보존하려는 것은 옳은 것이다. 하지만 이 외의 다른 것을 보존하려 한다면 그것은 그릇된 것이다."

윤리는 종종 권리와 책임의 관점에서 언급된다. 사람들은 미래 세대를 위해 자원을 보존하는 윤리적 책임을 가져야 할까? 동물들은 멸종으로부터 보호받을 권리가 있을까? 죽음을 면하기 위해 나무를 베거나 멸종 위기에 처한 동물들을 죽이는 것이 윤리적일까? 벌목으로 건강한 땅이 사막화됨에 따라 훗날 다른 사람의 죽음을 야기한다면 어떻게 될까?

생태학적 윤리에 대한 견해 차이들은 '인간이 다른 생물들보다 더 큰 권리를 갖는가?' 라는 물음으로 보통 정리될 수 있다. 신념 체계는 크게 세 갈래로 나눌 수 있다. 1) 자연의 궁극적인 목적은 인류 공헌이다. 2) 생태학적 비용과 이득에 관한 고려에는 인간뿐만 아니라 다른 생물도 포함되어야 한다. 3) 생물뿐만 아니라 지구의 생태학적인 완전한 상태, 즉 생태권ecosphere은 유효한 그 어떤 윤리적 고려에도 포함되어야만 한다.

첫 번째 인간 중심적 접근법을 채택한 사람은 다음과 같이 질문할 수

위 우주에서 찍은 캔자스 가든 시티(Garden City) 근처의 경작지 모습. 채색한 적외선 컬러 사진이다.
아래 왼쪽 미국인 자연보호론자이자 생태학자인 알도 레오폴드는 저서 《모래군의 열두 달(*A Sand County Almanac*)》을 통해 현대 생태학 운동을 개척했다. 이 책은 그가 죽고 난 뒤 1949년에 출판되었다.
아래 오른쪽 1980년 7월, 미국 의회는 알래스카 주에 테틀린 국립 야생동물 보호구역(Tetlin National Wildlife Refuge)으로 쓸 약 2954.21 km²의 공간을 마련해 두었다. 보호구역을 만든 동기는 어류 및 야생동물 개체군과 그들의 서식지를 보존하고 환경 교육에 사용하기 위해서였다.

도 있다. 어떻게 지구 자원을 관리해서 지구가 미래 후손들을 계속 부양할 수 있도록 할까? 인류에게 해를 입히는 대규모 멸종을 피하기 위해서 최소한 남겨 두어야 하는 야생 지역은 얼마나 되어야 할까? 모든 동물들을 보존해야 할까, 아니면 어떤 것은 보존할 가치가 없을까? 이 정도의 윤리적인 면은 지방local 대 지역region 또는 더 큰 초국가적 이슈들과도 관계될 수 있다. 하천 하류 생태계에 고통을 주면서까지 골프장에 물을 댈 권리가 우리에게 있을까?

두 번째, 생물 중심적 접근에서는 윤리적 질문이 더 광범위해진다. 예를 들어, 만약 이산화탄소 배출량 증가가 환경적인 악영향의 원인으로 밝혀진다면, 사람들은 지구상의 다른 생물이나 단지 타인을 위해서 배출량을 줄여야 하는 의무가 있을까?

심층생태학

때때로 '심층생태학deep ecology' 이라고도 불리는 생태권적 접근은, 인간에게 주는 유용성은 별도로 하고 생물과 무생물계의 행복은 고유의 가치를 가진다는 견해다. 이 접근법에 의하면, 인간의 유익과는 상관없이 지구 생태계의 풍부함과 다양성을 보존하는 것이 가치 있는 것이다. 인간은 다양성을 줄일 권리가 없다.

심층생태학 이론은, 남은 지구의 생물과 무생물 환경을 건강하게 유지하기 위해서 인구를 줄이는 것은 윤리적으로 수용할 수 있으며, 인간의 이익을 위해 건강한 지구 생태계를 희생시키는 것은 비윤리적이라고 주장한다.

연구 윤리

생태학은 객관적이고 가치중립적인 실험과 관찰을 통해 발달한다. 그러나 과학적 연구의 결과는 중대한 윤리적 의미를 내포할 수 있다. 예를 들어, 개울의 흐름을 조사하는 연구를 통해 지난 30년 동안 10년을 주기로 처음 3일간 용천수가 가장 높이 뿜어져 나온다는 것을 발견하고, 또 허리케인의 규모와 빈도를 연구하기 위해 만든 수학적 모델을 통해, 해수면의 온도가 높아짐에 따라 폭풍우가 증가

한다는 것을 발견했다면, 연구자들은 지구 온난화의 증거로 이들을 제시할 것이다.

여기에 대해 정부 의사결정자들이 지구 온난화의 증거가 될 수 있는 연구 자료 발표하기를 꺼려하는 것이 윤리적일까? 아니면 지구 온난화를 가벼이 여기는 마음 때문에 기후 효과에 대한 현장조사 자금을 다른 곳으로 전용하는 것이 윤리적일까?

위 라스베이거스의 골프장. 이곳 사막 지역의 거주자들에게는 물 보존이 중요한 문제다. 남부 네바다 수질당국(Southern Nevada Water Authority)은 주택 소유자들에게 잔디 대신에 물 이용 효율이 좋은 조경으로 대체하도록 권장하는 등의 물 자원 계획을 운영하고 있다.
아래 그랜드캐니언 야생지 위원회(Grand Canyon Wildlands Council)는 자연 보호를 위해 예방적인 대책을 세운다. 이들의 임무는 사람들이 자연과 더불어 살아갈 수 있는 방법을 재계획하기 위해서 긍정적이고 과학적인 신뢰성을 갖춘 실용적 단계를 제시하는 것이다. 이 위원회의 멤버들은 이러한 협력적 노력이 향후 여러 세기 동안 자연을 보전하는 데 기여할 것으로 기대하고 있다.

해저드와 리스크

지진의 위험성hazard을 보여 주는 너무나 명백한 기록들이 있는데도, 사람들은 끊임없이 캘리포니아 주로 이사를 간다. 그리고 캘리포니아의 주민들은 최근 산사태로 씻겨 나간 언덕 위에다 건물을 짓기 위해 수백만 달러를 쓴다.

해저드는 잠재적으로 손해harm를 일으킬 수 있는 위험danger을 말한다. 리스크risk는 해저드가 실제로 우리들에게 손해를 입힐 가능성을 뜻한다. 과학적인 연구에 의하면, 감지된 리스크는 실제 리스크와는 상당히 다를 수 있는데도 사람들은 보통 감지된 리스크를 근거로 행동을 수정한다.

해저드가 수많은 사람들의 생활을 파괴하고 생명을 앗아가는 재앙이 될 것인지의 여부는 많은 인위적 요인에 달려 있다. 예를 들어, 위험 지역에 있는 사람들이 조기 경보 시스템을 갖추고 튼튼한 가옥에서 살고 있는지, 늪이나 맹그로브와 같은 자연 완충 지대가 잘 보존되어 있는지, 집이 가파른 비탈이나 해변 바로 옆과 같은, 위험성이 큰 지대에 지어졌는지의 여부 등에 달려 있다.

환경적 해저드 환경적 해저드는 크게 화학적, 물리적, 생물학적으로 나뉜다. 화학적 해저드의 예로는 플라스틱 생수병과 통조림 캔 내부의 합성 에스트로겐 화합물과, 닭과 육우의 성장 호르몬으로 사용되는 스테로이드 등이 있다.

연구에 따르면, 이러한 것과 다른 내분비계 교란물질환경 호르몬들은 이미 미국에서 평균적인 사춘기 시작 시기와 정자 수에 영향을 주기 시작했다. 또한 화학 물질은 상수도에도 남아서, 암컷 물고기가 수컷 물고기의 생식기를 갖는다거나 알을 적게 낳

위 산안드레아스 단층(San Andreas Fault)은 거의 캘리포니아 해안 전체를 따라 형성되어 있다. 지진의 위험성에도 불구하고 여전히 많은 사람들이 캘리포니아로 이사를 간다.
가운데 일부 사람들은 집을 살 때, 생존 능력보다는 전망이나 이웃 상황들을 더 고려한다.
아래 지진과 같은 자연재해로 인한 피해의 규모는 집을 지을 때 해저드의 가능성을 염두에 두고 지었느냐 아니냐와 같은 인위적 요인에 따라 어느 정도 달라진다.

는 등, 야생 동물들에게 영향을 미치고 있다.

물리적 해저드에는 지진, 허리케인, 홍수, 화산 폭발과 같은 '자연재해'가 포함된다. 지진과 화산 활동은 판구조의 움직임과 맨틀의 흐름에 의해 일어나고, 홍수와 가뭄, 폭풍과 같은 수해는 기후와 관련이 있다.

지구 온난화가 물 순환에 미치는 영향은 카리브 해의 더 강력해진 허리케인이나 미국 서부의 더 장기화된 가뭄 등과 같은 물 관련 해저드의 증가로 이어질 수 있다.

생물학적 해저드는 주로 질병을 일으키는 병원균들과 관련이 있다. 예를 들어, 독감에서부터 매년 백만 명 이상의 목숨을 앗아가는, 모기를 매개로 하는 말라리아에 이르기까지, 그 종류가 다양하다. 비위생적인 물 속 세균도 생물학적 환경 해저드에 포함된다.

여러 연구들은 에이즈, 웨스트 나일 바이러스, 라임병, 조류 독감과 같은 질병들이 갈수록 사람들 사이에서 유행할 것임을 보여 준다. 이 같은 현상은 질병 미생물이 과거 인간 이외의 동물들에 의해서만 옮겨졌던 서식지로 사람들이 확장해 들어가면서 나타난다.

리스크의 최소화 얼룩진 무늬로 위장한 갈매기의 알이나 가뭄 기간에 쓸 물을 저장하는 다육 식물의 전략과 같이, 생물들은 다양한 방법으로 리스크에 적응할 수 있도록 진화를 통해 형태가 형성되었다.

환경적 리스크에 대한 동식물의 선천적인 적응은 많은 세대를 거치면서 진화하며 발달한다. 그러나 지난 세기에 인류가 생태 발자국 수를 늘린 속도와 같이, 모든 생물들이 빠른 변화에 적응할 수 있는 것은 아닐 것이다.

또한 인간과 다른 많은 동물들은, 부모님이 폐암에 걸렸다거나 좋아하는 강이 눈에 띄게 오염되었다거나 특정 보금자리가 위험하다고 판명이 난 경우와 같이, 살아 있는 동안에 겪은 경험들을 통해 리스크에 대처할 수도 있다. 그리고 인간은 때때로 기술을 이용해서 해저드로부터 자신을 지킨다. 홍수에 대비해 댐과 둑을 쌓고, 질병에 대비해 백신을 만들고, 지진에

대비해 특수 빌딩을 디자인하는 등의 노력을 기울인다. 그러나 허리케인 카트리나 사건이 보여줬듯이, 리스크를 줄이는 기술은 완벽하지 않다.

리스크를 최소화하는 데는 보통 대가가 뒤따른다. 예를 들어, 해변 근처에서 멋진 바다 전망을 만끽하며 사는 많은 사람들은 지금의 집을 위험성은 낮지만 경관이 그다지 좋지 못한 집과 바꾸기를 꺼려할 것이다. 하지만 이보다 더 많은 사람들이 자신의 의지와는 상관없이 세계 곳곳의 매우 위험한 지역에서 살고 있으며 이사할 돈이 없는 형편이다.

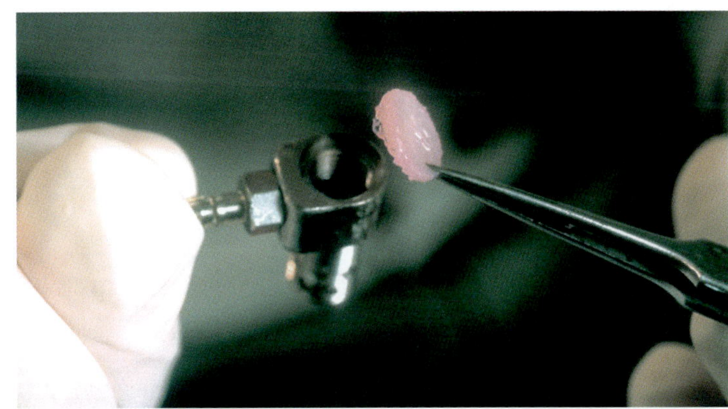

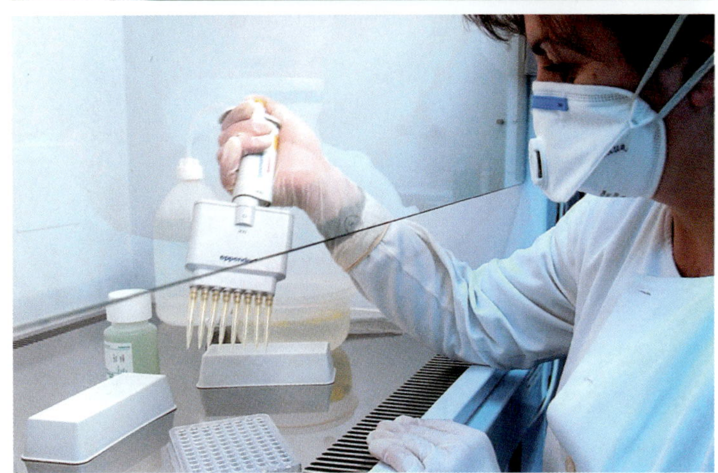

위 한 물질의 클로즈업 사진. 이것은 살아 있는 세포와 다공성의 생체적합물질의 결합체다. 이 특별한 구조물은 뼈의 회복과 재생을 돕기 위해 이식된다. 이와 같은 기술의 진보 덕분에 사람들은 질병과 건강 문제로부터 자신들을 지킬 수 있다.

아래 한 연구기술자가 조류 독감 샘플을 검사하고 있다. 조류 독감은 철새를 통해 아시아에서 유럽으로 전파되었다. 이러한 바이러스는 탄력적이고 적응력이 강하기 때문에, 전 세계의 보건기구들은 조류 독감에 대항하는 백신을 개발하기 위해 끊임없이 도전하고 있다.

교환과 시간의 한계

세계적으로 수많은 개구리들이 소리 없이 죽어가고 있다. 아마도 곰팡이와 서식지 감소, 오염, 지구 온난화가 그 원인일 것이다. 오리들은 서식지가 조각나고 줄어든 상황에서, 둥지를 틀거나 이동을 할 때 쉴 수 있는 장소를 찾기 위해 고군분투한다.

그동안 고위 정치지도자들은 성장과 기술을 친환경적인 삶과는 반대되지만 밝은 미래를 위한 핵심이라고 생각해 왔다. 그리고 여전히 많은 사람들이 환경적 규제를 반산업적anti-business으로 생각한다. 미국인들 대부분은 아직도 현재 삶의 수준을 장기적인 환경적 건강과 맞바꾸거나 소비문화를 멈추려고 하지 않는다.

유럽에서는 배출된 탄소를 처리하는 지구의 능력에 대해 상호 교환적인tradeoff 측면과 한계가 있음을 인정하는 경향이 보다 널리 퍼져 있다. 다른 나라들도 지구 온도 변화가 일어나고 즉각적으로 해결할 필요가 있음을 알리는 증거들에 큰 관심을 가지기 시작했다.

미국은 온실가스 배출을 제한하는 교토의정서의 비준을 거부한 두 개의 큰 산업국 중 하나로, 거대한 공업경제국들 중에서도 소수에 속한다. 아직도 많은 사람들이 장기간의 환경 악화를 추상적으로 생각하며, 목재, 석유 및 채광 회사와 대규모로 환경 파괴적인 농업 기법을 사용하

는 농부들에게 여전히 수십 억 달러의 보조금이 지급되고 있다. 미국에서 환경 장려 정책의 대부분은 자원 보존보다는 사용을 더 조장하는 듯 보인다.

교환은 필요 없다
천연자원 보호위원회Natural Resources Defense Council의 데일 브리크Dale Bryk는 많은 기업과

위 인공위성에서 찍은 지구의 모습
가운데 아름다운 알래스카 풀밭이 녹슨 금속 쓰레기 때문에 고물 수집장으로 변했다. 많은 미국인들에게 환경에 대한 관심은 여전히 추상적인 것이다. 이러한 태도는 환경의 장기적인 악화로 이어진다.
아래 2005년 2월에 교토의정서를 체결할 것을 조지 부시 미 대통령에게 촉구하는 내용을 담은 보드. 미국은 세계적 온실가스 배출을 제한하는 교토의정서의 비준을 거부한 단 두 곳의 산업국 중 한 곳이다.

개인들이 지구 문제에 있어 또 다른 길을 걷고 있다고 말한다. 그들은 지구 문제를 우선시하는 것을 분명한 선택이 아닌 덜 희생적인 선택으로 생각하는 듯하며, 심지어는 성공적인 마케팅 전략의 한 부분으로 여기는 것 같다고도 말한다.

그린 빌딩은 환경적인 면뿐만 아니라 경제적으로도 우수성을 보인다. 기존 건물과 비교해서, 건설할 때 비슷하거나 더 적은 비용이 들어가며, 수요가 많아 빨리 팔려 나가고, 유지비도 덜 들어간다.

친환경적 사업은 지구 친화적인 느낌을 통해 이미지와 판매를 만들어 낸다. 이들의 전략은 재활용 탄산음료 병을 직물로 바꾸는 것에서부터, 유기농 재료를 사용하고, 산업 공정에서 에너지 효율과 재활용을 강조하는 등 다양하다. 이러한 사업들은 보통 환경적 규제를 피하려고 노력하기보다는 받아들인다. 심지어는 의회가 탄소 배출 규제 법안을 통과시키도록 로비를 하기도 한다.

예방 원리 지구가 점점 더워지고 있는가에 대해서는 과학적인 큰 논쟁이 없다. 이미 사실이기 때문이다. 지구가 기록적으로 가장 더웠던 다섯 시기는 모두 지난 10년 안에 있었다. 악영향이 이미 자연환경에서 감지되고 있는가에 대해서도 심각한 과학적 논쟁이 없다. 그 또한 이미 사실이기 때문이다. 오늘날 온실가스 배출이 안정된다 하더라도 이미 시작된 일련의 영향들은 몇 세기 혹은 그 이상 계속될 것이다.

미국에서는 주州 차원에서 점차 많은 지도자들이 움직임을 보이고 있지만, 국가 차원의 정치 지도자들은 큰 움직임을 보이기를 꺼리고 있다. 많은 사람들은 기후 변화에 대한 지구의 세밀한 반응과 지구 온난화를 일으키는 데 인간 활동이 상대적으로 얼마나 기여했는지를 잘 모르기 때문에, 미래의 위험을 줄이기 위해 우리가 얼마나 돈을 써야 하는지 아직 알 수 없다고 말한다.

한편, 거의 모든 과학자들은 치명적인 결과를 막기 위해서는 지금 행동해야지, 변화가 분명히 올 때까지 기다리는 것은 무모하다고 입을 모은다. 과학자들은, 우리가 실수를 범한다면 지나치게 조심하다 실수를 범하게 될 것이라고 말한다. 환경 청소와 복구비용을 오늘날을 살아가는 사람들에게 지워진 불공평한 부담이라고 생각하기보다 인류의 미래 세대를 위한 건강 보험으로 보아야 할 것이다.

위 노스캐롤라이나에 있는 전형적인 동물 배설물 저수지. 노스캐롤라이나의 천만 마리 돼지들은 로스앤젤레스와 뉴욕, 시카고에 거주하는 전체 시민들이 배출하는 양보다 두 배 많은 양을 분뇨로 배출한다. 수천 마리의 돼지가 있는 대부분의 기업농들은 배설물을 야외 구덩이에 모은다. 농장은 토지가 흡수할 수 있는 양보다 더 많은 거름을 생산한다.
아래 미국 들소는 동물 보호 노력이 성공한 예다. 이 동물은 멸종 위기에 있었으나 지난 세기에 종 복원에 성공했다.

용어 풀이

ㄱ

개척 생물(pioneer organism)
용암이 흘러 생물이 없는 곳과 같은 새로운 서식지에 제일 먼저 들어가 정착하는 생물

개체군(population)
주어진 지역에 사는 단일 종의 개체 수

경쟁(competition)
동일한 생태계에서 같은 자원을 이용하는 둘 이상의 개체, 개체군 혹은 종들이 생존을 위해 벌이는 상호 작용

고생태학(paleoecolgy)
화석, 동위 원소, 화학 단서 또는 다른 지표를 통해 과거의 생태학적 상태를 복원시키는 학문

공생(symbiosis)
친밀한 접촉을 유지하면서 사는 생물들의 관계. 양쪽 모두 또는 한쪽에게만 이득을 가져다 줄 수 있다. 후자의 경우, 득이 없는 상대편은 아무 영향을 받지 않을 수도 있고 해를 입을 수도 있다. 기생 생물과 숙주가 그 예다.

공진화(coevolution)
두 개 이상의 종이 서로 적응하면서 진화해 가는 것

광합성(photosynthesis)
빛 에너지를 이용해 무기물을 유기물 영양분으로 바꾸는 과정('화학합성'과 비교)

군집(community)
특정 서식지에서 상호 작용하며 살아가는 모든 생물종들

극상 생태계(climax ecosystem)
아무런 교란이 없으며, 연속적인 천이의 결과로 형성된 비교적 안정적이고 종이 다양하며 생산적인 생태계

기하급수적 증가(exponential growth)
개체군의 성장을 억제하는 아무런 제어가 없을 때 예상되는 개체군의 증가. 그래프로 나타내면 J 모양의 곡선으로 나타난다.

ㄴ

남세균(cyanobacteria)
세균 영역에 속하는 원핵생물로, 단세포 생물이다. 조류(algae)가 아니지만 예전에는 남조류라고 불렸다. 개척지에 들어가는 가장 초기 생물 중 하나다.

ㄷ

다양성(diversity)
범주나 지역 내에서의 변이 정도. 자연에서의 다양성은 생물학적, 지질학적, 화학적 그리고 물리적 수준에서 발생할 수 있다.

단일 경작(monoculture)
한 번에 한 종만 재배하는 농작 형태. 라틴 어로 'monos'는 '단일(single)'을 의미하며, 'cultura(cultivation)'는 '경작'을 의미한다.

대형 조류(macroalgae)
켈프처럼, 해조의 형태로 크게 자라는 조류

독립 영양 생물(autotroph)
스스로 영양분을 생산하는 생물

동물성 플랑크톤(zooplankton)
바다와 같은 해양 생태계에 떠다니는, 작고 미세한 동물. 큰 동물의 유충 단계인 것도 있다.

ㅁ

마이크로코즘(microcosm)
생태학적 과정을 연구하기 위해 개발된 작은 크기의 모의 생태계(메소코즘보다 작은 크기)

만성조(altricial)
부화 후에 잠시 어미 새의 돌봄이 필요한 새

메가파우나(megafauna)
상대적으로 큰 동물('미생물'과 비교)

메소코즘(mesocosm)
생태학 연구에서, 생태학적 과정을 연구하기 위해 개발된 중간 크기의 모의 생태계(예를 들어, 테라리엄, 온실)

멸종위기종(endangered species)

개체군의 감소나 유전자적 다양성의 약화, 제한된 서식지로 인해 멸종 위기에 처한 종들

무생물적인(abiotic)

살아 있는 생물을 포함하고 있지 않는 무생물. 식물에 대한 무생물적 요인에는 온도나 강우량이 있다.

물의 순환(hydrologic cycle)

지구의 물이 땅, 바다, 대기를 통해 지속적으로 순환하는 것

미생물(microbe)

현미경을 통해서만 볼 수 있는 미세한 생물. ‘microorganism’ 이라고 도 알려져 있다(‘메가파우나’ 와 비교).

ㅂ

부영양화(eutrophication)

과다한 식물의 성장을 유발하는 과잉의 영양분이 호수와 바다 같은 수 역에 유입되어 일어나는 작용. 생태계의 정상적인 균형을 무너뜨린다.

분산(dispersal)

개체들이 새로운 지역으로 이동하는 것. 예를 들어 새끼들이 부모와 멀리 떨어진 곳에 보금자리를 만드는 것

분포(distribution)

생태계에서 종의 공간적 서식 범위

ㅅ

상리 공생(mutualism)

꽃과 벌처럼 서로에게 이익이 되는 두 생물 간의 관계(‘공생’ 참조)

생물 군계(biome)

특정 기후나 우점 생물에 의해 특징지어진 광범위한 지리학적 영역

생물 다양성(biodiversity)

‘생물학적 다양성’의 준말. 종의 수, 생물의 유전자적 변이성 또는 생 태계의 다양성 등과 같은 다양한 방법으로 측정될 수 있다.

생물권(biosphere)

생물이 살아갈 수 있는 물, 땅, 대기를 포함한 지구의 모든 부분

생물량(biomass)

유기 물질의 양. 생태계의 모든 동식물의 총 건조 중량. 생산성을 측정 하기 위한 방법으로 이용된다.

생산성(productivity)

주어진 공간에서 일정한 시간 동안 생물이 태양 에너지를 화학 에너지 로 변형시키는 양. 생산성은 보통 광합성의 양과 일치한다.

생태 지역(ecoregion)

특정 기후, 환경 및 자연 군집의 집합으로 이루어진 비교적 넓은 땅이 나 물. 생물 군계와 비슷하다.

생태계(ecosystem)

서로 상호 작용하는 생물과 무생물적 환경으로 구성된 지역적인 계

생태계의 기능(ecosystem service)

정수 작용과 농작물의 수분 작용, 관개, 호흡에 필요한 산소의 제공 등, 지구의 자연계가 무료로 제공하는 기능

생태계 기능공(ecosystem engineer)

환경을 변형시키는 생물. 전형적인 예로, 댐을 짓는 비버가 있다.

생태적 지위(niche)

특히 먹이 사슬과 관련하여 특정 종들이 생태계에서 차지하는 위치

생태학(ecology)

어떻게 생물이 다른 생물은 물론 무생물적인 환경과 상호 작용하는지 를 연구하는 학문. 그리스 어로 ‘oikos’는 ‘집’을 뜻하며, ‘logy’는 ‘학문’을 뜻한다.

선상법(transect)

종들의 개체군과 변이성을 알기 위해 과학자들이 좁고 긴 땅을 따라가 며 군집 내 생물의 수를 세는 조사 방법

소비자(consumer)

스스로 영양분을 만들지 못하는 생물. 초식 동물로 알려진 1차 소비자 는 해양 식물과 같은 독립 영양 생물을 먹는다. 육식 동물로 알려진 2차 소비자는 다른 생물을 섭취하는 또 다른 생물을 먹는다.

순환(cycle)

지속적으로 되풀이하여 도는 흐름. 지구에 사는 생물은 에너지와 물, 영양분의 순환이 있어야 살 수 있다.

스트레스(stress)

생물이나 생태계의 정상적인 기능을 방해하고 생존의 기회를 감소시키 는 모든 것

식물성 플랑크톤(phytoplankton)

바다와 같은 수중 생태계에 떠다니는 광합성을 할 수 있는 미생물

ㅇ

열수 분출공(hydrothermal vent)

풍부한 화학 물질을 함유한 과열된 물이 심해 해저에 있는 틈 사이로 뿜어져 나오면서 만들어 낸 굴뚝 모양의 형성물

영양분(nutrient)

생명체의 생존과 번식을 위해 필요한 분자나 물질

원핵 세포(prokaryotic cell)

유전적 물질이 막으로 둘러싸인 구획에 함유되어 있지 않은 세포('진핵 세포'와 비교)

위험(risk)

해저드가 실제로 해를 일으킬 수 있는 기회나 확률

ㅈ

자연 선택(natural selection)

생물의 번식 가능성을 높여 주는 유전자가 선택적으로 다음 세대에 전달되는 과정을 통해 개체군이 환경에 적응하는 과정('적응도' 참조)

재생 가능 자원(renewable resource)

지속적으로 수확할 수 있는 삼림처럼, 파괴되는 속도보다 더 빨리 채워질 수 있는 자원

저서의(benthic)

물 밑바닥에 사는

적응도(fitness)

진화론적 의미에서, 같은 종의 다른 개체와 비교하여 한 개체가 생산한 자손의 상대적인 수

조간대(intertidal zone)

만조 때 수위와 간조 때 수위 사이에 위치한 해안 지역

조숙성의(precocial)

부화 후 바로 독립적인 생활을 할 수 있는

종(species)

보통 실제적으로나 잠재적으로 교배가 가능하고, 생식 능력을 가진 자손을 낳을 수 있는 생물의 집단으로 정의되지만, 이러한 정의가 적용되지 않는 예도 많이 있다.

종속 영양 생물(heterotroph)

스스로 영양분을 생산하지 못하고 다른 생물을 먹는 생물('소비자' 참조)

증산(transpiration)

식물의 잎에 있는 기공이라 불리는 작은 구멍으로부터 물이 증발하는 과정. 증산은 물이 대기 중으로 순환되는 한 방법이다.

지구의 자산(earth capital)

지구의 생물을 유지시켜 주는 천연자원과 그 과정들

지속 가능성(sustainability)

자원을 고갈시키지 않고 사용할 수 있는 능력. 경제 활동으로 인한 환경적 결과를 고려하는 경제 발전은, 대체 가능하고 재생 가능한 자원을 사용하는 것에 기초해야 한다.

진핵 세포(eukaryotic cell)

유전 물질이 핵막으로 둘러싸인 핵에 들어 있는 세포('원핵 세포'와 비교)

찌꺼기 섭식자(detritivore)

배설물이나 사체 혹은 다른 생물의 유기 분해물을 먹고 사는 생물

ㅊ

침입종(invasive species)

새로운 지역으로 빠르게 침입할 수 있는 종들. 비토착 침입종들은 환경보호 운동가들의 큰 걱정거리다.

ㅌ

탄소 저장고(carbon sink)

주어진 시간 동안 탄소의 배출량보다 유입량이 더 많은 계(system)로, 탄소를 축적하고 방출하는 기능이 있다.

ㅍ

판게아(pangaea)

2억 년 전에 분리되어 지금의 대륙을 형성하게 한 초대륙

판구조(tectonic plate)

반유동체의 맨틀 위에 있는, 암석 지각으로 된 큰 기반암

페로몬(pheromone)

동종의 다른 개체들을 유혹하거나, 정보를 전달하거나, 다른 영향을 주기 위해 한 개체가 분비하는 화학 물질

포식자(predator)

다른 생물을 죽여서 영양분을 섭취하는 생물

ㅎ

하안 지대(riparian zones)

강을 둘러싼 생태계. 야생 생물에게 있어 매우 중요하다.

해저드(hazard)

지진과 허리케인에서부터 얼음에 이르기까지, 잠재적인 위험요소

핵심종(keystone species)

어떤 생태계에 수적으로 큰 영향을 미치는 종들. 예로, 프레리도그와 불가사리 등이 있다.

형태학(morphology)

생물의 물리적 모양과 구조를 연구하는 학문

화학합성(chemosynthesis)
무기물에서 유기물 영양분을 생성하기 위해 화학 물질을 이용하는 과정. 세균과 고세균이 이용하는 1차 생산 과정의 또 다른 형태('광합성'과 비교)

환경 수용력(carrying capacity)
오랜 기간 동안 생물의 상태를 퇴화시키거나 파괴하지 않고 주어진 지리학적 공간이 부양할 수 있는 최대 생물 개체 수

휴면 상태 토양(cryptobiotic soil)
건조 지역이나 사막에서 발견된 살아 있는 토양 덩어리로, 남세균이 우점종이며 지의류, 녹조류, 이끼, 미세 곰팡이 및 세균을 포함하고 있다.

기타

1차 생산자(primary producer)
빛과 화학 물질을 이용하여 영양분을 생산할 수 있는 생물('독립 영양 생물'과 비교)

1차 천이(primary succession)
한 형태의 식물 군집이 다른 식물 군집으로 대체되는 순차적인 변화 과정으로, 그 어떤 생물도 자란 적이 없었던 장소에서는 더 복잡한 군집이 형성된다.

2차 소비자(secondary consumer)
초식 동물을 먹는 생물('포식자' 참조)

2차 천이(secondary succession)
화재나 농작 또는 개발에 의해 자연 식생이 교란된 지역에 시간이 지나면서 식물 군집이 연속적으로 변화하는 과정

3차 소비자(tertiary consumer)
육식 동물을 잡아먹는 생물

더 읽을거리

도서

Carson, Rachel. *The Edge of the Sea*. Boston: Mariner Books, 1998.

——. *Silent Spring*. New York: Houghton Mifflin, 2002.

——. *Under the Sea*. Wind. New York: Penguin, 1996.

Colinvaux, Paul. *Why Big Fierce Animals Are Rare: An Ecologist's Perspective*. Princeton, NJ: Princeton University Press, 1979.

Ehrlich, Paul. *The Machinery of Nature*. New York: Simon & Schuster, 1986,

Leopold, Aldo. *A Sand County Almanac*. New York: Oxford University Press, 1993.

Miller, G. Tyler Jr. *Living in the Environment*. Pacific Grove, CA: Brooks/Cole Publishing, 2000.

Ogum, Eugene, and Gary Barrett. *Fundamentals of Ecology*. New York: W.B. Saunders, 2004.

Wilson, Edward O. *The Diversity of Life*. Cambridge, MA: Harvard University Press, 1999.

웹 사이트

African Wildlife
www.wildwatch.com

Biodiversity and Human Health
www.ecology.org/biod/summary/index.html

Biomes
www.nceas.ucsb.edu/nceas-web/kids/biomes_home.htm

Conservation Science
www.natureserve.org

Earth Science
science.nasa.gov/EarthScience.htm

Ecology for Gardeners
www.bbg.org/gar2/topics/ecology

Ecology of the Oceans
www.oceansatlas.org

Ecosystem Change
www.greenfacts.org/ecosystems/index.htm

Ecosystems
www.epa.gov/ebtpages/ecosystems.html

Extreme Environments
www.astrobiology.com/extreme.html

Fungal Biology
bugs.bio.usyd.edu.au/Mycology

Hydrothermal Vents
www.pbs.org/wgbh/nova/abyss/life/extremes.html

Keystone Species
www.prairiedogs.org/keystone.html

Understanding Evolution
www.pbs.org/wgbh/evolution/library/index.html
evolution.berkeley.edu

잡지

Ecology & Society | www.ecologyandsociety.org

National Geographic | www.nationalgeographic.com

Natural History | www.naturalhistorymag.com

New Scientist | www.newscientist.com

Oceanus | www.whoi.edu/oceanus

OnEarth Magazine | www.nrdc.org/OnEarth

ScienceDaily | www.sciencedaily.com

Scientific American | www.sciam.com

Smithsonian | www.smithsonianmagazine.com

기관

American Museum of Natural History | www.amnh.org

Brooklyn Botanic Garden | www.bbg.org/gar2/topics/ecology

Center for International Earth Science Information Network | www.ciesin.org

The Ecological Society of America | www.esa.org

The Environmental Literacy Council | www.enviroliteracy.org

The Institute of Ecosystem Studies | www.ecostudies.org

Intergovernmental Panel on Climate Change | www.ipcc.ch

National Museum of Natural History, Smithsonian Institution | www.mnh.si.edu

Natural History Museum (London) | www.nhm.ac.uk

Natural Resources Defense Council | www.nrdc.org

The Nature Conservancy | www.nature.org

Sierra Club | www.sierraclub.org

Smithsonian National Zoological Park | nationalzoo.si.edu/ConservationAndScience

Union of Concerned Scientists | www.ucsusa.org

U.S. Environmental Protection Agency | www.epa.gov

U.S. Geological Survey | www.usgs.gov/science

Woods Hole Oceanographic Institution | www.whoi.edu

World Resources Institute | earthtrends.wri.org

WWF International (formerly known as the World Wildlife Fund) | www.panda.org

스미스소니언에서

워싱턴 D.C.에 있는 스미스소니언 기구는 세계에서 가장 큰 박물관이자 복합 연구 단지다. 이곳은 19개의 박물관과 국립 동물원으로 이루어져 있고, 매년 2,400만 명이 방문해 1억 4,200종이 넘는 전시물을 관람한다. 이곳의 국립 동물원과 국립 자연사 박물관은 자연 세계를 더욱 깊이 이해하는 데 유용한, 가장 우수한 공공 자원이라 할 수 있다.

국립 동물원 국립 동물원The National Zoological Park은 야생 동물들과 그들의 서식지를 연구·보호하고, 이를 일반인에게 교육시키기 위해 설립된 기관으로, 다양한 기능을 한다. 아프리카 사바나에서부터 집 뒤뜰의 생태계에 이르는 폭넓은 전시로, 일반 대중들에게 그들이 환경에 미치는 영향에 대해 계몽

위 방문객들이 2000년 12월 6일에 국립 동물원에 들어온 두 마리의 자이언트판다 메이 시앙(Mei Xiang)과 티안 티안(Tian Tian)을 보고 있다. 이들 판다 사이에서는 수컷 새끼 타이 샹(Tai Shan)이 2005년 7월 9일에 태어났다. 자이언트판다의 생물학과 보호 분야에서 뛰어난 실력을 지닌 미국의 과학자들은 중국 내 야생 자이언트판다뿐만 아니라 이 세 마리들에 대한 연구를 계속해 나가고 있다.
아래 워싱턴 D.C.에 위치한 스미스소니언 캐슬 뒤에 있는 박물관 단지 풍경

하고, 방문객들에게 자신들을 둘러싼 환경에 대해 더 잘 이해할 수 있도록 돕고 있다.

국립 동물원은 전시뿐 아니라 '환경 보존과 연구센터 프로그램Conservation and Research Center Program' 과 같은, 동물원 현장과 전 세계에서 사용할 수 있는 교육적이고 과학적인 프로그램도 개발했다. 동물원의 과학적 연구는 발생학, 수의학, 행태, 보존생태학과 영양, 개체군 관리, 생물 다양성 모니터링 분야 그리고 이러한 분야에 대한 전문적인 교육에서 강점을 보이고 있다.

국립 자연사 박물관 국립 자연사 박물관The National Museum of Natural History은 자연 세계와 그 속에 우리가 살고 있는 공간을 이해하는 일에 몰두하고 있다. 스미스소니언 박물관들 중 최대 규모로, 30개의 전시관에 2,500종 이상의 표본과 모형을 전시하고 있다. 이는 자연사에 대한 세계 최대 규모이며, 가장 포괄적인 자료를 소장하고 있는 것이다. 매년 세계 곳곳에서 600만 명의 방문객들이 이곳을 찾고 있다.

박물관에 근무하는 약 400명에 이르는 생물학자와 지질학자, 인류학자들은 우리의 지구와 천연자원을 위협하는 요소들을 이해하기 위해 심해와 산봉우리, 우림 및 미국 전역을 탐사하고 있다. 스미스소니언은 박물관뿐만 아니라, 파나마에 스미스소니언 열대 연구소와 메릴랜드에 스미스소니언 환경 연구 센터를 설립했다. 이들 기관들은 과학 교육 프로그램을 장려하여 더 많은 지식을 대중들에게 보급하기 위해 노력하고 있다.

스미스소니언 열대 연구소 스미스소니언

열대 연구소Smithsonian Tropical Research Institute, STRI는 열대 지방 생물에 대한 이해와 인류 복지와의 연관성을 규명하는, 열대 지방에 대한 기초 과학 연구에 있어 세계 최고의 연구소라 할 수 있다. 파나마에 위치한 연구소는 미국 밖에 있는 유일한 스미스소니언 기관이다. 40명의 다국적 상주 연구원과 매년 방문하는 500여 명의 객원 과학자들과 학생들이 생태학과 진

워싱턴 D.C.에 있는 국립 자연사 박물관은 세계에서 가장 많은 수의 광범위한 자연사 수집품을 소장하고 있다. 박물관의 연구가들은 지구 온난화 현상과 생물 다양성의 감소, 농작물이나 천연자원을 훼손시키는 침입 식물이나 곤충과 같은 중요한 주제들을 연구한다.

배로콜로라도 섬(Barro Colorado Island)은 파나마 운하에 있는 가툰 호수(Gatun Lake)에 위치해 있다. 스미스소니언 열대 연구소의 빨간 지붕이 동북 해안(사진의 우측 상단) 쪽 짙은 녹색의 울창한 숲 사이로 점점이 보인다. 배로콜로라도 섬은 1924년부터 스미스소니언이 관리하고 있으며, 세계에서 열대림과 그곳에 사는 동식물을 연구하기에 가장 좋은 장소 중 하나로 꼽힌다.

화에 포커스를 맞춰 열대림과 산호초에 대한 기초 연구를 하고 있다.

그리고 연구소는 전 세계 학생들을 대상으로 하는 교육과 강의 시리즈 및 보충 교재와, 파나마 및 주변 여러 지역에 있는 자신들의 해양 육상 전시관Marine and Terrestrial Exhibition Center에서의 체험학습 등 다양한 프로그램을 통해 자신들이 연구한 결과물들을 공개하고 있다.

스미스소니언 환경 연구 센터 스미스소니언 환경 연구 센터 Smithsonian Environmental Research Center, SERC는 체서피크 만 Chesapeake Bay과 로드Rhode 강기슭을 따라 나 있는 약 11 km² 의 지대에 위치해 있다. 이곳은 연안 지역의 환경을 연구하는, 세계 선두의 연구 센터다. 세계 인구의 70퍼센트가 살고 있는 연안 지역에서 가장 큰 환경적인 도전들이 일어나고 있다. 40년간 환경 연구 센터는 연구 활동과 전문가 양성 교육 및 환경 교육에 힘써 왔다. 환경 연구 센터에서는 세계적인 변화에서부터 파괴되기 쉬운 습지대 및 삼림지의 보호에 이르는 이슈들에 관해 연구한다. 또한 이곳의 연구자들은 호주에서부터 벨리즈Belize, 남극 대륙, 알래스카에 이르기까지 세계 각지를 돌아다니며 현장 연구도 수행한다.

이 연구소의 원격 프로그램은 화상 회의나 가상 야외 실습을 통해 세계적으로 2,000만 명이 넘는 관람객을 끌어모았다. 그리고 연구 센터는 근처에 사는 사람들에게 체험 과학 교육 프로그램과 교사 훈련 워크숍, 성인들을 위한 교육 프로그램을 제공한다.

이용할 수 있는 기타 자료들 다양한 온라인 전시들을 스미스소니언 협회의 웹사이트 www.si.edu를 통해 볼 수 있다. '오늘날의 지구: 우리의 역동적인 행성의 디지털 영상Earth Today: A Digital View of Our Dynamic Planet' 과 '해양 행성Ocean Planet' 과 같은 프로그램을 온라인에서 접할 수 있다. 〈스미스소니언 매거진Smithsonian Magazine〉의 웹사이트 www.smithsonianmag.com에서는 생태학과 관련된 다양한 논문들을 찾아볼 수 있다.

체서피크 만 다리. 스미스소니언 환경 연구 센터는 워싱턴 D.C.로부터 40 km 정도 떨어진 곳에 위치한 체서피크 만의 서쪽 해안가에 있다. 이곳은 미국에서 가장 큰 강어귀이며, 연구는 주로 연안 환경에 초점을 맞추어 진행된다.

찾아보기

▶ ㄱ ◀

가난 179, 192
가랑잎벌레 33
가뭄 27
가재 120
가축 117
각인 75
간척 13
간헐천 145
갈라파고스 61, 83
갈라파고스거북 55
갈색 펠리컨 162
감각 25
감염 매개체 33
강의 생태계 13
강수 49
개똥지빠귀 82
개발 194
개척자 114
개체 12
개체군 13, 17, 22
　개체군 관리 27
　개체군의 급증 18
갯벌의 먹이 그물 92
거머리말 64
거위 75
검은꼬리프레리도그 31
격리 60
경관생태학 62
경쟁 26, 83
경제적 발전 192
계절적 변동 26

계통분류학 162
계통수 162
고도 137
고산 지대 137
고생태학 103, 105
고세균 106, 145, 163
고유종 14
고지대 사막 59
곤충 8, 33
곰팡이 9
공룡 104
공원 관리자 98
공작 82
공진화 35, 72
과잉 살상 이론 116
관리 27, 52
관벌레 143
광산 174
광합성 10, 50, 65, 106
　광합성의 먹이 사슬 143
교란 152
교토의정서 133, 200
국제 자연보호 협회 36
국제 협약 132
국제 환경 보존 기구 86
군대개미 78
군집 13
권운 90
그랜드캐니언 야생지 위원회 197
그랜드 테톤 국립공원 42
그레이트베어 레인포레스트 125
그린 빌딩 176

그린란드 91
극상 상태 23
극상 생태계 115
글레이셔 만 141
글레이셔 포인트 7
급감 18
급증 19
기상 현상 56
기생충 33
기업 농업 154
기후 56, 88
　기후 변이 57, 112
　기후 변화 57, 105, 109, 111, 133
길버트 화이트 85
꽃 35, 72
꿀벌 35, 72, 78, 161

▶ ㄴ ◀

나그네비둘기 20
나비 8, 146
나스카 가마우지 83
나일퍼치 153
낙엽수림 43
난초 10, 73
날씨 56
남극 138
남극대구 135
남방 진동 89
남부노랑부리코뿔새 29
남세균 106
남획 132
노루 22

노리아 48

노먼 블로그 188

녹색 혁명 25, 188

농경지 20

농업 116, 169

누 17

눈신토끼 18

뉴올리언스 173

늑대 38

▶ ㄷ ◀

다양성 146, 162, 181

다우림 10, 43, 58

다육 식물 43

단세포 생물 106

단위 생식 80

단일 경작 및 사육 154

담수계 45

당단백질 139

대(大) 플리니우스 85

대규모 멸종 108

대기 106

대기 오염 방지법 121

대류권 56

대륙 106

대륙 빙하 91

대양 대순환 해류 57, 88

대초원 지대 43

대형 조류 10

더스트 볼 167

데이비드 피민텔 189

도마뱀 70

도마뱀붙이 70

도시 172, 180

  도시 생태계 173

  도시의 성장 172

도시 계획가 99

도시생태학 172

도요새 82

도태 27

독립 영양 생물 10, 92

독화살개구리 86

동물 배설물 저수지 201

동물성 플랑크톤 64

들쥐 18

딱따구리 34

딱정벌레 8

▶ ㄹ ◀

라버베즈 국립천연기념물 111

라임병 126

라플레시아 73

레이첼 카슨 39, 84, 119

레인보우 브리지 187

로렌 액턴 5

로버트 페인 31, 85, 129

로블롤리 소나무 155

로웰 게츠 83

롱아일랜드 해협 92

리숍 73

리스크 198

▶ ㅁ ◀

마름병 155

마사이 족 53

마사이마라 국립보호구 52

마야 문명 168

마이크로코즘 129

마저리 빙하 103

마키푸쿠나 운무림 61

만성조 74

매개체 127

  매개체 감염 질병 127

매머드 73

맥머도 만 144

맹그로브 나무 12

맹그로브 숲 194

머시포트 동굴 111

먹이 70

먹이 그물 29, 38, 92, 138

먹이 사슬 84, 139, 143

메가파우나 169

메소코즘 129

메탄 얼음 벌레 141

메탄하이드레이트 108

멕시코 만 26

멕시코 만류 89

멕시코시티 172

멸종 14, 108

멸종 위기 122

멸종위기종 보호법 122

모기 126

모델링 130

모래 언덕 48

모래군의 열두 달 196

목초지의 먹이 그물 93

몬테베르데 운무림 21

무경간 농법 183

무리 71, 74

무생물적 요인 26

무생물적 제한요인 27

무성 생식 80

물 48

  물의 순환 48, 56

  물의 화학적 특성 48

물리적 해저드 199

물소 32, 74

물사슴 22

미국 그린 빌딩 협회 177

미국 들소 201

미기후 43, 44

미생물 9, 144

민물송어 24

밀레니엄 생태계 평가 66, 158, 195

▶ ㅂ ◀

바다 생물 64

바오밥나무 29, 35

바우어새 76

박각시나방 34

발트 해 111

방목 53

배로 곶 182

백단향 156

백색 뱅골호랑이 187

버제스 셰일 107

버펄로 6

번식 72

벌 8, 35, 71, 100

벌목 123

벌새 61, 73

법 122

베링 육교 116

보스토크 호수 112, 140

보전단체 67

보전생물학자 60

보조금 제공자 99

보호 53

봄의 연못 14

부레옥잠 36

부양 기능 159

부영양화 47

부채머리독수리 122

북극 진동 57, 90

북극곰 91

북극순록 55

북극제비갈매기 77

북대서양 편류 89

북미 들소 116

북미산양 137

분류학 162

분자생태학

분출공 생물 143

분해자 9, 92

불가사리 31

붉은여우 20

블랙 스모커 142

비료 47

비버 30

비어트릭스 포터 85

빅터 어니스트 셸퍼드 85

빅토리아 호수 47, 153

빙퇴구 111

빙하 91

빙하 얼음 벌레 141

빙하기 110

뿌리혹세균 47

▶ ㅅ ◀

사고 75

사구 103

사막 43, 136

사비노 협곡 41

사슴 126

사와로선인장 41, 43

사자원숭이 15, 122

사탕단풍나무 22

사해 144

사회적 행동 79

산성비 45, 120

산안드레아스 단층 198

산업 124

산업 혁명 170

산호 65

삼림 조각 프로젝트 67

삼엽충 109

삼엽충 화석 107

상어 75

상향식 조절 38

새소리 77

생각 76

생명의 나무 35

생물 군계 42, 53

생물 농축 39

생물 다양성 86, 150, 155, 159

생물 다양성 핵심 분포 지역 151

생물 물리학적 현실 191

생물 분류 162

생물권 85

생물량 11

생물적 요인 26

생물-지구화학적 순환 94

생물학적 해저드 199

생산성 11

생산자 92

생산자 책임제 185

생식 80

생식 전략 80

생태 관광 101

생태 발자국 174

생태 지역 13

생태계 13, 41

생태계 관리 52

생태계 기능 158

생태계 기능공 30

생태계 다양성 162

생태계적 도전 52

생태적 지위 34, 61, 146

생태학 2, 7, 167

생태학자 98, 122

생태학적 변동 105

생태학적 윤리 196

생포법 128

생활사 80

서고츠 산맥 60

서스캐처원 63

서식 14

서식지 18, 66, 81

　서식지 감소 14, 67, 178

　서식지 보호 123

석유 182

석탄 170

선상법 128

섬 60

세계 보건 기구 156

세계 생물 다양성 지표 15

세계 야생생물 기금 53, 156

세균 9, 33

세인트매튜 섬 18

세인트헬렌스 산 104

소금쟁이 41

소노라 사막 43

소비자 92

소화 33

송어 57

수관 147

수렵 117

수마트라호랑이 53

수분 100

수분 매개자 72, 161

수소 117

수소 연료 175

수소 연료 전지 183

수염고래 81

수학적 모델 130

순록 18

순환 18

숲쥐 111

스마트한 성장 179

스모그 51, 170

스텝 43

스튜어트 핌 150

스프롤 현상 179

스피릿 베어 125

습지 114

습지대 13

시나이 사막 5

시에라네바다 7

시체꽃 73

시추공 96

식물 10

식물성 플랑크톤 10, 64

식생 56, 62

실비아 얼 84

실험실 연구 130

실험실 테스트 96

심층생태학 197

심해 생물 142

심해 세균 65

쐐기벌레 74

쓰레기 181, 184

씨의 퍼짐 73

▶ ○ ◀

아라우카리아 소나무 87

아랄 해 190, 195

아스클레피아스 12

아시아 긴뿔딱정벌레 130

아일랜드 감자 기근 154

아카시아나무 32

아타카마 사막 136

아프리카 29

악성 독감 바이러스 127

안데스 산맥 61

알도 레오폴드 14, 84, 196

알락꼬리여우원숭이 87

알락딱새 81

알래스카 18

알래스카 북극 야생동물 보호구역 55

알렉산더 폰 훔볼트 84

알루미늄 121

암석균 145

압력 190

압박 17, 22, 159

앙투안 라부아지에 84

애벌레 9, 12

앨리엇 노스 48

앨프리드 러셀 월리스 85

야외 관찰 96

야외 탐사 121

야외생태학 128

약제 156

어류 25

어업 132

어치 78

어획 64

얼룩홍합 37

에너지 12

에두아르트 쥐스 85

에드워드 윌슨 5, 58, 85, 108, 161

에버글레이즈 국립공원 52

에벌린 허친 84

에볼라 바이러스 127

에스커 111

에어로졸 스프레이 132

에이즈 127

에티오피아 192

엘니뇨 현상 57, 89

엘니뇨-남방 진동 113

엘크 38

여왕벌 78

연령 구조 189

연료 정제소 124

연소 182

연안 64

연안 생태계 44

열 49

열대우림 5, 11, 14, 43, 146, 157

열수 분출공 65, 106, 135, 142

열염 대양 대순환 해류 91

염습지 92, 165

엽록소 50, 89

영거 드라이아스 사건 117

영구 동토층 91

영양 단계의 연쇄 효과 38

영양분의 순환 46, 94

영양실조 192

영역 162

예방 201

옐로스톤 국립공원 7, 38

오랑우탄 11

오언스 계곡 194

오염 121, 200

오커불가사리 30

옥잠화 80

옥토 58

온난화 현상 91

온대림 10, 93

온실 효과 88, 182

온실가스 51

올리버 에번스 171

완두 47

요세미티 7

요정올빼미 41

용암 165

운석 105

원격 탐지 96

원자력 184

원핵생물 163

월경성 장거리 대기오염에 관한 협약 121

월든 7

위스콘신 빙하기 110

위장 33, 77

위험 198

월리스 브뢰커 183

윌리엄 루디먼 169

유로파 141

유성 생식 80, 82

유영 생물 64

유전 82

유전자 72, 82

유전적 다양성 20, 60, 113, 162

유진 오덤 23, 85

유해 물질 39

유해 쓰레기 184

의사소통 79

의태 73

이구아나 70

이구아수 폭포 62

이노코 국립 야생동물 보호지역 42

이로쿼이 족 6

이산화탄소 50, 169, 183

이산화탄소 배출을 줄이는 방법 51

이용 가치가 있는 식물 47

이익 집단 52

이주 77

이타주의 79

인 46

인간 8

인간의 활동 67, 183

인구 19

인구 밀도 179, 190

인구 증가 57, 169, 188

인도코끼리 60, 131

인도호랑이 87

인위적 강제력 183

인지 75

일부일처제 83

입법보좌관 98

▶ ㅈ ◀

자기 조절 22

자기희생 78

자연 소멸 25

자연보존생물학 153

자연재해 192, 199

자연주의 6

자연환경 192

자연환경 지속성 193

자원 62

자원의 배분 81

자원의 사용 62

자이언트켈프 30

자이언트판다 55

잡식 동물 10

장기 생태학 연구 네트워크 131

장티푸스 171

재배 117

재생 불가능한 자원 194

저서 생물 64

적응 20

적응도 75

적합한 환경 22

전갈 70

전략 72, 80

전선 56

전염병학자 99

전자제품 쓰레기 184

점 계산법 128

점박이독거미 78

점박이부엉이 122

정책 분석가 98

제인 구달 84

제인 루베첸코 84

제임스 러브록 2

제트 기류 57, 90

제프리 삭스 192

제한요인 18, 22, 26, 64

조간대 44

조건화 75

조류algae 47, 50, 105, 140

조류 독감 127

조성조 74

조수 웅덩이 162

조시아스 브라운 블랑케 84

조약 협상가 99

조엘 코헨 188

조절 18, 38

존 무어 6, 84

존 버로스 7

존 제임스 오듀본 20

존스홉킨스 빙하 141

종 다양성 162, 181

종 분화 109

종속 영양 생물 174

주머니늑대 15

죽음의 바다 26, 47

준법 감시인 99

중개자 127

쥐 24

쥐엄나무 73

증산 작용 48

증폭 효과 153

지구의 자산 195

지렁이 37

지리적 장벽 27, 60

지속성이 파괴된 개발 195

지질 시대 112

지형 56, 60, 62

진 리켄스 120

진딧물 34

진성 세균 106

진핵생물 107

질량 보존의 법칙 46

질병 126

질병생태학자 126

질소 46

질소 고정균 46

짝짓기 72

찌꺼기 분해자 59

찌꺼기 섭식자 9, 92

▶ ㅊ ◀

차이다무 분지 107

착생 식물 10, 147

찰스 다윈 34, 61, 82, 84

찰스 엘턴 84

천연자원 관리자 98

천연자원 보호위원회 200

천이 114

철도 170

청지기 개념 161

초원 53

초원 들쥐 83

초월주의 7

총량거래제 121

춤 71

치첸이트사 168

칙슐루브 109

친환경 인증제도 LEED 177

칠로글로티스 73

칡 169

침묵의 봄 39

침입 152

침입종 36, 152

침팬지 79

▶ ㅋ ◀

카라카스 172

카롤루스 린네 162

카멜레온 77

카트리나 173

캐나다스라소니 18

캔자스 가든 시티 196

캘리포니아 콘돌 86

컴퓨터 모델링 96

켈프 30, 65

코끼리 29

코스타리카 21

코스타리카의 카라라 생물 보호 지역 146

콜레라 171

콜롬비아 코코스 섬 147

콩과식물 46

크로아탄 국유림 178

크로톤 저수댐 159

크릴 138

큰코파리 55

클로로플루오르카본 132

키위새 87

▶ ㅌ ◀

탄산칼슘 65

탄소 50, 182

　탄소의 순환 50, 94

탄소 나노 튜브 50

탄소 배출량 88

탄소 저장고 51

탄소포획기술 183

태양 51

태양 에너지 10, 12

태평양주목 156

택솔 156

털부처손 37

테틀린 국립 야생동물 보호구역 196

토마스 러브조이 67
토마스 맬서스 187, 188
토양 58
　토양의 생태학 58
토지 이용 62, 178
토착종 36
투자 193
툰트라 42
　툰트라의 꽃 57
트라이아스기 108

▶　ㅍ　◀

파가텔레 만 96
파리 8
판게아 104
판구조 106, 165
팜파 43
퍼시픽림 국립공원 23
페로몬 79
페름기 108
펠리두 환초 65
평가 100
포유동물 8, 10
폴 에를리히 190
폴립 65
표본 채취 96
표지–재포획법 128
표토 59
푸어나이츠 군도 25
풍년새우 14
프레리 43
플랑크톤 64, 164
피리새 82
핀치새 61

▶　ㅎ　◀

하와이 섬 114

하향식 조절 38
학습 74, 77
한대림 42, 115
해달 30
해령 165
해안가 45, 67
해양 57
　해양의 먹이 그물 93
해양 보호 구역 25
해양생태학 164
해양생태학자 64
해양조절자 65
해오라기 6
해저드 198
핵심종 30, 85, 116
행동 82
　행동 양식 70
행동생태학 69
허브 156
헨리 데이비드 소로 7, 85
헨리 콜스 115
혐기성 세균 65
협동 71
형태학 72
호염성 세균 145
홍수 158
홍학 144
화석 연료 51, 182
화이트 스모커 142
화학 합성 143
화학적 해저드 198
환경 공평성 160
환경 규제 124
환경 수용력 18, 24, 27, 81
환경 영향 189
환경 영향 평가 보고서 124
환경 운동가 99

환경 장려 정책 200
환경보존 기획자 99
환경적 공평성 179
환경적 해저드 198
환경친화적 개발 194
황금두꺼비 21
황로 32
황제펭귄 139
회복 152
회색곰 26, 80
회색늑대 26
효모 24
휴대폰 184
휴면 상태 토양 59
흑사병 168
흰개미 153
흰머리독수리 39
흰코뿔소 150
히말라야 산 112

▶　기타　◀

1차 생산자 10
1차 소비자 10, 92
1차 천이 115
2차 소비자 10, 92
2차 천이 115
3차 소비자 11, 92
10년 주기 개체군 순환 18
DDT 39
DNA 지문법 130
e–쓰레기 184
J 곡선 19
J.B.S. 홀데인 8
K–전략 81
K–T 사건 109
r–전략 81
UN 환경계획 15

감사의 글 및 사진 출처

작가는 훌륭한 지원을 보여 준 힐라스출판사(Hylas Publishing)의 편집진 Glenn Novak, Aaron Murray, Molly Morrison, Roger Ochoa에게 진심으로 감사를 드린다. 과학에 대해 탁월한 조언을 해 준 Jennifer Hoffman, 그녀의 변함없는 도움에도 고마움을 전하고 싶다. 힐라스의 디자인팀은 환상적인 능력을 보여 주었다. 또한 격려를 해 준, 콜롬비아 대학의 지구연구소(Earth Institute) 및 라몬트-도허티 지구관측소(Lamont Doherty Earth Observatory)의 모든 과학자들에게도 감사를 표한다. 이들은 내게 많은 생각할 거리를 주었다. 과학과 글쓰기 양쪽 모두를 할 수 있도록 이끌어 주신 고마운 나의 부모님. 마지막으로, 특히 Walker, Jack, Leo에게 모든 면에 있어서 고마움을 전한다.

출판사는 다음의 사람들에게 감사를 전한다. 스미소니언 국립 자연사박물관의 Gary Krupnick, 스미소니언 국립 동물원의 J'Nie Woosley와 Ann Batdorf, 스미스소니언 비즈니스 벤처스의 수석 브랜드 매니저 Ellen Nanney 및 Katie Mann, 콜린스 레퍼런스(Collins Reference)의 편집주간 Donna Sanzone, 편집자 Lisa Hacken, 편집 보조 Stephanie Meyers, 히드라출판사(Hydra Publishing)의 대표 Sean Moore, 출판 디렉터 Karen Prince, 아트 디렉터 Edwin Kuo, 디자이너 Rachel Maloney, Mariel Morris, Gus Yoo, Greg Lum, La Tricia Watford 그리고 Erika Lubowicki, 수석 편집자 Lisa Purcell, 편집자 Marcel Brousseau, Suzanne Lander, Gail Greiner, Ward Calhoun, Emily Beekman 및 Liz Mechem, 그림자료 검색 담당 Ben Dewalt, 제작 담당 Sarah Reilly, 제작 디렉터 Wayne Ellis, 색인 담당 Jessie Shiers. 그 외 크리시매킨타이어 리서치(Chrissy McIntyre Research, LLC)의 Chrissy McIntyre, 내셔널지오그래픽협회의 Wendy Glassmire, 포 토 리 서 처 스 (Photo Researchers, Inc)의 Harriet Mendlowitz.

사진 출처
사진을 제공한 기관의 약자와 원래 이름은 다음과 같다.
PR Photo Researchers, Inc.; SPL Science Photo Library; JI ⓒ 2006 Jupiterimages Corporation; SS ShutterStock; IO Index Open; iSP ⓒ iStockphoto.com; BS—Big Stock Photos; ARS/USDA—Agriculture Research Service/U.S. Department of Agriculture; NRCS—Photo courtesy of Natural Resources Conservation Service; NOAA—National Oceanic and Atmospheric Association; OAR—Oceanic and Atmospheric Research; NURP—National Undersea Research Program; USFWS—U.S. Fish and Wildlife Service; USGS—United States Geologic Survey; NSF—National Science Foundation; NASA—National Aeronautics and Space Administration; NLM—Courtesy of the National Library of Medicine; SI/NZP—Smithsonian Institution/National Zoological Park; SIL—Smithsonian Institute Library; DL—Dibner Library Portrait Collection; SPS—Smithsonian Photographic Services; AP—Associated Press; LoC—Library of Congress; NGIC—National Geographic Image Collection

(t=맨 위, b=맨 아래, l=왼쪽, r=오른쪽, c=중간)

도입부
iv iSP/Brendan O'Boyle **vi** JI **1t** JI **1b** JI **2bl** Robert Brock/SPL **2br** JI **3l** ARS/USDA **3r** iSP/Dan Schmitt

Chapter 1 작은 행성 위의 생명
4 IO/photos.com Select **5t** iSP/Daniel Tang **5b** iSP/Irene Teesalv **6tl** LoC **6b** Larry Jacobsen/SS **7tl** LoC **7tr** Pier deLune/SS **7b** LoC **8tl** JI **8r** Victor Pryymachuck **9t** iSP/Martin Pernter **9br** Michal Napartowicz **10tl** Simon Fraser/PR **10bl** Jacques Jangoux/PR **10br** JI **11t** Mark Bond/SS **12tl** JJJ/SS **12bl** James A. Kost/SS **12tr** Illustration by Rachel Maloney/Data Source: bbc.co.uk **13t** Danis Derias/SS **14tl** JI **14b** Mark Smith/PR **15tl** Nature's Imagaes/PR **15bl** iSP/Robert Deal **15tr** Science Source/SPL

Chapter 2 개체군의 변동
16 IO/photos.com Select **17t** IO/Able Stock **17b** JI **18tl** iSP/Richard McDowell **18tc** JI **18tr** JI **19l** Illustration by Rachel Maloney/Data Source: www.dieoff.org **19tr** Illustration by Rachel Maloney/Data Source: www.dieoff.org **19br** JI **20tl** USFWS/Luther Goldman **20tr** JI **21t** Gregory G. Dimijan/PR **21bl** Stephan Dalton/PR **21br** E.R. Degginger/PR **22tl** iSP/Mary Marin **22bl** JI **22br** JI **23t** JI **24tl** Hans Reinhard/PR **24bl** Biophoto Associates/PR **24tr** JI **25tl** Michael Patrick O'Neill/PR **25tr** JI **26tl** Eric Grave/SPL **26bl** JI **26br** Gregory Ochocki/PR **27tr** iSP/Adam Junrrosi

Chapter 3 진화의 동반자
28 iSP/Melody Kerchoff **29t** JI **29b** Muriel Lasure/SS **30tl** JI **30b** JI **30r** Paul Whitted/SS **31tr** IO/Amy and Chuck Wiley/Wales **31br** JI **32tl** BS/Riger **32b** Lynn Amaral/SS **33tl** JI **33tr** Darwin Dale/SPL **33br** iSP/Chart Chai **34tl** Krista Mackey/SS **34bl** Brad Thompson/SS **34br** Alan and Linda Detrick/PR **35tr** Dusan Dobes/SS **35b** Caitlin Copeland/SS **36tl** Uwe Ohse/SS **36bl** Robert J. Beyers II/SS **37tl** iSP/Mike Tam **37tr** iSP/Melissa Carroll **38tl** Matt Regan/SS **38r** Illustration by Greg Lum/Data Source: www.epa.gov **39t** JI **39br** ⓒ 2006 Getty Images

Chapter 4 공간의 의미
40 Craig K. Lorenz/PR **41t** iSP/Eric Forehand **41b** iSP/Jessie Carbonaro **42tl** ⓒ 2006 Getty Images **42tr** Gene Whitaker/USFWS **42b** USFWS **43** Tyler Olson/SS **44tl** JI **44br** Courtesy of Nancy Sefton **45tl** iSP/Rene Vander Weerd **45tr** Mary Hollinger/NOAA **45b** LoC **46tl** JI **46bl** JI **46br** JI **47tl** JI **47tr** John Kaprielian/PR **48tl** ⓒ 2006 Corbis **48tr** Sheila Terry/SPL **48bl** ⓒ 2006 BrandX Pictures **49t** Illustration by Rachel Maloney/Data Source: USGS **49b** Digital Vision **50tl** Kenneth Eward/PR **50tr** JI **50bl** Charles D. Winters/PR **51t** JI **51b** ⓒ 2006 Getty Images **52tl** JI **52c** Tierbild Okapia/PR **52br** iSP/Cezary **53b** Jerry L. Ferrara/PR

Chapter 5 서식지와 경관
54 Brian Hendricks/SS **55t** JI **55b** USFWS **56tl** Digital Vision **56r** Nishal Shah/SS **57tl** BS/Photobag **57r** Steve Maehl/SS **58tl** JI **58b** iSP/Dustin Belton **59l** iSP/Nicholas Belton **59r** USGS **60tl** ⓒ 2006 Getty Images **60b** JI **61bl** Ra'id Khalil/SS **61tr** PR/SPL **62tl** JI **62bl** Chad Palmer/SS **62br** JI **63t** JI **63b** JI **64tl** ⓒ 2006 Getty Images **64tr** Bob Williams/NOAA **64bl** Gregory Ochocki/PR **65t** Dennis Sabo/SS **65b** Mona Lisa Productions/pR **66tl** iSP/John Marchena **66b** JI **67l** ⓒ 2006 Getty Images **67r** ⓒ 2006 Getty Images

Chapter 6 생존 전략과 자기희생
68 JI **69t** Tischenko Irina/SS **69b** JI **70tl** Frank B. Yuwono/SS **70r** JI **71tl** Michael Ledray/SS **71tr** Larry Miller/SPL **71cr** Brad Phillips/SS **71br** Joseph Becker/SS **72tl** JI **72b** Ruudolf Georg/SS **73t** Vladimir Pomortzeff/SS **73b** Manoj Alappat/SS **74tl** JI **74c** J. Norman Reid/SS **75tr** JI **75br** Cory Smith/SS **76tl** EnigmaGraphics/SS **76b** Big Zen Dragon/SS **77t** JI **77b** JI **78tl** Tony Campbell/SS **78bl** Sinclair Stammers/PR **79t** JI **80tl** JI **80tr** Jill Lang/SS **80br** JI **81bl** JI **81tr** NOAA **82tl** IO/photolibrary.com pty.ltd **82c** BS/ChickenHound **82b** JI **83l** Tom McHugh/PR **83r** JI

읽을거리
84t (l–r) Public Domain; USFWS/WV—Carson—Historics; LoC; NOAA/OAR/NURP **84c** (l–r) Public Domain; Amy Sussman/AP/JGRYL GRAYLOCK; Yale Office of Public Affairs; SIL/DL **84b** (l–r) Mary Evans/PR; AP; International Council for Science; LoC **85t** (l–r) Photo by Rick O'Quinn, University of Georgia Communications; Public Domain; SPL/PR; *Croker*, plate following p. 94 **85c** (l–r) SPL; University of Washington; LoC; SPL/PR **85b** (l–r) SPL; Michael Dwyer/AP **86bl** BS/Ference **86br** John Arnold/SS **86–87** Illustration by La Tricia Watford/Data Source: ⓒ 2006 Conservation International **87tl** BS/kiankhoon **87tr** Hugo Maes/SS **87cr** Chin Kit Sen/SS **87bl** Vladimir Pomortzeff/SS **87br** Eldad Yitzhak/SS **88t**

Illustration by Rachel Maloney/Data Source: Woods Hole Oceanographic Institution **88**b Illustration by Rachel Maloney/Data Source: Arctic Climate Impact Assessment **89**t USGS **89**b NASA **90**t Illustration by Rachel Maloney/Data Source: NASA/J. Wallace, University of Washington **90**b NASA **91**t NASA/Jeff Schmaltz/Robert Simmon **91**b NOAA/Captain Budd Christman **92** NRCS **93** Illustration by Rachel Maloney/Data Source: Long Island Sound Study **94** Illustration by Rachel Maloney/Data Source: bbc.co.uk **95** Illustration by Rachel Maloney/Data Source: River Bend Nature Center **96**tl NOAA/Harold Hudson **96**tr ARS/USDA/Jack Dykinga **96**cr ARS/USDA/Scott Bauer **97**tl ARS/USDA/Keith Weller **97**tr ARS/USDA/Scott Bauer **97**b NSF **98**tl ARS/USDA/Keith Weller **98**br USDA/NRCS/Lynn Betts **99**tr USDA/NRCS/Tim McCabe **99**bl JI **99**br LoC **100**tl JI **100**r IO/LLC, FogStock **100**bl JI **101**tl IO/Bruce Ando **101**tr FEMA/Adam Dubrowa **101**cr Themba Hadebe/AP **101**br Szabi Borbely/SS

Chapter 7 지질 시대의 생태학
102 IO **103**t IO/Chris Rogers **103**b JI **104**tl JI **104**tr JI **104**bl JI **105**tr JI **105**br Peter Doomen/SS **106**tl Michael Schofield/SS **106**bl Eye of Science/SPL **107**tr NSF/Dr. Yang Wang/Florida State University **107**br NSF/Dr. Yang Wang/Florida State University **107**bl Alan Sirulnikoff/PR **108**tl JI **108**bl AP/Matthew Cavanaugh **109**t Illustration by Rachel Maloney/Data Source: J. John Sepkoski, Jr., 1997 **109**b D. Van Ravenswaay/SPL **110**tl JI **110**b JI **111**tl Alexei Dobrovolski/SS **111**tr Michael Thompson/SS **112**tl JI **112**bl JI **113**c JI **113**b JI **114**tl Romeo Koitmäe/SS **114**bl Doxa/SS **114**br Alon Othnay/SS **115**tl SF Photography/SS **115**b Benjamin A. Hunter/SS **116**tl JI **116**b JI **117**t Rui Manuel Teles Gomes/SS **117**b JI

Chapter 8 생태학자들은 무슨 일을 하는가?
118 AP **119**t Jostein Hauge/SS **119**b JI **120**tl Tom Oliveira/SS **120**bl JI **120**br Jim Jurica/SS **121**tl JI **121**tc JI **121**tr NOAA/Estuaring Research Reserve Collection/NCDDC/P.R. Hoar **122**tl JI **122**bl JI **122**bc JI **122**br Barbara Brands/SS **122**tr Howard Sandler/SS **123**tr JI **124**tl JI **124**bl Lou Oates/SS **124**br Simon Pedersen/SS **125**tl JI **125**b Lynn Amaral/SS **126**tl JI **126**tr Joel Bauchat Grant/SS **126**bl JI **126**br JI **127**t JI **127**b Shawn Hine/SS **128**tl Jim Parkin/SS **128**cr NOAA Restoration Center/SS **128**br Jim Parkin **129**t USFWS/John and Karen Hollingsworth **129**b USDA/Tim McCabe **130**tl USDA/Keith Weller **130**b USDA/Michael T. Smith **131**t JI **131**b USDA/Peggy Greb **132**tl JI **132**b Natalia Bratslavsky/SS **133**tl IO/Keith Levit Photography **133**tr JI **133**bl JI **133**br AP/Katsumi Kasahara, Pool

Chapter 9 극한 상황에서의 생존
134 JI **135**t JI **135**b NOAA/Commander John Bortniak **136**tl Carnegie Mellon University **136**b iSP/Jose Carlos Pires **137**l ⓒ 2003 National Geographic Society **137**r William J. Mahnken/SS **138**tl James Behrens(IGPP, Scripps) **138**tr Silense/SS **138**bl NASA/Goddard Space Flight Center/Scientific Visualization Studio/Canadian Space Agency, RADARSAT International Inc. **139**t Silense/SS **139**b Silense/SS **140**tl Michael Stedinger/Columbia University **140**br Illustration by Rachel Maloney/Data Source: Lamont−Doherty Earth Observatory of Columbia University **141**tr Michael Stedinger/Columbia University **141**b NOAA/Commander John **142**tl NOAA **142**bl NOAA/P.Rona **142**br NOAA **143** Illustration by Rachel Maloney/Data Source: NOAA **144**tl IO/Lauree Feldman **144**cl JI **144**cr JI **144**bl Carnegie Mellon University **144**br JI **145**tr Harry H. Marsh/SS **146**tl PSHAW−PHOTO/SS **146**b NOAA/Michael Theberge **147**tl Nathalie Speliers Ufermann/SS **147**tr NOAA/Shannon Rankin **147**b NOAA/Shannon Rankin

Chapter 10 생물의 변종
148 Leon Forado/SS **149**t JI **149**b Hftan/SS **150**tl JI **150**cr Sasha Davis/SS **150**br EcoPrint/SS **151** Illustration by Rachel Maloney/Data Source: ⓒ 2006 Conservation International **152**tl JI **152**b Wade H. Massie/SS **153**tr ⓒ 2004Coop99/Darwin s Nightmare **153**bl USDA/Scott Bauer **153**br USDA **154**tl JI **154**bl JI **154**br USDA/Scott Bauer **155**t AP/XINHUA/Wang Chengxuan **155**b USDA/Forest Service Southern Research Station/Bill Lea **156**tl Alix/Phanie/PR **156**tr TH Foto−Werbung/PR **156**bl Kathy Merrifield/PR **157**b Christine Gonsalves/SS **158**tl Cezary Gwozdz/SS **158**b AP/Joe Gill/EXPRESS−TIMES **159**l NOAA/Jose Cort **159**r Michael J. Bryk/SS **160**tl Tammy McAllister/SS **160**r Brandon Holmes/SS **161**t Leon Forado/SS **161**b USDA/Resources Conservation Services/Bob Nichols **162**tl NOAA/Channel Islands National Marine Sanctuary **162**b NOAA/Shane Anderson **163** Illustration by Rachel Maloney/Data Source: ⓒ 1995−2005 Tree of Life Web Project **164**tl Mark Bond/SS **164**b ⓒ 2003 NGIC **165**t JI **165**b Robert A. Mansker/SS

Chapter 11 인간의 유산
166 LoC/Arthur Rothstein **167**t LoC **167**b JI **168**tl Vladimir Korostyshevskiy/SS **168**bl Mary Evans Picture Library/PR **168**br A&S Aakjaer/SS **169**t Illustration by Rachel Maloney/Data Source: William Ruddiman **169**b USDA/R. Kindlund **170**tl LoC **170**b LoC **171**t LoC **171**b LoC **172**tl Phil Barrett/SS **172**r Jose Luis Magana/AP **173**t Fernando Llano/AP **173**b Bill Haber/AP **174**tl Jhaz Photography/SS **174**bl NOAA Fisheries, NW

region, Nick Iadanza **174**br Cliff Deputy/SS **175**t AP/Damian Dovarganes **175**b IO/LLC, Fogstock **176**tl iSP/Lawrence Karn **176**r AP/Ric Feld **177**t AP/Alden Pellett **177**b AP/Greg Wahl−Stephens **178**tl Jegors Fjodorovs/SS **178**c courtesy USGS EROS Data Center and Landsat7 science team. Photographs courtesy Compton Tucker, NASA GSFC **178**b USDA/Bill Lea **179**tl Sergei Kovalenko/SS **179**b IO/John James Wood **180**tl Gregory James Van Raalte/SS **180**bl NASA Johnson Space Center—Earth Sciences and Image Analysis **180**br Galina Barskaya/SS **181**tl Anna Chelnokova/SS **181**tr Alan C. Heison/SS **182**tl BS/hhakim **182**c Data Source: NASA: *Climate Change 2001:The Scienctific Basis* **182**b Laura Rauch/AP **183**l Laura Lohrman Moore/SS **183**r JD Pooley/AP **184**tl Darryl Sleath/SS **184**cr Toby Talbot/AP **184**b NOAA Restoration Center & Damage Assessment and Restoration Program **185**t AP/NIPA **185**b Laura Rauch/AP

Chapter 12 생태학과 미래
186 U.S. Geological Survey/Earth Science Photographic Archive **187**t Tang Chee Long Gabriel/SS **187**b Illustration by Rachel Maloney/Data Source: Walt Parks, University of Georgia Crop and Soil Science **188**tl Syed Sajjad Ali/SS **188**c LoC **188**bl IO/photos.com Select **188**br JI **189**t Eugene Hoshiko/AP **190**tl JI **190**cl NASA Earth Observatory **190**cr NASA Earth Observatory **191**t Natural Resources Conservation Service **191**b Thomas Nord/SS **192**tl JI **192**b BorisHeger/AP **193**tl Kent Gilbert/AP **193**tr ARS/USDA **193**b John McConnico/AP **194**tl Dorian C. Shy/SS **194**c Yoshi Ogasawara **194**b Chen Wei Seng/SS **195**tr Earth Sciences and Image Analysis Laboratory, NASA Johnson Space Center **195**bl Vera Bogaerts/SS **196**tl NASA Earth Observatory/USGS EROS Data Center **196**bl AP **196**br USFWS **197**t iSP/anzeletti **197**b Paige Falk/SS **198**tl U.S. Geological Survey **198**tr Stanislav Khrapov/SS **198**br U.S. Geological Survey **199**t NSF **199**b Risto Bozovic/AP **200**tl NASA Visible Earth **200**tr NBII Digital Image Library/John J. Mosesso **200**b Ron Edmonds/AP **201**t Natural Resources Conservation Service/Bob Nicholas **201**b ARS/USDA/Keith Weller

스미스소니언에서
208t SPS/Jeff Tinsley [2000−11244.24a] **208**b SPS/Jeff Tinsley [90−6258] **209**b SPS/James Di Loreto [2003−8959] **210** NASA **211**b Photo by Scott Bauer/ARS

표지
앞 Canadian Rocky Mountains (ⓒ2006 JupiterImages Corporation). 앞 상단 : Mature forest (ⓒ2006 JupiterImages Corporation). 뒤 Sun−dappled forest (ⓒ2006 Getty Images, Inc.).

사이언스 101 생태학

지은이 • Jennifer Freeman
옮긴이 • 강호감
펴낸이 • 조승식
펴낸곳 • 도서출판 이치 SCIENCE
등록 • 제9-128호
주소 • 142-877 서울시 강북구 한천로 153길 17
www.bookshill.com
E-mail • bookswin@unitel.co.kr
전화 • 02-994-0583
팩스 • 02-994-0073

2010년 6월 5일 1판 1쇄 발행
2017년 2월 15일 1판 3쇄 발행

값 14,000원
ISBN 978-89-91215-18-4
978-89-91215-14-6 (세트)

＊잘못된 책은 구입하신 서점에서 바꿔드립니다.
＊이 도서는 (주)도서출판 북스힐에서 기획하여 도서출판 이치사이언스에서
출판된 책으로 (주)도서출판 북스힐에서 공급합니다.
142-877 서울시 한천로 153길 17
전화 • 02-994-0071 팩스 • 02-994-0073